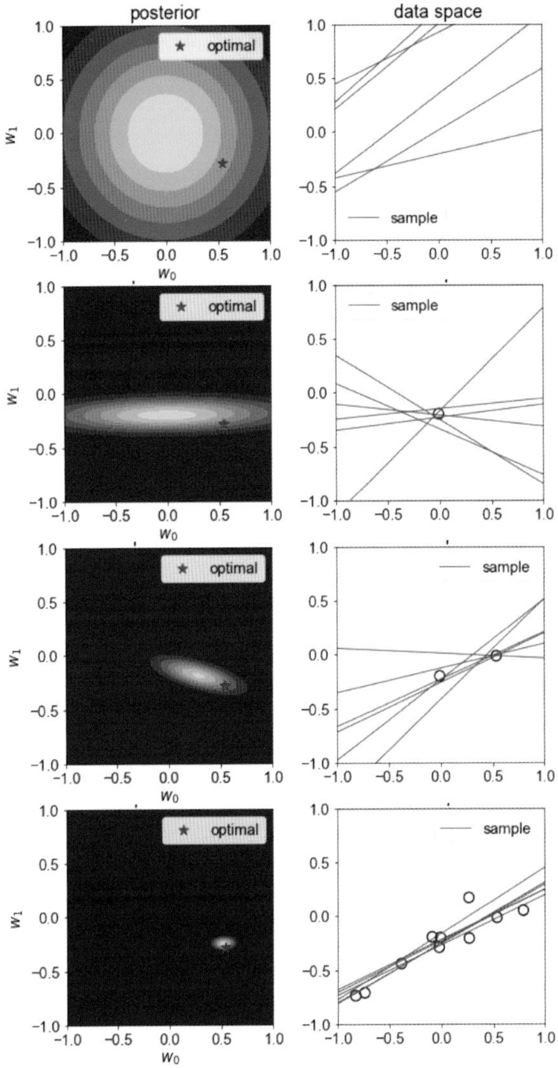

● 图 3.3　数据点数量不同时，贝叶斯模型的更新过程

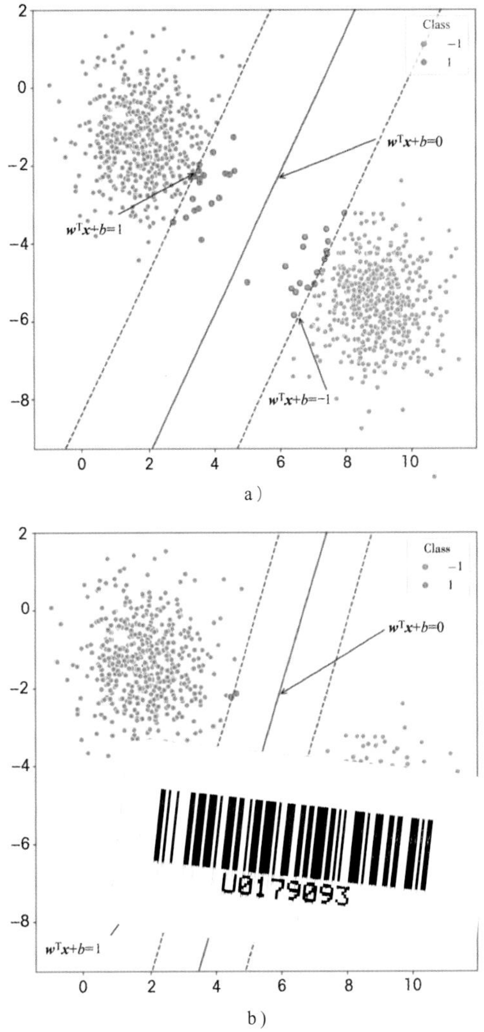

● 图 3.12　利用 Dual Slack SVC 实现 Soft SVM 对偶优化的结果

a）$C=0.1$　b）$C=0.5$

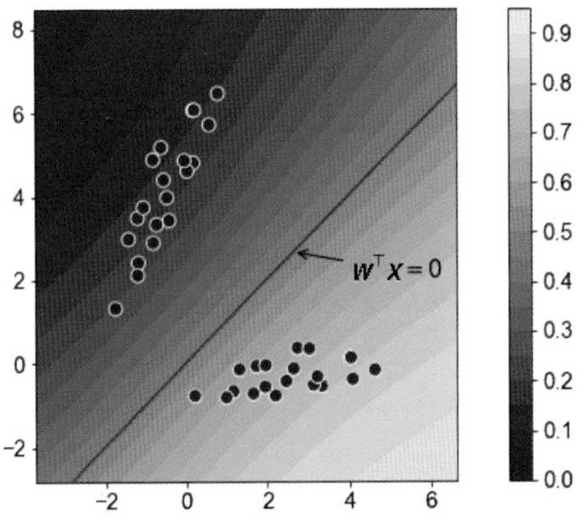

● 图 3.6　贝叶斯逻辑回归模型预测结果

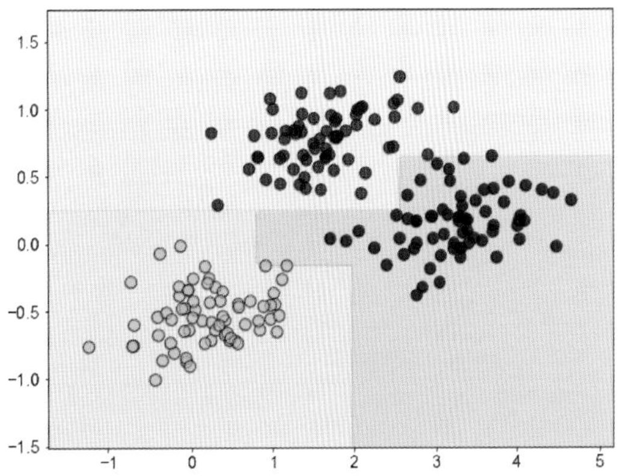

● 图 3.16　决策树模型的拟合结果

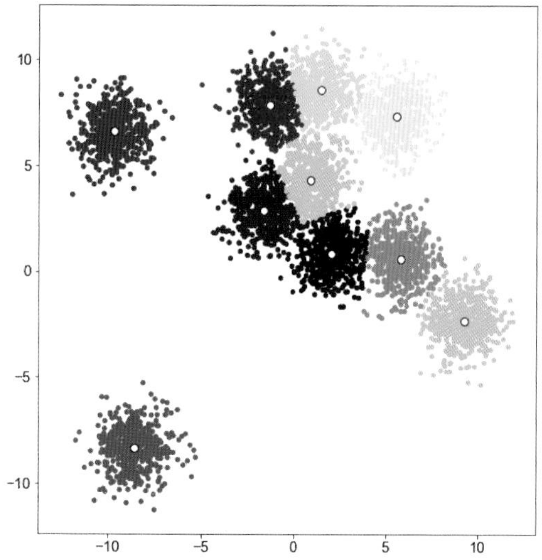

● 图 4.3　KMeans++ 聚类结果可视化

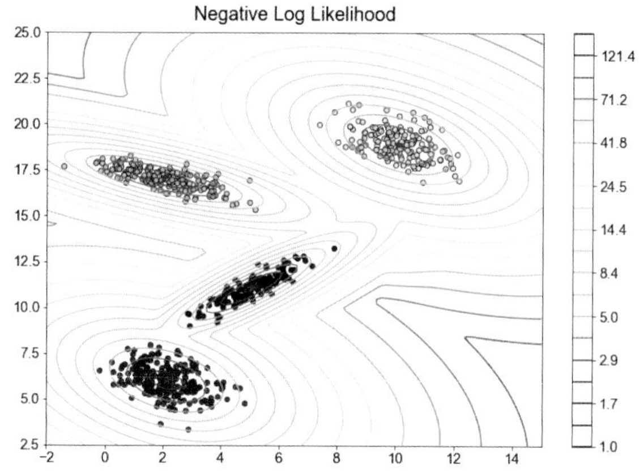

● 图 4.9　GMM 拟合后的分布可视化图

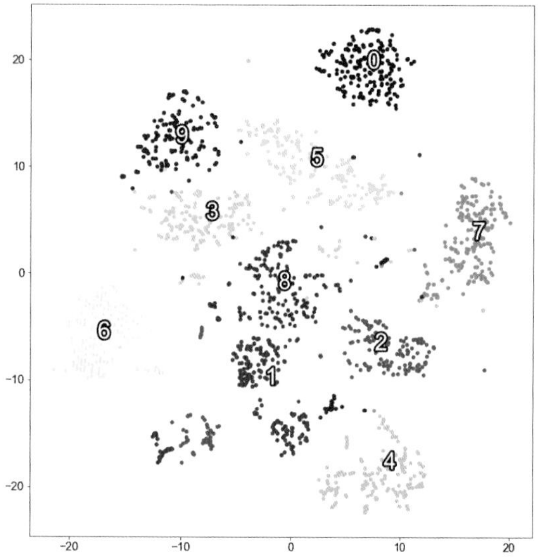

● 图 4.16　最终求解出的 X_embedded 的二维可视化散点图

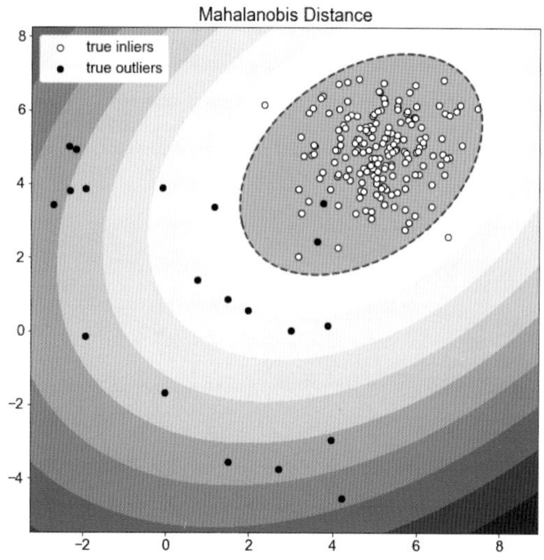

● 图 4.19　基于 Mahalanobis 距离的异常检测结果

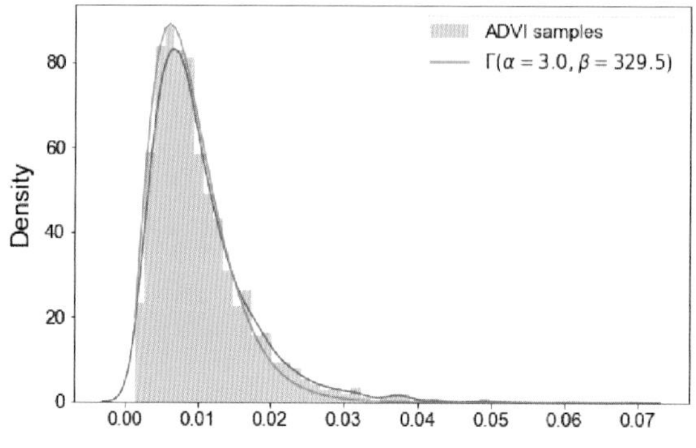

● 图 5.8　采样样本分布和平均场近似分布的结果

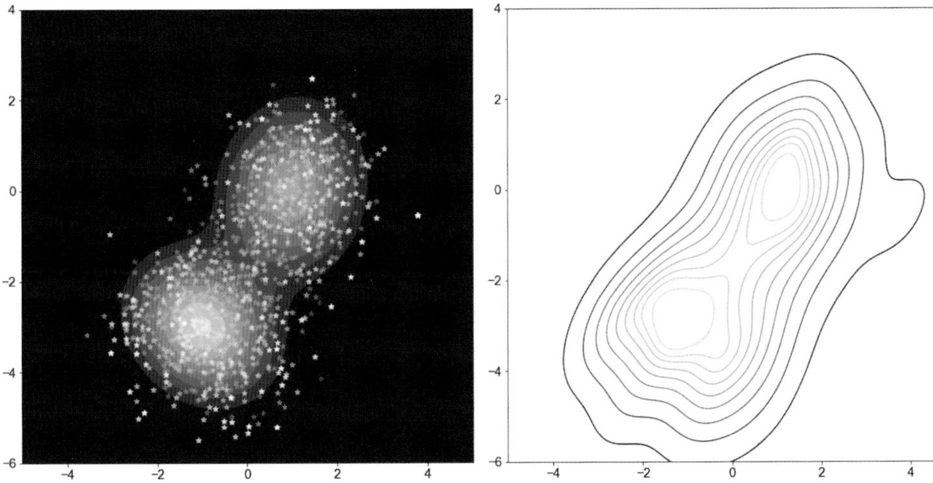

● 图 5.11　MH 算法采样得到的采样结果及估计的经验概率分布

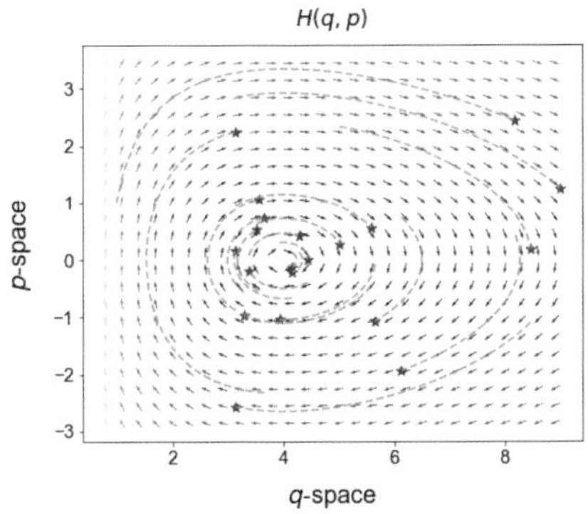

● 图 5.15　HMC 算法部分 Leapfrog 演化轨迹在相空间中的展示

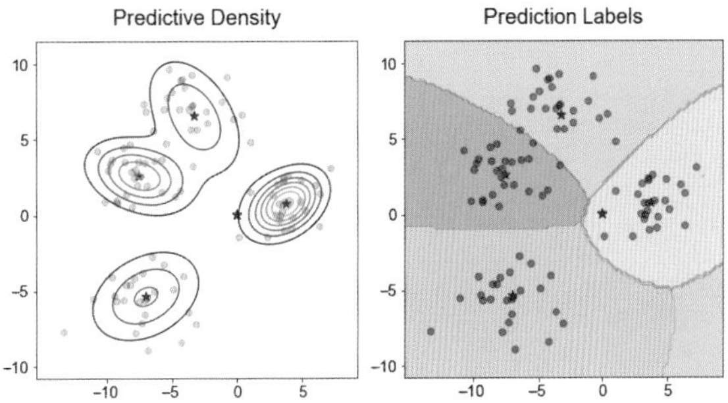

● 图 5.18　调节较小的 alpha0 后 Variational GMM 的预测结果，参数设定为 K=10，alpha0=0.01

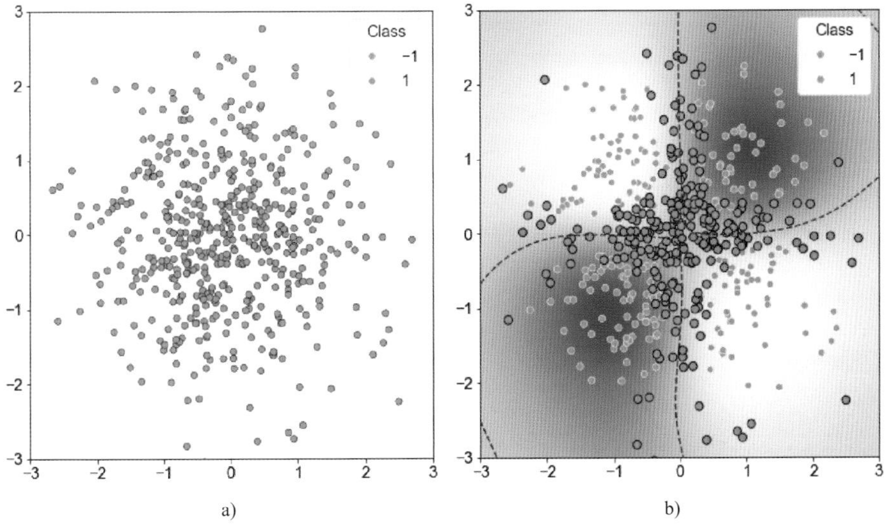

● 图 6.2　模型训练结果

a) 原始二分类数据　b) Kernel SVM 模型的预测结果

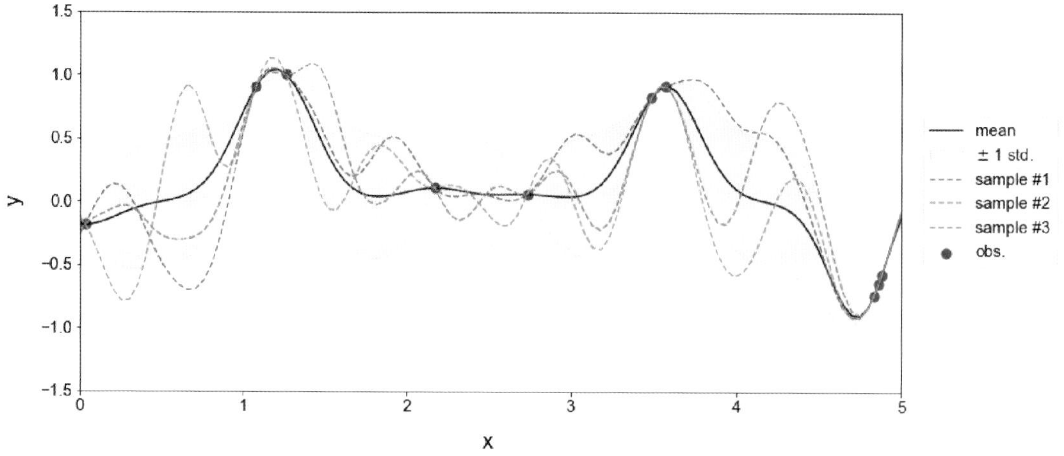

● 图 6.5　拟合后的高斯过程预测结果及采样函数

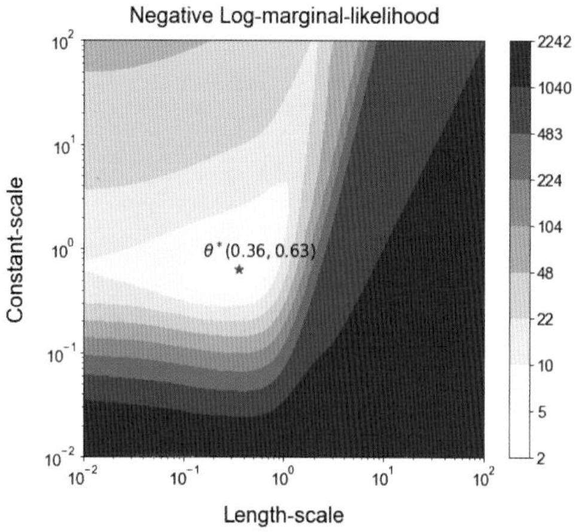

● 图 6.7　不同 (σ, l) 组合下所计算出的 $-\log p(f|X)$ 值

● 图 7.13　CycleGAN 模型生成的风格迁移图片

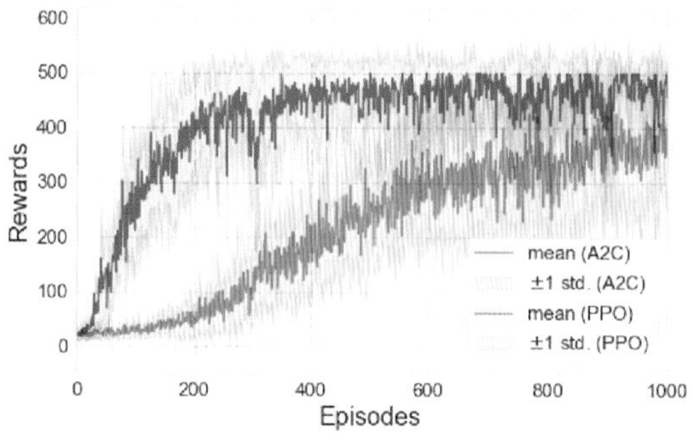

● 图 8.8　PPO 算法和 A2C 算法在 CartPole-v1 环境的交互对比

CMP BOOKS
机工IT

人工智能科学与技术丛书

PYTORCH ADVANCED
MACHINE LEARNING PRACTICE

PyTorch高级机器学习实战

王宇龙 编著

机械工业出版社
CHINA MACHINE PRESS

本书讲解了经典的高级机器学习算法原理与知识，包括常见的监督学习、无监督学习、概率图模型、核方法、深度神经网络，以及强化学习等内容，同时更强调动手实践。所有算法均利用 PyTorch 计算框架进行实现，并且在各章节配备实战环节，内容涵盖点击率预估、异常检测、概率图模型变分推断、高斯过程超参数优化、深度强化学习智能体训练等内容。

本书附赠所有案例的源代码及各类学习资料来源，适合具有一定编程基础的人工智能爱好者学习，也是相关从业者和研究人员的学习指南。

图书在版编目（CIP）数据

PyTorch 高级机器学习实战/王宇龙编著．—北京：机械工业出版社，2023.2

（人工智能科学与技术丛书）

ISBN 978-7-111-71996-0

Ⅰ.①P… Ⅱ.①王… Ⅲ.①机器学习 Ⅳ.①TP181

中国版本图书馆 CIP 数据核字（2022）第 207506 号

机械工业出版社（北京市百万庄大街 22 号 邮政编码 100037）

策划编辑：李晓波 责任编辑：李晓波 杨 源

责任校对：史静怡 李 婷 责任印制：张 博

中教科（保定）印刷股份有限公司印刷

2023 年 2 月第 1 版第 1 次印刷

184mm×240mm · 19.5 印张 · 2 插页 · 413 千字

标准书号：ISBN 978-7-111-71996-0

定价：109.00 元

电话服务 网络服务

客服电话：010-88361066 机 工 官 网：www.cmpbook.com

010-88379833 机 工 官 博：weibo.com/cmp1952

010-68326294 金 书 网：www.golden-book.com

 机工教育服务网：www.cmpedu.com

前 言

PREFACE

随着人工智能和机器学习的蓬勃发展，相关算法和技术已经广泛运用到诸多行业，大量的研究者和各行业人员也投入机器学习的研究与开发中。掌握高级机器学习算法原理，并能够根据不同情况实现灵活运用，是相关从业者必备的核心技能，也能够帮助自身提高理论水平，实现与众不同的创造成果。

本书主要介绍的是机器学习领域经典的算法内容，以及相关原理所涉及的基础知识。这部分内容一般出现在研究生阶段的进阶课程中，是深入研究机器学习的必备知识。同时本书的一大特色是不止停留在单纯的理论算法介绍层面，更强调动手实践。为了方便读者学习，本书采用了 PyTorch 这一当前最流行的机器学习框架，实现所有的算法过程。PyTorch 之前更多是应用在深度学习领域，可以实现深度神经网络的训练运算等过程。本书则利用了其完善的科学运算矩阵库，灵活的自动微分求导引擎，以及方便的 GPU 加速运算等功能，向读者展示 PyTorch 框架在机器学习领域也有着广泛的应用。

全书分为 8 章，前两章介绍机器学习基本概念和 PyTorch 基本操作，对于了解相关背景的读者可以略读。从第 3 章开始，将深入学习常见的监督学习、无监督学习、概率图模型、核方法、深度神经网络，以及强化学习。本书并没有过多介绍某一具体领域的应用算法，但在各章最后配备了实战环节，利用所学的算法知识解决具体问题。实战内容涵盖了经典数据挖掘比赛，推荐广告中的点击率预估算法，无监督学习在异常检测中的应用，复杂概率图模型的变分推断，利用高斯过程进行超参数优化，对抗生成网络进行不同风格转换和在游戏环境中训练多种深度强化学习智能体。希望读者关注核心的机器学习通用原理及算法，以便能够处理更多、更新、更复杂的问题。

在写作本书的过程中，笔者也收获良多，重新温习求学时读过的经典著作和论文，再次感受到了算法原理的精妙与深刻。同时笔者也意识到自己力有不逮，机器学习领域还有更多精彩内容无法全部涉及，同时写作中难免会有纰漏，欢迎读者指正，共同交流，相互促进。

CONTENTS 目录

前　言

第3章 监督学习 / 54

第4章 无监督学习 / 106

第6章 核方法 / 185

第7章 深度神经网络 / 215

第8章 强化学习 / 253

第1章

机器学习概述

本章将初步介绍机器学习的相关概念。首先简要回顾其发展历史。然后了解实践机器学习算法过程需要关注的内容，包括数据是如何处理表示的，机器学习模型是如何衡量评价的，以及模型参数是如何被训练优化的。最后将展示一个简单分类模型的应用。

本章主要是为不太熟悉机器学习基本概念的读者准备的。后续更多内容将随着每一个具体的机器学习算法逐一展开讲解。另外为了展示具体的实现方式，会要求读者具备一定的编程基础，包括熟悉 Python、NumPy、pandas、scikit-learn 等工具的基本使用方法。对 PyTorch 的了解可以不做要求，我们将在第 2 章中完整地学习 PyTorch 基本使用方法。

1.1 机器学习简介

在具体讲解之前，这里先简单介绍机器学习的相关概念。首先了解**机器学习**（Machine Learning）这个概念与当前火热的**人工智能**（Artificial Intelligence）还有**深度学习**（Deep Learning）之间有什么联系与区别。然后回顾机器学习的发展历程与应用现状。最后介绍常见的不同类型的机器学习算法。本书其余篇章即是对不同类型的算法进行逐一展开讲解。

1.1.1 机器学习的含义

这里我们参考 Wikipedia 对机器学习的定义⊖：

机器学习是人工智能的一个分支。人工智能的研究历史有着一条从以“推理”为重点，到以“知识”为重点，再到以“学习”为重点的自然、清晰的脉络。显然，机器学习是实现人工智能

⊖ https：//zh.wikipedia.org/wiki/机器学习

的一个途径。机器学习理论主要是设计和分析一些让计算机可以自动“学习”的算法。机器学习算法是一类从数据中自动分析获得规律，并利用规律对未知数据进行预测的算法。因为学习算法中涉及了大量的统计学理论，机器学习与推断统计学联系尤为密切，也被称为统计学习理论。

这段定义首先表明机器学习是人工智能的一个分支，即人工智能的概念下有很多不同种类的发展方法，机器学习从属于其中一种流派。其次在人工智能的发展历史中，出现了从“推理”，到“知识”，再到“学习”的转变。机器学习主要是通过“学习”方式来实现智能算法。最后说明了机器学习算法的特点，是从数据中自动分析总结规律，并且对未知数据进行推理预测。而且在学习算法中，涉及诸多统计学理论知识，故也常被称为统计学习（Statistical Learning）。

在大数据时代，面对海量的数据，一些传统的以规则或者推理为主的人工智能算法面临诸多挑战，而机器学习因其主要依赖数据自动学习挖掘规律的方式，更加适合处理这样的场景，也越来越受到各个行业的重视与应用。比如在互联网行业，大量的文本总结归纳、商品广告推荐、信息检索都需要机器学习算法的帮助。在医疗、安防、金融、物流等诸多行业，机器学习算法都有着广泛而关键的应用。而深度学习则属于机器学习的一个分支，即强调以**神经网络**（Neural Network）为代表的模型解决问题。故人工智能、机器学习以及深度学习三者之间属于递进的关系。

1.1.2 机器学习概述

机器学习的概念早在 20 世纪 50 年代就已被提出。早期机器学习算法采用一些简单的，或者朴素的策略设计算法学习。此后以贝叶斯方法（Bayesian Methods）为主的概率推断（Probabilistic Inference）机器学习流派逐渐发展起来。然而在 20 世纪 70 年代遭遇“人工智能寒冬”，相关发展较为缓慢。之后神经网络的初次兴起让人工智能领域迎来了一次热潮，此时的人工智能研究方法也从过去的基于知识规则的设计，转向数据驱动（Data-driven）的自动学习。这一研究范式的转变，使得以统计概率为核心的机器学习算法受到了更多关注。如支持向量机（Support Vector Machine，SVM）在此期间成为主流模型。像概率图模型（Probability Graph Model，PGM）也成为基本的建模方法。2000 年后，互联网的蓬勃发展，带来了数据的海量增长。神经网络在更大规模数据和更强算力设备 GPU 的推动下，展现出更强大的建模预测能力，也引领了深度学习的蓬勃发展。但仍需意识到，机器学习的基础概念和算法原理，仍然是解决大数据问题的核心方法论，追根溯源深入理解过往的原理，会有助于我们看清未来的发展方向。

1.1.3 不同类型的机器学习算法

机器学习算法大致可以分为以下几类。首先是常见的**监督学习**（Supervised Learning）算法，这一大类算法的特点是解决的问题中有明确的目标。常见的问题设置是给定一组数据 $\{(x_i,y_i)\mid i=1,\cdots,N\}$，其中$x_i$为数据，$y_i$为给定的某种标签（Label）。监督学习算法要解决的即是如何训练某种模型f，使得能够最佳拟合出数据与标签之间的关系。与之对应的另一大类算法则是**非监督学习**（Unsupervised Learning）。这类算法没有监督学习中包含的标签数据，只有原始的数据特征。但是可以基于一些假设对其进行内在规律的挖掘，比如聚类（Clustering）、降维（Dimension Reduction）等。最后还有一类算法是**强化学习**（Reinforcement Learning）。强化学习与之前两类机器学习方法主要区别在于，它适用于动态的数据环境，以及不确定的目标问题。由于问题的复杂性，无法获得真实标签，仅可以获得少量稀疏的回报奖励（Reward）用于训练，且数据产生于动态交互环境中，即算法本身的决策也会影响用来训练的样本分布。当然以上并不是所有机器学习算法的分类，由于机器学习算法可以应用于各个具体的领域，比如计算机视觉（Computer Vision）、自然语言处理（Natural Language Processing）、语音识别（Speech Recognition）等，所以又诞生了许多针对特定领域的算法。

1.2 数据处理

之前我们是在大致介绍机器学习的一些概念。这一节将开始深入实践机器学习。在应用某种机器学习算法之前，最关键的一步便是数据的处理以及表示。虽然在理论上我们常会默认数据服从独立同分布（i.i.d），但现实中并不能满足这样理想的要求。而且数据特征会有不同的种类，如何针对不同类型的特征进行处理也是一个关键步骤。本节就将介绍机器学习算法中常见的数据处理技巧。需要说明的是，数据特征处理涵盖了非常多的内容，往往也被称为特征工程（Feature Engineering）。有时会针对不同的问题人为设计一些特殊的处理。此处不做过多展开，只介绍一些常见的情况。

1.2.1 数据特征分类及表示

常见的数据来源可以有多种，比如视觉图像、语言文本、表格统计数据等。一般来说可以划分为数值型特征（Numerical Feature）和类别型特征（Categorical Feature）。数值型特征常表示为标量或者向量等数值，其含义往往带有一定的连续性变化。比如天气温度、降雨量、图像中某个像素点的强度等。而类别型特征往往是离散的特征，比如字符串、文本、有限可数的类别标识等。

对于数值型特征，其常见的表示方法就是用其原始的数值。但是这种使用方法也有可能存在问题。比如数值范围过大，存在远超群体值范围的数值。这种情况下，就需要进行预处理（Preprocessing），比如去除过大或过小的数值等操作。这一部分将在第 1.2.2 节中进行介绍。

对于类别型特征，一种编码方法是顺序编码（Ordinal Encoding），即按照一定顺序，将所有类型特征排序，然后标号为 0，1，2，……。但是这样的问题在于，各个类型特征本来是无序的，这种编号方式强行加入了序列，会引入不正确的信息。更为常见的方式是将其转换为独热编码（One-Hot Encoding）。所谓 One-Hot，即表示如 $g(x)=[0,\cdots,0,1,0,\cdots,0]$ 这种形式。其只在某一个位置处为 1，其余均为 0。向量的整体长度为类别总个数，为 1 的位置即是该类别型特征在所有类型字典中的排序值。

```
>>> raw_feature = ['a', 'b', 'cd', 'e', 'a', 'cd']
>>> unique_feature = set(raw_feature)
>>> keymap = {k: i for i, k in enumerate(unique_feature)}
>>> keymap
{'cd': 0, 'a': 1, 'e': 2, 'b': 3}
```

上述代码展示了由原始特征构建去重后的特征字典，并且对每个不同特征进行了编号。

```
>>> import numpy as np
>>> N, feature_dim = len(raw_feature), len(keymap)
>>> onehot_feature = np.zeros((N, feature_dim))
>>> for i, f in enumerate(raw_feature):
...     onehot_feature[i][keymap[f]] = 1
>>> onehot_feature
array([[0., 1., 0., 0.],
      [0., 0., 0., 1.],
      [1., 0., 0., 0.],
      [0., 0., 1., 0.],
      [0., 1., 0., 0.],
      [1., 0., 0., 0.]])
```

上述代码则是构建 onehot_feature 矩阵，然后利用特征字典，逐一查找映射的编号值，并且在对应位置处置 1，其余保持为 0，构成独热编码。在经过以上独热编码后，类别型特征就由 One-Hot 向量作为代替，进行后续运算。如果针对更长的字符串特征，可以分别对其中组成的每一个原子特征进行独热编码，然后将所有独热编码组合在一起，便可以形成多热编码（Multi-Hot Encoding）。还以上述独热编码字典为例，如果针对下面的特征字符串（more_feature），则可以编码为：

```
>>> more_feature = [['a', 'b', 'e'], ['b', 'cd', 'a'], ['cd', 'e', 'a', 'cd']]
>>> M = len(more_feature)
>>> multihot_feature = np.zeros((M, feature_dim))
>>> for i, feature in enumerate(more_feature):
...     for f in feature:
...         multihot_feature[i][keymap[f]] += 1
>>> multihot_feature
array([[0., 1., 1., 1.],
      [1., 1., 0., 1.],
      [2., 1., 1., 0.]])
```

可以看出多个独热编码累加在一起便构成了多热编码，并且允许数值大于1，表示某个长字符串中包含多个同一个原子特征。

上述独热编码也有其缺陷。首先是如果特征数量过大，则编码词典数量非常大，造成独热编码矩阵非常稀疏。解决这个问题的办法可以是进行频率筛选。也就是只对高频词进行编码，如果只出现一次或者出现次数过少的特征，则要么统一编码为一个单独的特征，要么直接舍弃。

第二个缺陷则是这种独热编码需要先遍历一遍所有的数据，统计所有类别型特征个数，才可以确定每一个类别型特征的编码序号。这在一些大数据场景，或者数据是流式（Flow）来源的情况下无法实现，因为总可能存在新出现的特征类别。在这种情况下，便需要利用特征哈希（Feature Hashing）技术。

特征哈希技术的主要思路是直接利用哈希函数对特征进行哈希编码，得到的编码再取余数，便直接得到对于该特征的编号，节省了统计所有特征的步骤。同时由于哈希函数对不同特征映射值也不同，发生碰撞的概率很小，同样可以起到独立编码的功能。而且哈希函数可以接受较长的字符串，所以对于上面的 more_feature 特征值可以用哈希技术实现 One-Hot 编码。

```
>>> N = len(more_feature)
>>> feature_dim = 8     # 此处特征维度可以任意设定,不必事先统计
>>> hash_onehot = np.zeros((N, feature_dim))
>>> for i, f in enumerate(more_feature):
...     idx = hash(str(f)) % feature_dim
...     hash_onehot[i][idx] = 1
>>> hash_onehot
array([[0., 0., 0., 0., 1., 0., 0., 0.],
       [0., 0., 1., 0., 0., 0., 0., 0.],
       [0., 1., 0., 0., 0., 0., 0., 0.]])
```

1.2.2 数据预处理

上一小节主要讲解了不同类型的特征的表示方法。但有些时候，原始的特征并不能直接用于机器学习模型训练。比如上一节谈到了，对于数值型特征可能存在极端值的问题。因此在经过数据特征表示之后，还需要进行数据预处理（Data Preprocessing）。

对于数值型特征，数据预处理方式比较多。首先便是做特征值截断，在统计学中称为 Winsorizing。指的是预先统计数据值的最小和最大百分位数值，也就是先进行从小到大排序，然后统计比如5%和95%处的数值。以此数值作为约束，低于最小的或超过最大的数值都去掉（做截断），这样避免了异常值出现。

图1.1展示的是原始数据及统计直方图（Histogram）。从数据中可以看出，绝大部分数据在一个较小的范围内，但是会出现部分较大的异常值（Outlier）。如果直接使用这样的原始数值，则会使得模型需要适应跨度非常大的数据范围，且在预测时容易导致异常结果。

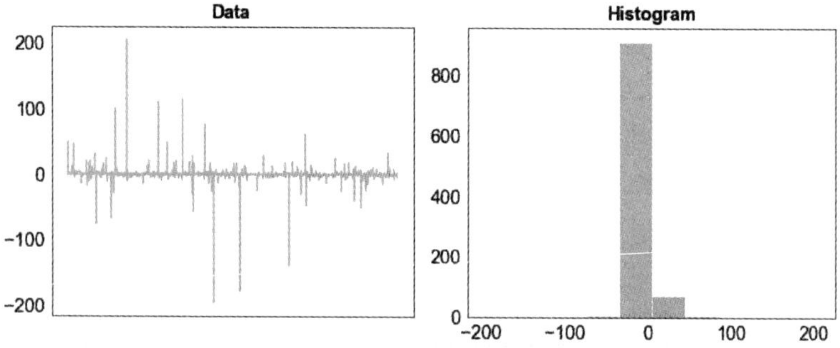

图 1.1 原始数据及统计直方图

因此可以采取特征截断方案，以下代码展示了将数据值约束到 5%和 95%分位值。

```
>>> import numpy as np
>>> percent5 = np.percentile(raw_data, 5)
>>> percent95 = np.percentile(raw_data, 95)
>>> clipped_data = np.clip(raw_data, percent5, percent95)
```

图 1.2 展示的是截断后的数据变化情况。可以看出数据波动范围被约束在较小范围内，同时直方图也显示数据分布区间更小，且更为均匀。

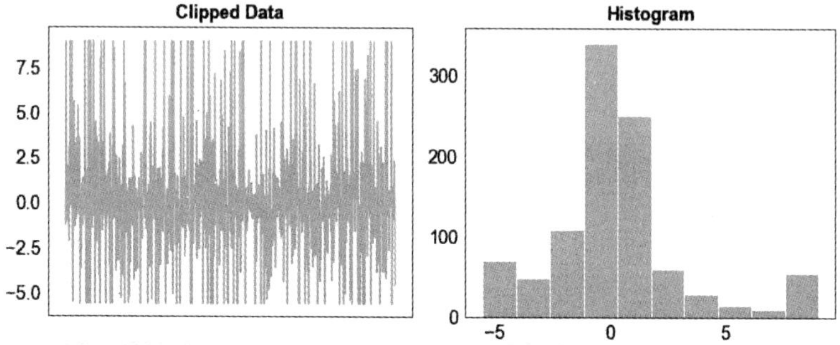

图 1.2 特征值截断后的数据及统计直方图

对于数值型特征另一个常用的预处理方法便是规范化（Normalization/Standardization）。常见的规范化方式比如均值标准化，即减去均值再除以标准差，使其类似标准正态分布，拥有均值为 0 和方差为 1 的特性。表达式为：

$$x'=\frac{x-\text{mean}(x)}{\text{std}(x)} \tag{1.1}$$

另一种规范化方法是放缩标准化，即按照最小值和最大值限制住数据范围，然后线性变换至［0，1］区间，表达式为：

$$x' = \frac{x - \min(x)}{\max(x) - \min(x)} \tag{1.2}$$

有些时候数值型特征还会转换为类别型特征，也叫作分箱（Binning）操作。原始数值特征可能存在某种连续性，比如年龄这种特征，单独精确地表示每一个年龄，可能特征差别并不是很大，分箱操作就是将特征分为几个区间，然后将原始特征转换为分箱之后的区间编号，实现离散化（Discretization）。分箱操作的关键在于如何划分特征区间。最简单的是均匀划分（Uniform），也就是在最大、最小值之间按照等距划分区间。其实现代码如下。

```
# a 为待分箱的特征值向量
>>> import numpy as np
>>> num_bins = 8
>>> bin_edges = np.linspace(a.min(), a.max(), num_bins+1)
>>> bins = np.digitize(a, bin_edges)  # bins 即为每个特征分箱后的标签
```

但这种分箱的问题在于，没有考虑数据分布情况，会造成某些箱内分到特征值过多，某些箱内几乎没有。另一种分箱方式是分位数分箱（Quantile），即首先统计数值总体分布中的一些分位值，这些分位值是均匀分布的，比如统计25%、50%、75%处的数值。然后把这些数值作为分箱边界，从而可以使得每个箱内分到特征数目较为均匀。其实现代码如下。

```
>>> num_bins = 8
>>> percentiles = np.linspace(0, 100, num_bins+1)
>>> bin_edges = np.percentile(a, percentiles)  # 由分位函数确定分箱边界
>>> bins = np.digitize(a, bin_edges)
```

图1.3展示的即为两种分箱之后，统计各分箱特征值数目。可以看出分位数分箱方式更加均匀，几乎形成均匀分布，而等距分箱则会造成各分桶内特征值数目差距过大。

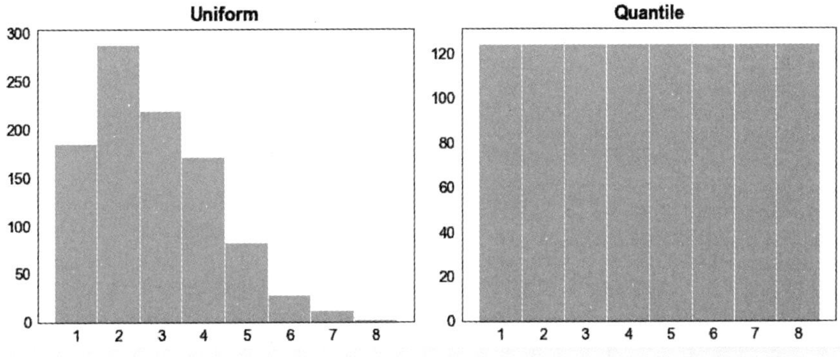

● 图1.3　等距分箱（左）和分位数分箱（右）结果对比

1.2.3 数据缺失处理

以上在进行数据预处理时，其实忽略了数据中可能存在的数据缺失情况。一般在 Pandas 的数据结构中，往往以 NaN 或者 None 来表示一个缺失值。在存在缺失值时，进行预处理的一些运算操作会遇到问题，同时如何处理缺失值也是需要考虑的问题。

比如在之前进行的均值规范化的过程中，需要统计均值和标准差。如果原始数据中包含了缺失值，直接计算会产生错误。

```
>>> a = np.array([[2, 3, np.nan], [4, np.nan, 5], [np.nan, 6, 7]])
>>> a
array([[ 2.,   3., nan],
       [ 4., nan,   5.],
       [nan,   6.,   7.]])
>>> a.mean(axis=0)
array([nan, nan, nan])
```

此时会发现所有计算结果都是 NaN。但可以排除缺失值部分，计算剩余部分的均值。

```
>>> np.nanmean(a, axis=0)
array([3., 4.5, 6.])
```

Numpy 提供了多种计算排除 NaN 值还可以正常输出结果的函数，函数名都整理在表 1.1 中。

表 1.1　Numpy 中支持包含 NaN 值的函数

nanargmax	nanmax	nanpercentile	nansum
nanargmin	nanmean	nanprod	nanvar
nancumprod	nanmedian	nanquantile	
nancumsum	nanmin	nanstd	

在可以进行预处理计算之后，如何填补缺失值也是一个问题。一种做法是填充默认值，比如对于数值型特征来说，填充 0 值可以保持均值规范化后的特征依然为 0 均值。对于类别型特征来说，可以为 NaN 单独建立一个新的类别，然后进行编码转换。还有一些算法和研究考虑如何动态填充缺失值，这类问题也被称为缺失值估计问题。

1.2.4 特征衍生和交叉

以上的数据处理环节主要聚焦于对数据的规范化、处理异常值缺失值等情况。那么原始特征其实还缺少丰富的信息，可以对特征进行衍生变换或是交叉组合，对其进行扩展，使得输入特征更加丰富。这一部分也是以往特征工程中较为关注的，而且需要较多的领域相关知识和经验，去设计组合特征。这里只对一些常用技巧进行简介。

对于数值类特征，可以增加衍生的多项式（Polynomial）特征。比如增加平方、立方项等数值。因为之前的预处理过程多数是在进行线性变换，而非线性变换是较难被一些模型学习到的。所以此时增加这些额外的衍生特征会起到一定的扩展能力。有些时候对于数值跨度比较大的数值类特征，可以引入对数变换，使其放缩至较为合理的取值范围，也可以看作某种非线性特征衍生。

除了特征衍生外，另一种常见的方式是进行特征交叉（Feature Crossing），也就是将多个单独特征交互在一起进行运算。比如人的身高、体重这些基础数值，可以额外扩展出“体重指数”（Body Mass Index，BMI）来衡量一个人的肥胖程度，具体公式为 $BMI=w/h^2$，其中 w 为体重，h 为身高。

```
>>> import pandas as pd
>>> data = pd.DataFrame(
...     [[65, 1.65],
...      [72, 1.80],
...      [88, 1.88],
...      [50, 1.70]],
...     columns=['weight', 'height']
>>> )
>>> data['bmi'] = data['weight'] / data['height']* * 2
>>> data
  weight  height        bmi
0     65    1.65  23.875115
1     72    1.80  22.222222
2     88    1.88  24.898144
3     50    1.70  17.301038
```

对于类别型特征来说，特征交叉往往意味着组合出更多的特征类别。比如对于“性别”和“年龄段”这两种特征来说，可以进行交叉组合，形成“性别×年龄段”的新的类别型特征，类似于笛卡儿积（Cartesian Product），即：

$$X \times Y=\{(x,y) \mid x \in X \wedge y \in Y\} \tag{1.3}$$

其中 X 和 Y 分别代表两种特征的所有类别集合。这样的组合会更加精细地刻画出每一种类别组合情况。但是带来的问题是组合特征数目急剧增加，类似于连乘积的复杂度，所以如何减少组合特征数目也是一个机器学习领域正在研究的问题。

1.2.5 特征筛选

特征筛选（Feature Selection）指的是通过一定方式筛选出对于机器学习问题建模有效的特征。因为原始数据中只是把所有可能有关的特征全部呈现出来，但并没有做筛选。此时如果掺入一些与目标建模无关的特征，则会影响模型的学习，同时也浪费计算。

这里对于数值型特征和类别型特征介绍两种简单的只依赖数据的筛选方式。对于数值型特征，可以用其特征数值与目标标签值之间的皮尔逊相关系数（Pearson Correlation Coefficient）来进行评估。其定义为：

$$R(i)=\frac{\mathrm{Cov}(X^i,Y)}{\sqrt{\mathrm{Var}(X^i)\,\mathrm{Var}(Y)}} \tag{1.4}$$

其中 Cov 和 Var 分别指的是协方差（Covariance）和方差（Variance）。具体计算时的估计表达式为：

$$\hat{R}(i)=\frac{\sum_{k=1}^{N}(x_k^i-\bar{x})(y_k-\bar{y})}{\sqrt{\sum_{k=1}^{N}(x_k^i-\bar{x})^2\sum_{k=1}^{N}(y_k-\bar{y})^2}} \tag{1.5}$$

该相关系数越大，且接近于 1，代表特征值与待预测目标值线性正相关。因此可以分别统计每个数值型特征的相关系数，然后根据此系数大小排序，选择出与目标相关程度更高的特征，实现特征筛选。在计算时可以直接调用 np.corrcoef 进行计算。

此处选取 Ames Housing Data 数据作为例子进行讲解。这个数据包含了在 Ames 地区的房屋数据，有 79 种属性，目标是预测房屋的价格。这里选取一部分数值型特征作为展示。

```
from sklearn.datasets import fetch_openml
X, y = fetch_openml(data_id=42165, as_frame=True, return_X_y=True)
numerical_columns_subset = [
    "3SsnPorch",
    "Fireplaces",
    "BsmtHalfBath",
    "HalfBath",
    "GarageCars",
    "TotRmsAbvGrd",
    "BsmtFinSF1",
    "BsmtFinSF2",
    "GrLivArea",
    "ScreenPorch",
]
X = X[numerical_columns_subset]
correlations = []
for col in numerical_columns_subset:
    correlations.append(np.corrcoef(X[col], y)[0, 1])
```

然后就可以展示出每一个数值列的相关性。图 1.4 展示的就是相关系数的结果。可以看出 Fireplaces、GarageCars 和 GrLivArea 列与房屋价格相关性更高，它们分别代表了壁炉数量、车库大小和地上居住面积。这些数值越大，暗示了房屋面积越大，价格更贵。

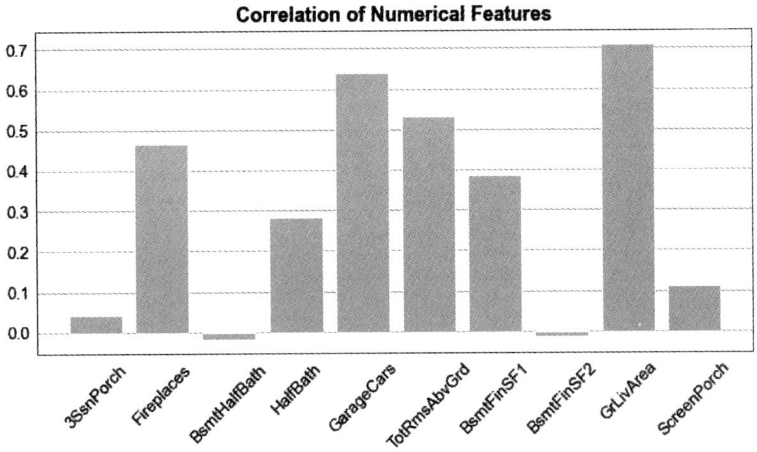

● 图 1.4　数值型特征与目标值的相关系数的结果

对于类别型特征，我们常使用**互信息**（Mutual Information）来进行衡量。其数学定义为对于两个变量$x_i \sim p(x_i)$和 $y \sim p(y)$，其联合分布为 $p(x_i, y)$，则互信息为：

$$I(i) = \int_{x_i}\int_{y} p(x_i, y)\log\frac{p(x_i, y)}{p(x_i)p(y)}\mathrm{d}x_i\mathrm{d}y \tag{1.6}$$

这里互信息衡量了两个随机变量的关联程度，二者之间相关性越强，则互信息越大。如果两个随机变量完全一致，则联合分布退化为单一变量的分布，互信息也退化为自身的**信息熵**（Information Entropy）。如果两个随机变量完全独立无关，则联合分布 $p(x_i, y) = p(x_i)p(y)$，由式 1.6 中可知，互信息为 0，取到最小值。所以互信息越大，表明某个特征与目标值之间关系越强。

对于类别型变量，互信息计算由其离散化求和实现。

$$I(i) = \sum_{x_i}\sum_{y} P(X = x_i, Y = y)\log\frac{P(X = x_i, Y = y)}{P(X = x_i)P(Y = y)} \tag{1.7}$$

这里随机变量的分布变为各个离散类别的统计频率，求积分也变为了求和。利用这种方式就可以求出类别型变量与目标值之间的互信息大小。在 Ames Housing Data 中，也包含了一些类别型变量。但是目标值是房价为连续数值，所以需要用 1.2.2 节中提到的数据分箱操作，将其转换为类别型变量。这里采取均匀分箱方式。

```
bin_edges= np.linspace(y.min(), y.max(), 11)
bin_y = np.digitize(y, bin_edges)
```

同时挑选出该数据集中部分类别型特征列。

```
X, y= fetch_openml(data_id=42165, as_frame=True, return_X_y=True)
categorical_columns_subset = [
```

```
    "BldgType",
    "GarageFinish",
    "LotConfig",
    "Functional",
    "MasVnrType",
    "HouseStyle",
    "FireplaceQu",
    "ExterCond",
    "ExterQual",
    "PoolQC",
]
X = X[categorical_columns_subset]
```

然后便是计算互信息的函数实现以及过程部分。

```
def mutual_information(x, y):
    # 将类别型变量转换为标号索引
    unique_x = np.unique(x)
    keymap_x = {k: i for i, k in enumerate(unique_x)}
    unique_y = np.unique(y)
    keymap_y = {k: i for i, k in enumerate(unique_y)}

    # 统计频次的概率矩阵
    p_xy = np.zeros((len(unique_x), len(unique_y)))
    p_x = np.zeros(len(unique_x))
    p_y = np.zeros(len(unique_y))

    for vx, vy in zip(x, y):
        i = keymap_x[vx]
        j = keymap_y[vy]

        # 对应位置处+1
        p_xy[i, j] += 1
        p_x[i] += 1
        p_y[j] += 1

    # 归一化变为概率值
    p_xy = p_xy / p_xy.sum()
    p_x = p_x / p_x.sum()
    p_y = p_y / p_y.sum()

    # 计算互信息
    # 为了避免 log0,使用了 nansum
    mut_info = np.nansum(p_xy * np.log(p_xy / np.outer(p_x, p_y)))
```

```
    return mut_info

# 缺失值填充
X = X.fillna('-1')
informations = []
for col in categorical_columns_subset:
    informations.append(mutual_information(X[col], bin_y))
```

上述代码可以展示出每一个类别型特征的互信息大小。图1.5展示的即为统计结果。可以看出与目标值互信息较大的特征列为GarageFinish、FireplaceQu和ExterQual，分别代表了车库完整程度、壁炉质量、外表材质品质。可以看出无论是数值型特征，还是类别型特征，都表明了车库和壁炉对于房价的重要程度。

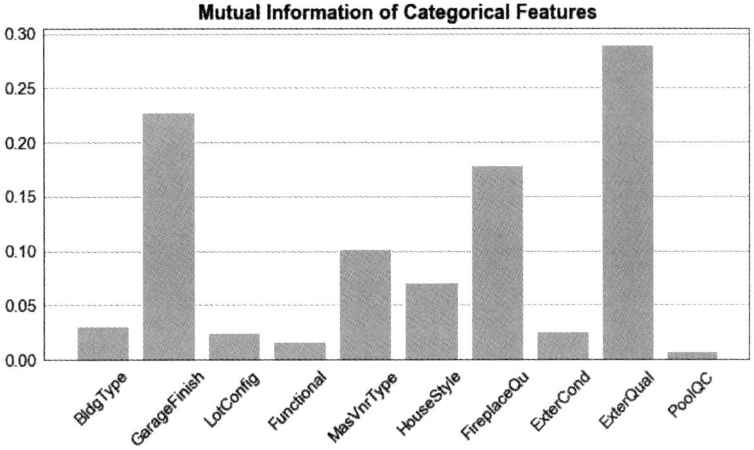

● 图1.5 统计结果

以上只是简单介绍了两种特征筛选方法。实际上还有更多的方法可以运用。比如可以根据模型优化之后的结果，来反推出特征的重要程度。更多关于特征筛选的介绍可以参考最后的参考文献［1］，这里不再展开。

1.3 衡量标准

在机器学习问题建模中，除了数据处理部分，还有一个重要的部分是对于模型效果的衡量。由于之后还会在各章节讲述模型部分，所以这里只讨论评价标准，即评估指标（Evaluation Metrics）。在拥有了合适的评测指标之后，便可以对不同模型或是同一模型的不同训练状态进行比较。在比较时就需要考虑在什么样的数据上进行评测，也就涉及数据集划分。同时一个机器学习模型中往往会涉及一些人为指定参数，称为超参数（Hyper-parameter）。要设置一个最佳值则需要根据评估指标在测试数据集上的表现进行搜索优化。本节将逐一探讨以上内容。

1.3.1 模型评估指标

模型评估指标是评价一个机器学习模型在某一数据集上的性能表现（Performance）。一般来说，该指标反映了机器学习模型所学习到的知识和真实数据的契合程度。在监督学习情形下，这种评估指标较为直接自然，比如衡量模型预测结果与真实标签直接的吻合程度即可。而在非监督学习情形下，这种指标则较为隐式，非直接，且需要一定的假设偏好。

对于常见的监督学习，一般根据标签的数值类型划分为离散型和连续型。对于离散型标签，常称为分类任务（Classification Task），而对于连续型标签，则称为回归任务（Regression Task）。常见的分类任务可以是对图片所属类别进行预测，对于文本所包含的情形进行分档等。常见回归问题可以是预测时间序列未来某一时刻的数值，针对机器人控制系统中某一部位的预测偏移量等。不同的评估标准实际上反映的是对某个问题的偏好，即我们需要更多关注模型某部分的能力。

对于回归任务，常用的评估指标即衡量预测值$\hat{y}$与实际值 y 之间的误差。常用的误差指标包括：

1）均方误差（Mean Squared Error）。

$$\mathrm{MSE}(y,\hat{y}) = \frac{1}{N}\sum_{i=1}^{N}(y_i - \hat{y}_i)^2$$

2）平均绝对误差（Mean Absolute Error）。

$$\mathrm{MAE}(y,\hat{y}) = \frac{1}{N}\sum_{i=1}^{N}|y_i - \hat{y}_i|$$

3）平均绝对比例误差（Mean Absolute Percentage Error）。

$$\mathrm{MAPE}(y,\hat{y}) = \frac{1}{N}\sum_{i=1}^{N}\frac{|y_i - \hat{y}_i|}{\max(\varepsilon, |y_i|)}$$

4）R^2-score：其中$\bar{y}$为均值。

$$R^2(y,\hat{y}) = 1 - \frac{\sum_{i=1}^{N}(y_i - \hat{y}_i)^2}{\sum_{i=1}^{N}(y_i - \bar{y})^2}$$

而对于分类任务，或者是预测目标为离散型类别，则评估指标会随着任务不同而设置。其常见的指标如下。

1）准确率（Accuracy）。

$$\mathrm{ACC}(y,\hat{y})=\frac{1}{N}\sum_{i=1}^{N}\mathbb{I}(\hat{y}_i=y_i)$$

2）精准率和召回率（Precision & Recall）：其中 TP 为真阳性样本（True Positive），即预测和实际类别均为 1；FP 为假阳性样本（False Positive），即预测类别为 1，实际类别为 0；FN 为假阴性样本（False Negative），即预测类别为 0，实际类别为 1。精准率衡量预测正例中正确的比例，召回率衡量真实样本中正例预测正确的比例。

$$\mathrm{precision}=\frac{\mathrm{TP}}{\mathrm{TP}+\mathrm{FP}}$$

$$\mathrm{recall}=\frac{\mathrm{TP}}{\mathrm{TP}+\mathrm{FN}}$$

3）F_1-score：可以视为对于精准率和召回率之间的调和平均值。

$$F_1=2\times\frac{\mathrm{precision}\times\mathrm{recall}}{\mathrm{precision}+\mathrm{recall}}$$

4）曲线下面积（Area Under Curve）：这里的曲线指的是接收者操作特征曲线（Receiver Operating Characteristic，ROC）。指的是对于一个二分类问题，模型预测输出为连续值（可能代表某种概率）。此时不同的决策阈值可以产生不同的正负例预测划分，也就导致产生不同的假阳率（False Positive Rate，FPR）和真阳率（True Positive Rate，TPR）。通过不断调整决策阈值，可以在二维平面画出一条曲线，代表 FPR 与 TPR 之间的关系。如图 1.6 所示，不同的 ROC 曲线代表不同的模型预测性能，越接近于对角线，则越近似于随机预测。AUC 则指 ROC 曲线下所围面积，越接近 1 代表完美预测器，越接近 0.5 代表随机预测。

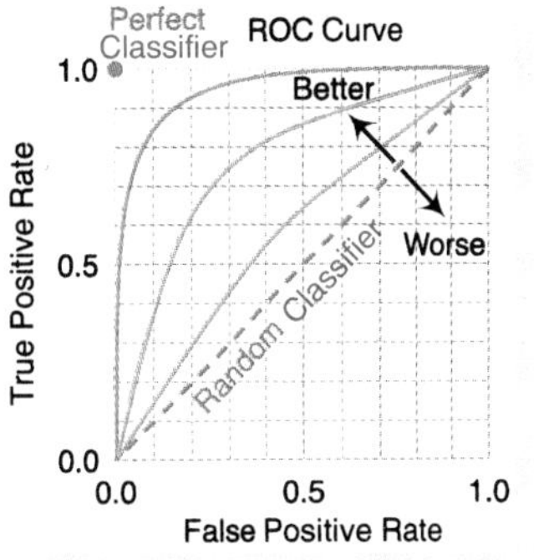

图 1.6 ROC 曲线示意图，引用自链接[⊖]

对于信息检索（Information Retrieval）或者是排序推荐的问题，其主要关注所排序的项目是否将更相关的排在前面，不相关的排在后面。对此也设计出如下多种评估指标。

1）累积收益（Cumulative Gain，CG）：其中 p 为系统评价排序项目的数量，rel_i 为每个项目的真实相关程度。这个指标衡量了模型推荐的前 p 个项目的总体相关性，内部排序关系不影响 CG 的值。

⊖ https://en.wikipedia.org/wiki/Receiver_operating_characteristic#Area_under_the_curve

$$CG_p = \sum_{i=1}^{p} rel_i$$

2）折扣累积收益（Discounted Cumulative Gain，DCG）：DCG 考虑了排序位置关系，对相关性进行加权，越排在前面的权重越高。这一指标与排序相关，只有将相关度大的项目排在前面才会越高。

$$DCG_p = \sum_{i=1}^{p} \frac{rel_i}{\log_2(i+1)}, DCG_p = \sum_{i=1}^{p} \frac{2^{rel_i}-1}{\log_2(i+1)}$$

3）归一化折扣累计收益（Normalized Discounted Cumulative Gain，NDCG）：其中$IDCG_p$为理想条件下的 DCG。即假设我们真实知道所有项目的相关性，并按照从大到小排序，可以达到 DCG 完美的最大值。NDCG 则是实际模型 DCG 相对于最大值比例，介于［0，1］之间，方便不同模型任务之间衡量比较。

$$NDCG_p = \frac{DCG_p}{IDCG_p}$$

实际上模型衡量指标不止于此。对于聚类模型的评估指标[1]，多标签预测的评估指标[2]，还有针对各种具体应用任务的衡量指标，这里不再一一介绍。实际上一个良好合理的指标构建也是机器学习任务中重要的一环。

1.3.2 数据集划分

在进行模型训练时，除了对数据集进行变换预处理，还需要进行数据划分（Split），最基本的需要一份训练数据集（Training Set）和一份测试数据集（Test Set）。有时二者也被称为样本内数据（In-sample）和样本外数据（Out-of-sample）。但是模型的训练并不是只关注训练集上的性能，因为模型可以设计得非常复杂，达到完美拟合训练数据，造成过拟合（Overfitting）现象。因此为了增加其泛化（Generalization）性能，即在测试集上也有较高的预测水平，需要在训练集内再划分出验证集（Validation Set）用来调试模型，并在测试数据集上进行最终预测。

但是这种做法相当于训练集中的一部分数据只能用来做验证，减少了训练样本数量。如何能在充分利用所有训练样本的情况下，依然实现部分训练、部分验证的效果呢？这里便利用了交叉验证（Cross Validation）的技巧。即将数据集每次训练划分出训练集和验证集，同时每次训练这种划分都不同，相当于交替轮换验证集。一种最简单的做法称为 K-fold 交叉验证，如图 1.7 所示，每次划分训练集中的 $1/K$ 部分作为验证集的其余训练。最终确定模型参数后，可以利用全部训练数据再次训练，并进行测试。

[1] https：//scikit-learn.org/stable/modules/clustering.html#clustering-evaluation

[2] https：//scikit-learn.org/stable/modules/model_evaluation.html#multilabel-ranking-metrics

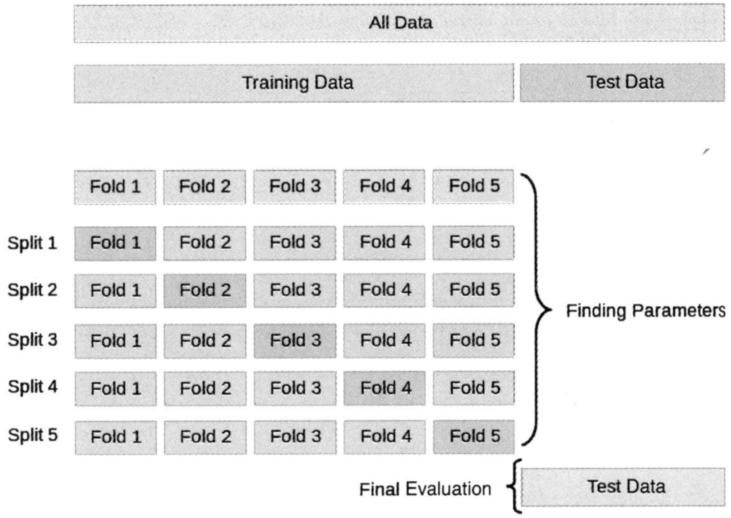

● 图 1.7　K-fold 交叉验证示意图，引用自链接⊖

这种数据集划分有时需要再细致设计。比如整体数据集中存在多个类别，但是不同类别的比例不一样，此时普通的 K-fold 有可能导致某次划分时，其内部数据均属于同一类别，或者验证集类别分布与训练集不一致，导致评测有偏差。此时需要在每个类别内部进行 K-fold 划分，再从各个类别中采样一组共同构成某次训练的验证集。这种做法也称为分层 K-fold 划分（Stratified K-fold）。

再比如数据集中存在分组现象。类似推荐系统中可能存在用户 ID 特征，如果某个用户的行为偏好较为固定，则属于该用户的多条记录可能特征标签均相似。此时如果在数据集划分中，将一部分记录放在训练集中，一部分记录放在验证集中，则某种程度上产生了标签泄漏（Label Leakage），因为模型有可能只是记住了该 User ID 的已有记录，而并未真正预测。此时则需要进行分组 K-fold（Group K-fold），即在划分验证集时，需要将同组 User ID 下的所有数据划分为训练集或验证集。

而针对时间序列（Time Series）数据，数据集划分需要防止“数据穿越”的问题，即验证集和测试集应当保证总是在时间顺序上排在训练集之后。否则在进行交叉验证时，可能存在用时间较后的数据训练模型，来预测时间较前的结果，某种程度上用到了未来的信息，这在如天气预报、行情预测等面向未来预测的场景中是不合理的，也会导致离线训练效果预测很好，但实际进行上线后真实预测效果很差。

⊖ https：//scikit-learn.org/stable/modules/cross_validation.html#cross-validation

1.3.3 超参数优化

有了上一小节介绍的数据集划分之后，便可以进行超参数优化（Hyper-parameter Optimization）。超参数一般指的是机器学习模型中的一些先验设置参数。例如在训练深度学习模型时，常需要设置学习率、迭代次数、训练批次大小等参数。这些参数的选取需要根据不同任务和数据进行调整适配。超参数优化则是利用模型在验证集上的预测性能，来不断调整设置。一般来说最直接的做法便是网格搜索（Grid Search）。对于每个超参数选定区间范围，遍历所有的取值，挑选验证集预测性能最高的作为最终设置。这种做法在所需设置超参数个数较少时，或者每次模型训练时间较短时可以使用。但是当多个超参数组合时，所需遍历搜索的组合数太多，或者模型每次训练时长较长，都会无法直接使用网格搜索。一种折中的做法是随机搜索（Random Search），即每次随机采样组合出超参数进行训练。更加有效的做法是利用黑盒优化（Black-Box Optimization）算法辅助超参数搜索。我们将会在第 6 章中介绍利用高斯过程进行更有效的超参数优化搜索。

1.4 优化目标

在上节中介绍了诸多评价机器学习模型的指标。这些指标是对一个已经训练完成的模型的客观评价。而更重要的部分是，如何引导优化模型，使得其能在这些评估指标上有所提升，这便是机器学习模型中重要的训练部分，而设计出合理的优化目标（Optimization Objective），也是使得模型可以成功训练的关键。本节将介绍常见的优化目标函数，并介绍常使用的优化手段：**梯度下降**（Gradient Descent）。有些情况下，模型的优化涉及其他约束条件时，则需要引入 Lagrange 函数进行处理。这一部分内容实际上和凸优化（Convex Optimization）分析有着紧密联系。此次只做精简介绍，想了解更多内容的读者可以参考凸优化教程[⊖]。

1.4.1 损失函数

在之前的章节中，已经介绍过衡量模型性能的评估指标。这些指标通常是在模型经过训练后的客观评价。那么如何让模型进行学习训练呢？最关键的是设定一个合理恰当的目标。这里就引入机器学习优化中的一个重要概念：**损失函数**（Loss Function）。损失函数通常衡量的是模型的预测结果 $f(x)$ 与目标 y 之间的差距损失，而模型的训练过程就是最小化这个损失函数值，从而使得向目标期望的输出靠近。这里的目标在监督学习情形下比较好理解，例如真实的分类标

⊖ https://web.stanford.edu/~boyd/cvxbook/

签值，或者是真实的待回归连续值。对于无监督学习情形，这个目标可以是某种距离分布的度量，或者是某种内在相似性的度量。

损失函数与评估指标的差异在于，损失函数可以看成是某种更便于优化的替代函数。比如在二分类问题中衡量准确率的指标，其直接替代的损失函数为“0-1”损失函数，即：

$$L(y, f(x)) = \mathbb{I}\{y \neq f(x)\} \tag{1.8}$$

其中 $\mathbb{I}$ 为指示函数（Indicator Function），即 $y \neq f(x)$ 时值为 1，否则为 0。可以看出错误率即是统计样本上所有 0-1 损失函数的平均值。

但是“0-1”损失函数在实际优化中并不可导，不方便模型训练。因此有几种变种形式。首先是二分类交叉熵（Binary Cross Entropy，BCE）损失函数，形式为：

$$L(y, f(x)) = -y\ln(f(x)) - (1-y)\ln(1-f(x)) \tag{1.9}$$

这里实际上是交叉熵（Cross Entropy）这个概念在二分类问题上的应用。在信息论中，定义两个概率分布 $p(x)$，$q(x)$ 的交叉熵为：

$$H(p,q) = -\int [p(x)\log q(x)]\mathrm{d}x \tag{1.10}$$

在离散条件下即为 $H(p,q) = -\sum_{x_i}[p(x_i)\log q(x_i)]$。而对于二分类问题，我们可以把模型预测输出 $f(x)$ 看成是概率，代表标签值为 1 的概率 $q(y=1)=f(x)$，则 $q(y=0)=1-f(x)$，代入公式 1.10 中即可得到二分类交叉熵结果。

其次，可以将原始标签转换为 $\{-1,+1\}$ 这种二分类标签，则可以使用 Hinge 损失函数（Hinge Loss），即：

$$L(y,f(x)) = \max(0, 1-yf(x)) \tag{1.11}$$

此损失函数鼓励 $f(x)$ 与 y 同符号，并且输出值的绝对值尽量大于 1。因为只有当二者同符号时，损失函数才有可能减小。并且由于 max 操作，只有当 $f(x)$ 绝对值大于 1 时，损失函数为 0 才不会再下降了，从而鼓励函数不仅要预测正确，还要置信度足够高。

Hinge 损失函数实际上也可以看成是在解决回归问题。回归问题中最常见的损失函数是平方损失函数（Squared Loss），即：

$$L(y,f(x)) = (y-f(x))^2 \tag{1.12}$$

但是平方损失函数对于较大范围的偏差会给予更多的权重，这样会在整体优化时对于异常值较为敏感。一种改进形式是 Huber 损失函数，形式为：

$$L_\tau(y,f(x)) = \begin{cases} \frac{1}{2}(y-f(x))^2 & \text{当} |y-f(x)| \leq \tau \\ \tau\left(|y-f(x)| - \frac{1}{2}\tau\right) & \text{其他} \end{cases} \tag{1.13}$$

其中 τ 为设定阈值。这一损失函数对于在误差小于 τ 的范围内，损失函数值即为平方损失函数值，大于 τ 的范围则按照线性函数扩展。图 1.8 展示的为 Huber 损失函数和平方误差函数对比，可以看出在偏差较大的区域，Huber 损失函数值并未增速过快，从而避免受到异常值的过度影响。

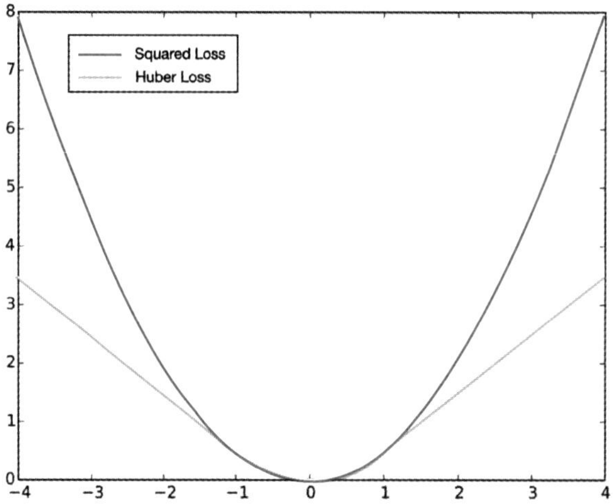

扫码查看彩图

● 图 1.8　Huber 损失函数和平方损失函数对比[⊖]

还有很多损失函数，这里不再一一列举。在后面的算法模型介绍中，会根据具体问题的特殊性，构造适合的损失函数进行训练。

1.4.2　梯度下降优化

在介绍了损失函数之后，机器学习模型如何训练其模型参数呢？这里针对不同的模型会有各自设计的独特算法。但是总体来说，机器学习模型的训练过程，均可以总结为某种优化过程，优化目标即为上一节所介绍过的多种损失函数。优化手段往往是经典的梯度下降法（Gradient Descent）。梯度可以视为多元函数对于其输入的偏导数（Partial Derivative），记为 $\nabla_x f(\boldsymbol{x})$，是对于一元函数导数概念的推广。梯度刻画了函数处于 x 时，可以使得函数值最快变化的方向。因此梯度下降法可以用来快速优化目标函数。如果以最小化损失函数为例，则经典的梯度下降法为：

$$\boldsymbol{w}_{t+1}=\boldsymbol{w}_t-\eta\ \nabla_w f(\boldsymbol{w}_t) \tag{1.14}$$

其中 η 称为学习率（Learning Rate），用来控制更新的步长。但这种更新方法，往往需要衡量目标函数值在全体数据上的梯度才能进行。这对于大规模数据的问题来说无法实现。所以一种改良方法是每次采样一部分数据，称为批次（Batch），然后利用这一批次的数据计算梯度再去

⊖ https://en.wikipedia.org/wiki/Huber_loss

更新参数，因此也称为随机梯度下降法（Stochastic Gradient Descent，SGD）。随机梯度下降虽然节省了计算复杂度，但是会导致优化不稳定，需要调节学习率，并且引入动量等稳定操作。

1.4.3 受约束优化：Lagrange 函数

优化问题设立目标函数只是一方面。有时还存在着对于参数的约束（Constraint），因此优化时不能直接使用梯度下降法，因为每次更新的参数不一定满足约束条件，需要让参数存在于可行域（Feasible Domain）中。如何处理带有约束条件的优化问题呢？最完整的解决方案是基于凸优化领域中的技巧，即建立 Lagrange 函数，并利用 KKT 条件进行求解。这部分内容我们会在第 3 章中做详细介绍，此处只介绍大致思想。对于一个带有约束的优化问题：

$$\min_{x} f(\boldsymbol{x}) \text{ s. t. } g(\boldsymbol{x}) \leqslant 0 \tag{1.15}$$

建立 Lagrange 函数 $L(\boldsymbol{x},\lambda)=f(\boldsymbol{x})+\lambda g(\boldsymbol{x})$，这里 $\lambda \geqslant 0$ 可以使得 L 为目标函数的下界。因此可以优化 Lagrange 函数作为替代问题。通常面对带有约束的问题时，可以做类似的转换。这里也可以理解为增添了惩罚项（Penalty）或者叫作正则项（Regularization），用来约束模型参数的训练过程。这种约束也是防止模型参数复杂度过高，产生过拟合现象。

1.5 实战：简单模型实现 Titanic 乘客生存概率预测

本章初步介绍了机器学习中经常涉及的一些概念和基本技巧。在本章最后，我们将对一个真实数据集进行简单的实战练习。这里选择比较有名的 Titanic 乘客生存概率预测数据集。该数据集是由 Kaggle[⊖] 举办的一个数据挖掘比赛提供的公开数据集。其中包含了在 Titanic 事故中，众多乘客的身份信息，目的是预测乘客是否会在最终的事故中幸存下来。我们将利用一些简单的方法进行预测，主要是了解、熟悉整体的流程。

1.5.1 问题描述与数据特征

首先从 Kaggle 网站下载该数据集。由于只有 train.csv 提供了真实标签，所以只在训练数据上进行实验。首先加载数据。

```
>>> import pandas as pd
>>> data = pd.read_csv('train.csv')
```

图 1.9 展示了 Titanic 数据集部分样本，可以看到其中包含了 12 列。PassengerId 为每个乘客的 ID，按顺序排列。Survived 标注该乘客最终是否幸存，1 代表成功，0 代表遇难。这也是本次

⊖ https：//www.kaggle.com/c/titanic/overview

问题待预测的真实标签，是一个二分类问题。Pclass 标注的是乘客所在的船舱等级，分为 1、2、3 等。Name 是乘客的姓名。Sex 为乘客的性别，包含 male 和 female 两种。Age 是乘客年龄，由于有些年龄为估计值，存在小数位。SibSp 为该乘客的配偶或亲戚同乘数量，Parch 为该乘客的父母或子女同乘数量；Ticket 是票号，Fare 是船票费，Cabin 是船舱号，Embarked 为登船地点。总共包含 891 个样本。

	PassengerId	Survived	Pclass	Name	Sex	Age	SibSp	Parch	Ticket	Fare	Cabin	Embarked
0	1	0	3	Braund, Mr. Owen Harris	male	22.0	1	0	A/5 21171	7.2500	NaN	S
1	2	1	1	Cumings, Mrs. John Bradley (Florence Briggs Th...	female	38.0	1	0	PC 17599	71.2833	C85	C
2	3	1	3	Heikkinen, Miss. Laina	female	26.0	0	0	STON/O2. 3101282	7.9250	NaN	S
3	4	1	1	Futrelle, Mrs. Jacques Heath (Lily May Peel)	female	35.0	1	0	113803	53.1000	C123	S
4	5	0	3	Allen, Mr. William Henry	male	35.0	0	0	373450	8.0500	NaN	S
...	...	...	...	...	...	...	...	...	...	...	...	...
886	887	0	2	Montvila, Rev. Juozas	male	27.0	0	0	211536	13.0000	NaN	S
887	888	1	1	Graham, Miss. Margaret Edith	female	19.0	0	0	112053	30.0000	B42	S
888	889	0	3	Johnston, Miss. Catherine Helen "Carrie"	female	NaN	1	2	W./C. 6607	23.4500	NaN	S
889	890	1	1	Behr, Mr. Karl Howell	male	26.0	0	0	111369	30.0000	C148	C
890	891	0	3	Dooley, Mr. Patrick	male	32.0	0	0	370376	7.7500	NaN	Q

● 图 1.9 Titanic 数据集部分样本

针对各列可以看一下数据完整度。

```
>>> data.isna().sum()
PassengerId      0
Survived         0
Pclass           0
Name             0
Sex              0
Age            177
SibSp            0
Parch            0
Ticket           0
Fare             0
Cabin          687
Embarked         2
dtype: int64
```

可以看到，Age 列和 Cabin 列存在较多的数据缺失情况。在此次实验中，为了方便建模，可以去掉部分列特征。

```
>>> data = data.drop(['PassengerId', 'Cabin', 'Name', 'Ticket'], axis=1)
```

然后可以将数据集划分为训练集和测试集。这里采用简单的随机均匀采样方法，并按照

9：1 比例划分为训练集和测试集。

```
>>> import numpy as np
>>> idx = np.random.rand(len(data))
>>> train_data = data.iloc[idx > 0.1].reset_index(drop=True)
>>> test_data = data.iloc[idx <= 0.1].reset_index(drop=True)
```

1.5.2 简单属性分类模型实现预测

在划分好数据集后，便可以进行简单的探索性数据分析（Exploratory Data Analysis，EDA），帮助我们设立建模方向。首先可以根据常识来确定分析方向，乘客所在的舱位等级应该与存活概率有关，比如可能有更好的位置或者服务，这里统计船舱等级与存活概率的关系。

```
>>> train_data[['Survived','Pclass']].groupby('Pclass').mean()
   Survived
Pclass
  1  0.623037
  2  0.469512
  3  0.238839
```

可以看到不同舱位等级的幸存概率有明显差别，头等舱的乘客可以有很大概率幸存，而三等舱乘客幸存概率较低。因此可以利用这一数据特点设定简单的分类模型，直接判断该乘客所属舱位等级，输出经验概率（Empirical Probability）。

```
def predict_by_pclass(data):
    pred = pd.DataFrame(np.zeros(len(data)), columns=['Pred'])
    # 根据乘客不同舱位等级,输出对应的概率
    # 该概率值即为训练集上统计出来的概率
    pred[data['Pclass']==1] = 0.6230
    pred[data['Pclass']==2] = 0.4695
    pred[data['Pclass']==3] = 0.2388
    return pred
```

这其实完成了第一个简单的机器学习模型。针对二分类问题，使用两种评价衡量方式，一种是准确率，这里预测的结果是概率值，转换为二分类预测结果时，取 0.5 为阈值；另一种更加客观全面评价的指标为 AUC，描述了二分类问题中准确率和召回率之间的总体变动情况。

```
>>> pred = predict_by_pclass(test_data)
>>> acc = accuracy_score(test_data['Survived'], pred > 0.5)
>>> auc = roc_auc_score(test_data['Survived'], pred)
>>> print('Accuracy = %.4f, AUC = %.4f' % (acc, auc))
Accuracy = 0.6591, AUC = 0.6860
```

可以看到第一个简单分类模型可以达到 0.66 的准确率，AUC 达到 0.69，是显著区别于随机

猜测的结果，说明了根据船舱等级进行预测是合理且有效的。

顺着这个思路，还可以考察性别这个属性，因为在这种灾难中，妇女、儿童会被优先给予机会上逃生船，所以有更大的概率存活。这里依然先统计性别与存活概率之间的关系。

```
>>> train_data[['Survived', 'Sex']].groupby('Sex').mean()
        Survived
Sex
female  0.734767
male    0.187023
```

可以看到女性有非常高的概率存活下来，是男性存活概率的 4 倍多。所以依然设计简单分类模型，根据性别判断输出对应的存活概率。

```
def predict_by_sex(data):
    pred = pd.DataFrame(np.zeros(len(data)), columns=['Pred'])
    pred[data['Sex']=='female'] = 0.7348
    pred[data['Sex']=='male'] = 0.1870
    return pred
```

同样可以测算该模型在测试集上的表现。

```
>>> pred = predict_by_sex(test_data)
>>> acc = accuracy_score(test_data['Survived'], pred > 0.5)
>>> auc = roc_auc_score(test_data['Survived'], pred)
>>> print('Accuracy = %.4f, AUC = %.4f' % (acc, auc))
Accuracy = 0.7955, AUC = 0.7875
```

可以看到该模型比基于船舱等级的模型有了明显提升，准确率提升到 0.80，AUC 提升到 0.79，说明性别这一属性特征有非常强的预测能力。

在 1.2.4 节中我们介绍过特征衍生和交叉的技术，即对于两个特征属性，可以交叉组合衍生出更多的特征。这里可以将船舱等级和性别这两个属性特征进行交叉，也就是进一步区分在不同等级舱位的不同性别乘客的存活概率。我们依然是先统计观察在这种交叉条件下的存活概率情况。

```
>>> train_data[['Survived', 'Pclass', 'Sex']].groupby(['Pclass', 'Sex']).mean()
                Survived
Pclass   Sex
1        female   0.964286
         male     0.355140
2        female   0.924242
         male     0.163265
3        female   0.488372
         male     0.137931
```

可以看到头等舱的女性乘客是有最高概率幸存下来的，而且头等舱的男性乘客幸存概率也不低。而最不幸的应该是三等舱的男性乘客，相比最幸运的女性乘客存活概率相差 7 倍多。此时可以借助以上观察信息，开发出针对交叉组合特征的模型。

```
def predict_by_pclass_sex(data):
    pred = pd.DataFrame(np.zeros(len(data)), columns=['Pred'])
    # 根据不同舱位等级和不同性别针对性输出概率
    pred[(data['Pclass']==1)&(data['Sex']=='female')] = 0.9643
    pred[(data['Pclass']==1)&(data['Sex']=='male')] = 0.3551
    pred[(data['Pclass']==2)&(data['Sex']=='female')] = 0.9242
    pred[(data['Pclass']==2)&(data['Sex']=='male')] = 0.1633
    pred[(data['Pclass']==3)&(data['Sex']=='female')] = 0.4883
    pred[(data['Pclass']==3)&(data['Sex']=='male')] = 0.1379
    return pred
```

最后可以看一下预测结果。

```
>>> pred = predict_by_pclass_sex(test_data)
>>> acc = accuracy_score(test_data['Survived'], pred > 0.5)
>>> auc = roc_auc_score(test_data['Survived'], pred)
>>> print('Accuracy = %.4f, AUC = %.4f' % (acc, auc))
Accuracy = 0.7614, AUC = 0.8710
```

可以看到准确率似乎没有明显上升，但是 AUC 指标继续明显提升至 0.87，这可能源于在将概率转换为二分类预测结果时所选取的阈值，比如过高会导致正样本预测偏低的结果。但 AUC 不受此影响，因此可以更客观全面地评价模型结果。

以上均采用的是类别型特征。此外还可以考察数值型特征。这里我们注意到年龄是一个重要的属性，在灾难中可能会对老人、幼儿有优待，又或者青壮年更有体力幸存。这里需要统计年龄这一属性与幸存概率的关系。

首先在之前的观察中发现年龄字段存在数据缺失情况，所以需要填充缺失值，这里采用平均值作为替代。

```
>>> mean_age = train_data['Age'].mean()
>>> train_data['Age'] = train_data['Age'].fillna(value=mean_age)
>>> test_data['Age'] = test_data['Age'].fillna(value=mean_age)
```

接下来对于数值型特征，通常的做法是进行分箱，这里按照最低和最高年龄确定范围进行特征分箱，并将分箱后的标签作为新的特征列 Age_discrete 加入原始数据中。

```
min_age, max_age= train_data['Age'].min(), train_data['Age'].max()
bins = np.linspace(min_age, max_age, 5)
labels = [1, 2, 3, 4]
train_data['Age_discrete'] = pd.cut(train_data['Age'], bins=bins, labels=labels,
include_lowest=True)
```

```
test_data['Age_discrete'] = pd.cut(test_data['Age'], bins=bins, labels=labels, include_
lowest=True)
```

现在可以统计年龄与幸存概率之间的关系了。

```
>>> train_data[['Survived', 'Age_discrete']].groupby('Age_discrete').mean()
            Survived
Age_discrete
    1       0.512195
    2       0.345850
    3       0.397163
    4       0.272727
```

可以看出低年龄段的存活率较高，高年龄段的存活率较低，中间年龄段的存活率在内部各区间没有较大差距。此时构建基于年龄分层的预测模型。

```
def predict_by_age(data):
    pred = pd.DataFrame(np.zeros(len(data)), columns=['Pred'])
    pred[data['Age_discrete']==1] = 0.5122
    pred[data['Age_discrete']==2] = 0.3458
    pred[data['Age_discrete']==3] = 0.3972
    pred[data['Age_discrete']==4] = 0.2727
    return pred
```

然后统计模型的预测情况。

```
>>> pred = predict_by_age(test_data)
>>> acc = accuracy_score(test_data['Survived'], pred > 0.5)
>>> auc = roc_auc_score(test_data['Survived'], pred)
>>> print('Accuracy = %.4f, AUC = %.4f' % (acc, auc))
Accuracy = 0.5341, AUC = 0.4819
```

可以看出该模型的准确率和 AUC 指标均较差，一部分原因是年龄本身对于存活率区分度不高，另一部分原因是该数据缺失比较严重，而采用填充值做法会影响原始数据的分布。至于如何进一步提升，后续会在监督学习的章节中，运用更强大的机器学习模型进行训练来解决问题。

第2章

PyTorch基本操作介绍

本章将熟悉 PyTorch 这个编程框架。PyTorch 的诞生一开始是为了解决深度学习中的**自动微分**（Auto Differentiation）求导问题。但是随着其不断扩充发展，PyTorch 提供了一整套实现各种科学运算的“基础设施”，包括完善的张量运算库、多种计算算子、自动微分求导、无缝地切换 CPU 和 GPU 计算等。因此这些功能使得我们可以不局限于利用 PyTorch 来实现神经网络的建模。所以这也是本书的一个出发点，即利用 PyTorch 来展示多种高级机器学习算法的复杂实现细节。

但是由于本书的主要目的还是在于讲解机器学习算法的原理及内涵，所以对于 PyTorch 的使用细节不会过度讲解。事实上笔者也曾出版过一本专门讲解 PyTorch 编程技巧的入门书籍⊖，有兴趣的读者或者是对 PyTorch 框架不算熟悉的读者，可以参考这本书。本章主要是以点带面地大致介绍 PyTorch 的一些核心概念和技巧，对于有一点基础的读者大致粗读即可。至于更多的 PyTorch 技巧，我们会随着后续算法的讲解逐步展开，在具体应用实战中展示，会更加直观，便于理解。

2.1 PyTorch 简介

PyTorch 框架主要为了方便解决深度学习领域建模神经网络的流程。在当时主要有 TensorFlow、Caffe 等其他**静态图**（Static Graph）编程框架。这种框架在构建固定的神经网络模型时较为方便，但是很难处理包含了动态运算的**动态图**（Dynamic Graph）模型。而且像 Tensorflow 在当时只允许**声明式**（Declarative）编程范式，即在运算之前需要事先定义好整个计算流程，一旦确定，无法在运算过程中修改。这给研究开发也带来诸多不便，无法灵活地动态调试，以及查

⊖ 《PyTorch 深度学习入门与实战》，王宇龙编著，中国铁道出版社

看中间运行结果。PyTorch 便是在这样的情形下诞生，来解决以上痛点需求的。

PyTorch 在开发之初，沿袭了其前身 Torch7 的模式，采取了**命令式**（Imperative）编程范式，即可以在逐步运算过程中，指明计算流程。这使得 PyTorch 的整体编程方式更加简单，便于动态调试和查看中间运行结果。而这一切也得益于其背后强大的自动微分计算框架。可以在每一次前向计算过程中，自动推导出反向回传的计算流程，便于之后的梯度更新。同时 PyTorch 还包含了针对神经网络、数据流加载、GPU 计算、分布式计算等诸多功能。由于其编程语法的简洁性，虽然晚于 TensorFlow 的发布，但是在今天收获了更多科研人员及个人开发者的喜爱。

PyTorch 的安装方法可以参考其官网⊖指南，各位读者可以根据自己的计算设备配置选择对应的安装包。本书将在 Python 3.7 及 Pytorch 1.10.0 版本上进行实验。笔者推荐的安装方式是先安装 Anaconda 的开源 Python 计算平台，然后创建一个指定 Python 版本的独立环境，再利用 pip 安装 PyTorch。

```
conda create --name py3.7 python==3.7        # 创建名为 py3.7 的环境，Python 版本为 3.7
source activate py3.7                        # 启动 py3.7 环境
pip install torch==1.10.1                    # 安装 PyTorch
```

这样可以便于之后做到版本隔离，方便切换多个 Python 环境，避免影响系统的 Python 设置。在安装好之后，如果启动 Python，并测试 PyTorch 安装版本正确，则说明安装成功。

```
>>> import torch
>>> torch._version_
1.10.1
```

2.2 核心概念：Tensor

PyTorch 中最基础的数据结构就是张量（Tensor），可以理解为是一种多维数组。熟悉 Numpy 的读者应该知道，Tensor 的概念类似于 numpy.array。这种封装之后的多维数组，可以很方便地进行多种科学运算操作，并且 PyTorch 团队在开发过程中，就有意识地模仿 Numpy 的应用接口（API），方便之前熟悉 Numpy 科学运算的用户无缝迁移。所以本章介绍的一些内容对有基础的读者会非常容易。

2.2.1 Tensor 基本操作

首先介绍针对 Tensor 的基本运算操作。比如可以随机初始化一个 Tensor。

⊖ https：//pytorch.org

```
>>> import torch
>>> a = torch.randn(4, 3)
>>> a
tensor([[ 0.1412,  0.4135,  0.7121],
        [ 1.5262,  0.4511,  0.7277],
        [ 0.3333,  1.5751,  0.5864],
        [ 0.5360, -0.7202, -0.7396]])
```

这里 torch.randn 操作将一个形状为 4×3 的二维张量，以标准正态分布进行赋值。除了随机初始化，还可以利用 torch.zeros、torch.ones 等操作将其赋值为全 0 张量或全 1 张量。

有时可能需要将 Numpy 的 array 转换过来使用，可以利用 torch.from_numpy 进行转换。

```
>>> import numpy as np
>>> np_array = np.random.randn((4, 3))
>>> torch_array = torch.from_numpy(np_array)
>>> torch_array
tensor([[-0.8976,  0.2075,  0.0681],
        [ 0.1648, -3.1301,  0.1354],
        [ 0.3936, -0.8823,  0.4786],
        [ 0.4449, -0.2312, -0.2720]], dtype=torch.float64)
```

而 torch.Tensor 转换为 numpy.array 也非常简单，只需要调用 Tensor 自身方法.to_numpy( )即可。

在上面的代码中可以看到，转换后的张量还标注了数据类型（Data Type）。PyTorch 中就设置了多种数据类型，比如包含 Float 型、Int 型、Long 型等。而想要设置一个 Tensor 为某种数据类型时，只需要调用自身方法，如.float( )、.int( )、.long( )即可。PyTorch 还引入了半浮点型 Half，这样可以节省数据存储空间，在模型压缩运算加速等方面都有作用。

PyTorch 中还引入了一类方法，以_like 结尾，如 torch.zeros_like、torch.ones_like。这种方法可以创建一个新的全 0 或者全 1 的 Tensor，和另外一个 Tensor 形状相同。也就是说：

```
>>> a = torch.randn(4, 3)
>>> b = torch.zeros_like(a)
>>> c = torch.zeros(a.shape)
>>> torch.equal(b, c)
True
```

这里 b 和 c 用两种方式创建，都是起到同样的效果。.shape 是获取一个 Tensor 形状的方法。

2.2.2 基本数学运算

除了以上介绍的基本操作，PyTorch 还实现了大量的数学运算方法。这些运算方法是构建其科学运算的基础。最常见的便是如加减乘除之类的二元运算符，这种二元运算遵从逐元素运算

(Element-wise Operation) 规则。但是对于张量来说，更多的是一些张量乘除法操作。比如两个二维张量进行矩阵乘法。

```
>>> a = torch.randn(4, 3)
>>> b = torch.randn(3, 2)
>>> c = torch.mm(a, b)
>>> c.shape
torch.Size([4, 2])
```

这里的 torch.mm 就是实现两个二维张量的矩阵乘法运算。不止于此，比如有时需要更复杂的张量乘法。例如两个三维的张量，第一维度代表有多少个数据批次，每一个批次里面两两之间进行二维矩阵乘法运算。虽然也可以用 for 循环来实现，但是 PyTorch 中已有更简便的算子 torch.bmm。

```
>>> a = torch.randn(5, 4, 3)
>>> b = torch.randn(5, 3, 2)
>>> c = torch.bmm(a, b)          # 相当于进行 5 次 torch.mm(a[i], b[i])
>>> c.size()
torch.Size([5, 4, 2])
```

事实上，PyTorch 实现了 BLAS（Basic Linear Algebra Subprograms，基础线性代数程序集）和 LAPACK（Linear Algebra Package，线性代数软件包）中定义的多个用于数值计算的程序接口。比如常见的其他线性代数运算操作，如 Cholesky 分解、求矩阵特征值、求矩阵行列式、LU 分解、SVD 分解等运算，都可以用类似 torch.cholesky、torch.eig、torch.det、torch.lu、torch.svd 等进行调用。PyTorch还实现了大量的其他数学运算操作，这里不再赘述。完整的函数列表可以参考官方文档[⊖]。

2.2.3 索引分片操作

对于张量操作，另外一大部分的运算便是张量的索引（Indexing）、分片（Slicing）以及聚合（Aggregating）操作。PyTorch 中对于 Tensor 的索引和分片写法与 Python 一样，例如：

```
>>> a = torch.randn(4, 3)
>>> a[:, [1, 2]]                 # 获取第 1、2 列(从 0 标号)
tensor([[-0.9406, -0.0278],
        [ 0.2152, -0.0349],
        [-0.6722, -1.4623],
        [ 0.3301,  0.7198]])
```

对于聚合操作，PyTorch 支持拼接（Concatenate）、堆叠（Stack）、分拆（Split），例如：

```
>>> a = torch.randn(4, 3)
>>> b = torch.cat([a, a, a], dim=0)         # 按照 0 维拼接一起
```

⊖ https://pytorch.org/docs/stable/torch.html#math-operations

```
>>> b.shape
torch.Size([12, 3])
>>> c = torch.stack([a, a, a], dim=0)        # 按照 0 维堆叠二维生成一维度
>>> c.shape
torch.Size([3, 4, 3])
>>> d = torch.split(b, [5, 4, 3], dim=0)     # 按照 0 维进行拆分,每个拆分张量维度可以不相同
>>> for t in d:
...     print(t.shape)
torch.Size([5, 3])
torch.Size([4, 3])
torch.Size([3, 3])
```

注意，熟悉 Numpy 的读者会发现，PyTorch 这里都使用了 dim 关键字而非 axis，请注意这个区别。

2.2.4 类成员方法

以上所介绍的运算操作都是作为函数调用来使用的。实际上针对 Tensor 这个对象，PyTorch 也实现了众多类成员方法。比如之前介绍的数学计算操作，也同样可以利用其类成员方法进行实现。

```
>>> a = torch.randn(4, 3)
>>> b = torch.randn(3, 2)
>>> a.mm(b)             # 其计算结果与 torch.mm(a, b)一样
```

PyTorch 的每个函数运算操作几乎都有类成员方法与之对应。比如上面提到的 Tensor 与 numpy.array 互相转化时，调用的.numpy( )就是类成员方法。这里提一个方法.item( )。其主要作用就是为了获取一个 0 维或 1 维张量的标量值，使得其成为一个纯 Python 数值，方便打印或者后续使用。

```
>>> a = torch.tensor(1)
>>> a.shape
torch.Size([1])         # a 是一个 1 维张量
>>> a[0].shape
torch.Size([])          # a[0]是一个 0 维张量,还不是纯数值
>>> a.item()            # 获取纯 Python 数值
1
```

2.3 自动求导（Autograd）

PyTorch 框架之所以能在深度学习兴起后迅速得到青睐，还有一个很重要的功能就是支持自

动求导（也叫自动微分）。自动微分是在训练神经网络时一个必需的功能，本质是利用了链式求导法则，在计算前向过程之后，自动推导出反向求导过程，也称为**反向传播**（Backpropagation）。PyTorch 在推出之时，有别于其他框架的一大优势就在于，其可以支持动态计算图的自动求导过程。也就是可以在计算过程中，实时确定接下来的计算流程，其自动求导引擎便可以迅速地构建其反向求导图。想要详细了解如何实现自动求导的读者，推荐参考这门课程（CSE 599W：Systems for ML）讲义[1]以及习题[2]，有兴趣的读者还可以自己实现一个小型深度学习计算框架。

2.3.1 可微分张量

在 PyTorch 中，自动求导是由每一个**可微分**（Differentiable）张量来实现的。对于一个可微分张量，其初始化时，需要设置其属性.requires_grad 为 True，使得之后所有依赖它的各种运算中间结果的张量都是可微分的。即如果给当前这个中间计算节点张量一个求导梯度，那么整个计算图中它的所有父节点都可以按照链式法则一步一步回传梯度。比如下面的例子：

```
>>> a = torch.randn(4, 3, requires_grad=True)
>>> b = torch.sigmoid(a)
>>> c = b.sum()
>>> c
tensor(6.6090, grad_fn=<SumBackward0>)
>>> c.requires_grad
True
```

这里可以看到，张量 c 作为 a 的运算结果，其 requires_grad 属性也变为 True，说明是一个可微分张量，而且还包含了 grad_fn，即求微分时的反向计算函数。当然前向计算过程如果不可导，比如类似于 argmax、topk 这种排序指标求解时，其运算结果张量也不可导。

有了以上的可微分张量，便可以调用.backward 方法进行求导。继续上面代码的例子，如果求 c 对于 a 的导数，可以：

```
>>> c.backward()
>>> a.grad
tensor([[0.2499, 0.2471, 0.2378],
        [0.2469, 0.2406, 0.1002],
        [0.2096, 0.1624, 0.2238],
        [0.2257, 0.1828, 0.1980]])
```

这里调用.grad 属性来获取导数。

在有些情况下，如果不想对每一部分计算流程进行自动求导，则可以利用 torch.no_grad( )环

[1] http://dlsys.cs.washington.edu/pdf/lecture4.pdf

[2] https://github.com/dlsys-course/assignment1

境，将代码包括进来，停止自动求导。

```
>>> a = torch.rand(4, 3, requires_grad=True)
>>> b = torch.sigmoid(a)
>>> with torch.no_grad():
...     c = b.sum()
>>> c.requires_grad     # 此时 c 不可求导
False
```

另外一种关闭自动求导的操作，是将某一个中间计算变量，从自动求导的流程图中排除出去，调用.detach_( )方法即可。继续上面的例子。

```
>>> c = b.sum()          # 此时 c 可以求导
>>> c.detach_()          # 此时 c 不可以求导
>>> c.requires_grad
False
```

2.3.2 Function：实现自动微分的基础

在之前的代码例子中，我们可以看到，对于可微分变量，在显示其数值时，还会显示额外的 grad_fn=<...>信息。这其实是 PyTorch 的自动微分引擎在计算每个 Tensor 时，记录的其对应的求导函数。所以实际上的自动求导也并非完全“自动”。而是通过逐步回溯调用前向函数对应的反向传播函数来实现的。在 PyTorch 中，便是通过 Function 这个类来实现的，并且这个类也可以被继承，并允许我们自定义，从而实现自定义算子的前向反向计算过程。

比如以神经网络里常见的 ReLU（Rectified Linear Unit）为例，其计算过程即为 $y=\max(x,0)$。在反向求导时，则只对于 $x>0$ 时 y 才会为 1，其余为 0。通过 Function 类，实现如下。

```
from torch.autograd import Function
import torch

class ReLU(Function):
    @ staticmethod
    def forward(ctx, input):
        ctx.save_for_backward(input)                # 存储前向计算的结果
        return torch.clamp(input, min=0)            # 计算前向输出,即 max(x, 0)

    @ staticmethod
    def backward(ctx, grad_output):
        input = ctx.saved_tensors[0]                # 获取之前存储的结果
        return (input > 0).float() * grad_output    # 计算反向求导的梯度
```

可以测试所实现的函数前向反向过程是否正确。

```
>>> a = torch.randn(4, 3, requires_grad=True)
>>> a
tensor([[ 1.0515,  0.2068,  0.5145],
        [ 1.8669, -0.8930,  1.5181],
        [ 0.8325,  0.2235, -0.0192],
        [ 0.0023,  0.5802,  1.8851]], requires_grad=True)
>>> b = ReLU.apply(a).sum()            # 调用 ReLU 函数的方法
>>> b.backward()
>>> a.grad
tensor([[1., 1., 1.],
        [1., 0., 1.],
        [1., 1., 0.],
        [1., 1., 1.]])
```

可以看到，只在 $x>0$ 的输入位置有反传梯度，并且为 1。

2.4 神经网络核心模块：torch.nn

上一节主要从 Tensor 这个维度介绍 PyTorch 框架特性。而 PyTorch 为了更好地服务于深度学习神经网络的开发，官方发布实现了较为简洁统一的神经网络模块 torch.nn，并且利用其 nn.Module 类可以非常简洁方便地搭建复杂网络结构，避免了各种第三方实现方式。这也是 PyTorch 更受欢迎的原因之一。

2.4.1 nn.Module 概述

nn.Module 是 PyTorch 中实现神经网络的核心类，可以看作是一个记录状态的容器，里面容纳了各种计算层，并且还保留了带有参数运算层的可优化参数列表。所以在前向计算和反向求导优化时，都非常简洁方便。这里利用 nn.Module 实现简单的包含一个隐含层的多层感知机（Multi-Layer Perceptron，MLP）。

```
import torch.nn as nn

class MLP(nn.Module):
    def _init_(self, input_dim, hidden_dim, output_dim):
        super(MLP, self)._init_()
        self.layer1 = nn.Linear(input_dim, hidden_dim)
        self.relu = nn.ReLU()
        self.layer2 = nn.Linear(hidden_dim, output_dim)

    def forward(self, x):
```

```
        x = self.layer1(x)
        x = self.relu(x)
        return self.layer2(x)
```

这里 nn.Linear 和 nn.ReLU 是 PyTorch 中已内置实现的计算层。在搭建网络时，只需要将计算层赋为类的属性成员即可。forward 是 nn.Module 类的一个重要函数，用来实现整个网络的前向计算过程。然后可以初始化这个网络并且计算：

```
>>> model = MLP(10, 8, 4)
>>> input = torch.randn(3, 10)
>>> out = model(input)
>>> out.shape
torch.Size([3, 4])
```

这里 out = model（input）即调用了自定义实现的 forward 方法。以这种方式组织起来的网络，可以方便地查看各种属性。比如要获取整体网络的可训练参数，可以调用.parameters( ) 方法：

```
>>> for p in model.parameters():
...     print(p.shape)
torch.Size([8, 10])
torch.Size([8])
torch.Size([4, 8])
torch.Size([4])
```

如果建立的网络是这种唯一串行的计算方式，则可以利用 nn.Sequential 容器更简单地实现。比如上述的 MLP，可以重新写为：

```
>>> model = nn.Sequential(
...     nn.Linear(10, 8),
...     nn.ReLU(),
...     nn.Linear(8, 4)
...)
>>> out = model(input)
>>> out.shape
torch.Size([3, 4])
```

这种写法的缺点在于只能顺序执行模型中的各个模块，对于更复杂的多分支计算流程，还是定制编写 nn.Module 更方便。

除此之外，PyTorch 中还提供了一个容器 nn.ModuleList，从命名上看，它既包含了 nn.Module 的能力，也包含了列表（list）的属性。可以理解为它是一个特殊的列表，一样具有添加（Append），按索引获取（Indexing）等能力，同时它又是保存了一些 nn.Module 的整体容器，使得诸如模型在获取所有参数，将所有参数迁移至 GPU 时，和 nn.Module 的功能一样。比如以上的 nn.

Sequential 模型只能支持单路径顺序模型，如果要包含多分支路径模型，则可以写为：

```
class Block(nn.Module):
    def _init_(self, num_branches):
        super(Block, self)._init_()
        self.branches = nn.ModuleList()
        for i in range(num_branches):
            self.branches.append(
                nn.Linear(10, 8)
            )

    def forward(self, x):
        out_list = []
        for m in self.branches:
            out_list.append(m(x))
        return torch.cat(out_list, dim=1)
```

使用方法如下：

```
>>> block = Block(3)
>>> inp = torch.randn(3, 10)
>>> out = block(inp)
>>> out.shape
torch.Size([3, 24])
>>> len(list(block.parameters()))
6
```

可以看到输出结果为多个分支的输出的拼接，模型参数列表长度为分支个数。

2.4.2 函数式操作 nn.functional

PyTorch 中针对神经网络的一些操作，除了给出 Module 这种封装形式，还提供了函数式操作。可以认为 Module 是带有状态的容器，而 nn.functional 则提供了无状态的函数运算。比如在神经网络中经常需要一种操作，将输入的四维张量进行补零（Padding）操作，即按照长边或者宽边在其两侧填充零值，使得输入张量的长宽改变，以方便后续算子运算。这在 PyTorch 中可以用 pad 函数实现：

```
>>> import torch.nn.functional as F
>>> import torch
>>> a = torch.randn(2, 3, 5, 5)
>>> b = F.pad(a, (1, 2), mode='constant', value=0)
>>> b.shape
torch.Size([2, 3, 5, 8])
```

这里 pad 的参数列表中（1，2）是指定按照宽边（即最后一维）左右两侧各补零多少个像素值，后面的 value 则是指定补值，通常默认为 0。nn.functional 模块中还有许多高级的函数操作，比如对输入进行插值采样的 F.interpolate，对输入进行仿射变换采样的 F.grid_sample，还有诸多损失函数及激活单元函数。更多的方法可以参考其官方文档说明⊖。

2.5 优化器（optimizer）

以上介绍的是模型搭建的各种相关知识。而除了模型搭建，在机器学习中另外重要的一部分便是优化。PyTorch 针对神经网络的一些常见随机梯度优化算法，封装了 optimizer 类，方便直接调用。这一节主要介绍 optimizer 的用法，以及一些经典的优化器使用。

2.5.1 optimizer 概述

在 PyTorch 中使用 optimizer 非常简单，只需要从 torch.optim 模块中导入即可。比如最常用的优化器便是随机梯度下降。例如：

```
optimizer = torch.optim.SGD(model.parameters(), lr=0.1)
```

这里 model.parameters( )就是在 2.4.1 小节中介绍过的，nn.Module 获取模型中可训练参数的方法。PyTorch 的优化器就是接收这样一个参数列表或者迭代器，即可对其进行优化。lr=0.1 指的是学习率，即每步更新的比例。

在建立好优化器后的训练过程中，在每一次数据经过模型计算时，需要进行如下调用：

```
optimizer.zero_grad()                    # 清空所有参数已存有的梯度

output = model(input)                    # 前向计算输出
loss = loss_func(output, label)          # 与真实标签计算误差
loss.backward()                          # 误差反向梯度求导

optimizer.step()                         # 优化器根据梯度更新参数
```

这里需要注意的是先进行 optimizer.zero_grad( )，清空已有的梯度，以保证优化器在更新参数时，使用的是最新计算出来的梯度。

2.5.2 学习率调节

SGD 优化器的一个参数是 lr，即学习率。一般来说在训练过程中，使用可变的学习率会使得优化效果更好。通常的做法是在训练过程中逐渐降低学习率大小。PyTorch 中就实现了多种学习

⊖ https：//pytorch.org/docs/stable/nn.functional.html

率调节器，封装在 torch.optim.lr_scheduler 之中。比如最常见的一种学习率调节器便是 StepLR，指的是每间隔一定迭代步数 step_size，则学习率衰减为原来的 gamma 倍。而在最近的研究工作中[2]，作者提出了一种新的按照 Cosine 函数衰减的学习率调节方式 CosineAnnealingLR，其公式为：

$$\eta_t = \eta_{\min} + 0.5(\eta_{\max} - \eta_{\min})\left(1 + \cos\left(\frac{t\pi}{T_{\max}}\right)\right)$$

图 2.1 展示的是 StepLR 和 CosineAnnealingLR 两种不同学习率的对比情况。

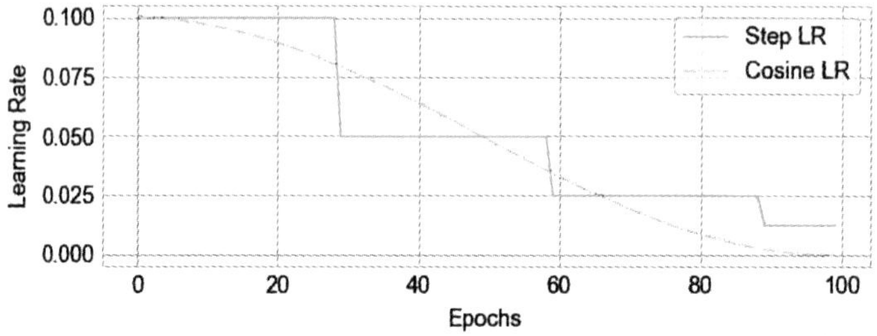

● 图 2.1　不同学习率的对比情况

学习率调节器的使用方式也很简单。如下所示进行初始化：

```
optimizer = torch.optim.SGD(model.parameters(), lr=0.1)
scheduler = torch.optim.lr_scheduler.StepLR(optimizer, step_size, gamma)
```

然后在每一个 epoch 完整训练数据过后，再调用 scheduler.step( )即可根据不同轮次来调节学习率大小。

2.5.3 经典优化器介绍

在前面已经介绍了优化器的基本使用方法。其中在 SGD 优化器初始化时，需要设置学习率参数。具体来说，SGD 优化器在每一轮更新过程中利用如下公式。

$$\boldsymbol{v}_{t+1} = \mu \boldsymbol{v}_t + \gamma \boldsymbol{\Delta}_{t+1}$$
$$\boldsymbol{p}_{t+1} = \boldsymbol{p}_t - \boldsymbol{v}_{t+1} \tag{2.1}$$

其中 $\boldsymbol{v}$、$\boldsymbol{p}$、μ、γ 和 $\boldsymbol{\Delta}$ 分别代表了参数的速度（Velocity）、参数自身、动量（Momentum）、学习率，以及反向求导的梯度。

更为复杂也常用的优化器是 Adam，其实现了最后的参考文献［3］中的优化算法。其主要思想是原 SGD 算法中对于每个参数的更新都使用了同样的学习率，而实际上可以根据权重的大小进行调整。在调整过程中，引入了梯度平方项的二阶信息，进行平滑更新。整体更新公式为：

$$\boldsymbol{m}_{t+1} = \beta_1 \boldsymbol{m}_t + (1-\beta_1)\boldsymbol{\Delta}$$

$$\boldsymbol{\nu}_{t+1}=\beta_2\boldsymbol{\nu}_t+(1-\beta_2)\boldsymbol{\Delta}^2$$

$$\hat{\boldsymbol{m}}_{t+1}=\frac{\boldsymbol{m}_{t+1}}{1-\beta_1^t},\hat{\boldsymbol{\nu}}_{t+1}=\frac{\boldsymbol{\nu}_{t+1}}{1-\beta_2^t}$$

$$\boldsymbol{p}_{t+1}=\boldsymbol{p}_t-\frac{\gamma}{\sqrt{\hat{\boldsymbol{\nu}}_{t+1}}+\epsilon}\hat{\boldsymbol{m}}_{t+1} \tag{2.2}$$

2.6 数据加载

前面介绍了模型搭建以及优化方法。这一节主要介绍 PyTorch 中的数据加载流程。一般来说对于简单且较小的数据，完全可以全部加载到内存中，然后自定义索引方法按照每个训练迭代加载数据批次。然而对于大规模数据无法全部导入内存，或者读取数据时间较长时，就有必要采用多进程方式读取。同时设置异步操作，可以在模型训练计算过程中同时进行读取。PyTorch 中提供了 Dataset 和 DataLoader 两个类，以方便用户自定义处理复杂的数据流程（Data Pipeline）。以下将分别进行介绍。

2.6.1 Dataset 与 DataLoader 介绍

首先在 torch.utils.data 中提供了 Dataset 类，可以看作是针对单独一个线程如何加载数据的方式。最常见的数据读取方式是映射式（Map-style），就是预先给出所有数据样本的路径或者索引标签，然后每个进程会根据索引标签独立地加载一部分数据。之后则将多个数据点进行合并，构成一个数据批次。这种映射式数据加载方式编写比较简单。例如打算针对自己的数据集，构建一个新的 Dataset 类：

```
import torch.utils.data as data

class NewDataset(data.Dataset):
    def _init_(self, args):            # 初始化类,读取数据索引
        ...

    def _getitem_(self, item):         # 根据 item 索引,读取数据
        return getdata(item)

    def _len_(self):                   # 返回整体数据样本数目
        return length
```

这里面重点实现_getitem_和_len_两个方法即可。前者负责给定一个索引去获取样本，后者则是确定数据集总体长度，以便在迭代加载过程中，确定好每个进程读取的数目，避免重复。

在有了数据集之后，再利用 DataLoader 进行多进程读取，以实现并行加速。具体方法为：

```
dataset = NewDataset(...)
loader = data.DataLoader(
    dataset, batch_size=32, shuffle=True,
    num_workers=4, collate_fn=None
)
```

这里面传入的参数就是实例化后的 dataset，batch_size 是指每次迭代返回数据批次中包含多少个样本点。shuffle 则是指是顺序读取还是随机读取。num_workers 指的是多少个进程同时进行读取。一般来说不要超过系统允许最大进程数目。最后的 collate_fn 是一个可设定参数，表示多个数据点融合为一个批次时的操作方式。一般来说 PyTorch 默认会把各个数据转换为 Tensor，然后按照第 0 维堆起来。但有些时候我们可能不想这样操作，可以编写指定的融合操作函数，然后传入参数即可。

2.6.2 预处理变换 torchvision.transforms

在数据加载过程中，有时需要进行数据预处理，而且在训练过程中，增加数据增广（Data Augmentation）操作，这样可以增强训练过程对于数据噪声的抵抗能力。为此 PyTorch 单独推出了 torchvision.transforms 模块，其中包含了多种预处理操作。方便其嵌入进数据加载过程中。

在图像训练过程中，一个常见的数据预处理操作流程便是进行随机剪切（Random Crop），即从完整的图像中，随机裁剪出固定大小的输入图片。在 torchvision.transforms 里的操作可以写为：

```
>>> from torchvision import transforms
>>> crop = transforms.RandomCrop(32, padding=4)
```

其中 32 指定了裁剪出的图片大小，补零指将原始输入补零一定宽度。图 2.2 展示的即为左侧输入图片按照随机裁剪方式，变换得到右侧图像块（Patch）。其中一些 patch 中出现的黑色边框，即为补零操作导致的。

● 图 2.2　随机裁剪后的图像变换

除了随机裁剪，还有将输入图片转换为 Tensor，以及将其按照各个通道进行规范化（Normalization）的操作。这两种操作可以写为：

```
>>> to_tensor = transforms.ToTensor()
>>> normalize = transforms.Normalize(
...     mean=(0.5, 0.5, 0.5),
...     std=(0.2, 0.2, 0.2)
...)
```

如果在一个预处理操作中包含了多个转换操作，可以利用 transforms.Compose 将以上操作进行组合：

```
>>> transform_fn = transforms.Compose([
...     transforms.RandomCrop(32, padding=4),
...     transforms.ToTensor(),
...     transforms.Normalize((0.5, 0.5, 0.5),
...                          (0.2, 0.2, 0.2))
...])
>>> input = transform_fn(image)
```

2.7 高级操作

在介绍了上述 PyTorch 基础算子操作和变换方法后，此处简要介绍 PyTorch 高级运算操作。其中 PyTorch 最重要的特性是支持 GPU 运算，其封装了多种 CUDA 算子，方便用户在 Python 中进行调用。同时简单介绍一种利用 C++实现自定义 PyTorch 算子的方法，该方法允许用户实现更灵活的运算方式。

2.7.1 GPU 运算

PyTorch 框架还提供了方便的 GPU 运算方法。随着深度学习算法的出现，会发现需要大量的张量运算。普通的 CPU 计算耗费大量时间，且无法实现并行。GPU 则擅长并行运算，可以加速计算过程。PyTorch 利用 CUDA 接口进行封装，只需简单操作即可实现 GPU 计算。

在利用 GPU 计算之前，需要查看是否有 CUDA 支持的 GPU 设备，具体方法为：

```
>>> import torch
>>> torch.cuda.is_available()
True
```

返回为真值，则说明可以利用 GPU 计算。对于一个张量 Tensor，需要将其转移至 GPU 设备上，然后进行相关运算：

```
>>> a = torch.randn(2, 2)
>>> b = a.to('cuda')
>>> b
tensor([[ 0.0371, -0.3418],
        [-0.4024,  1.5502]], device='cuda:0')
```

利用.to 方法即可实现向 GPU 迁移数据。如果针对含有多台 GPU 的机器，则每个 GPU 单卡编号为 cuda:0，cuda:1 这种方式。调用.to 方法时，需要明确 GPU 设备编号。对于不处于同一个 GPU 设备上的两个 Tensor，无法进行运算。

```
>>> b = a.to('cuda:0')
>>> c = a.to('cuda:1')
>>> b * c
RuntimeError: Expected all tensors to be on the same device, but found at least two devices,
cuda:0 and cuda:1!
```

而想要获取一个 Tensor 处于哪种设备上，可以调用其属性.device 进行查看。

```
>>> a.device
device(type='cpu')
>>> b.device
device(type='cuda', index=0)
>>> c.device
device(type='cuda', index=1)
```

对于一个 nn.Module 的网络，也可以调用此方法，将整体网络中的参数迁移至 GPU 上。

```
>>> import torch.nn as nn
>>> mlp = nn.Sequential(
...     nn.Linear(10, 8),
...     nn.ReLU(),
...     nn.Linear(8, 4)
...)
>>> mlp = mlp.to('cuda')
```

当运算结果完成后，某些情况下需要迁移回 CPU，则仍然用.to 方法实现。

```
>>> c = b.to('cpu')
```

2.7.2 利用 C++实现自定义算子

对于一般的各种张量操作，PyTorch 内置的多种算子已经满足了绝大部分需求。但是对于一些独特的计算操作，有时 PyTorch 的高级算子封装并不能满足要求，需要手动实现更底层的算子。本小节介绍如何利用 PyTorch 提供的 C++接口实现自定义算子。利用 C++实现算子，一方面可以更加灵活地控制计算过程，另一方面可以更加高效地节省内存开销，从而起到加速效果。

利用 C++实现自定义算子，需要包括实现部分和 C++与 Python 交互绑定（Binding）部分。其中针对第一部分介绍一种相对简单的方式，即利用 PyTorch 中的 ATen 张量库封装的高层张量操作接口来实现。这种接口与设备无关，并且书写方式更为简洁，方便实现。针对第二部分介绍 PyTorch 中的 cpp_extension 模块，使用即时（Just In Time，JIT）编译内联（Inline）函数方式实现加载。

这里实现 Leaky ReLU 这个函数，其相比于 ReLU 操作，就是在负值部分增加一定的斜率，而非全部置为 0。表达式为：

$$\text{LeakyReLU}(x)=\max(0,x)+\alpha\min(0,x) \tag{2.3}$$

其中 α 即为斜率值。这个函数如何利用 ATen 库接口进行实现呢？其实很简单，类似于 PyTorch算子的写法即可。

```
#include<torch/extension.h>
torch::Tensor leakyrelu_forward(torch::Tensor input, float alpha) {
    auto pos = input.clamp_min(0);      // max(x, 0)
    auto neg = input.clamp_max(0);      // min(x, 0)
    return pos + alpha *  neg;
}
```

从上面的代码可以看出，直接调用 torch：：Tensor 对象的方法，即可实现张量操作。那么如何实现 C++代码与 Python 的交互绑定呢？在 C++代码中，利用 PYBIND11 的方式，即可实现绑定，使得可以在 Python 中调用 C++函数。

```
PYBIND11_MODULE(TORCH_EXTENSION_NAME, m) {
    m.def("forward", &leakyrelu_forward, "LeakyReLU forward");
}
```

这里 forward 是 Python 调用该函数的名字，绑定到 C++实现的函数引用 &LeakyReLU_forward。后面是关于此函数的注释说明。然后是编译阶段，这里利用 PyTorch 提供的即时内联编译加载，即可在代码运行时进行编译，写法为：

```
import torch
import torch.utils.cpp_extension

leakyrelu_cpp = torch.utils.cpp_extension.load_inline(
    name="leakyrelu_cpp", cpp_sources=source,
    verbose=True,
)
```

这里的 cpp_sources=source 即标明所编译的 C++代码。以上完整实现在 cpp_ext.py 文件中。同时还可以对照 PyTorch 官方实现 torch.nn.functional.leaky_relu 的输出结果，验证自定义算子的正确性。

```
#cpp_ext.py
import torch
import torch.utils.cpp_extension
import torch.nn.functional as F
source = """
#include <torch/extension.h>
torch::Tensor leakyrelu_forward(torch::Tensor input, float alpha) {
    auto pos = input.clamp_min(0);
    auto neg = input.clamp_max(0);
    return pos + alpha *  neg;
}
PYBIND11_MODULE(TORCH_EXTENSION_NAME, m) {
    m.def("forward", &leakyrelu_forward, "LeakyReLU forward");
}
"""
leakyrelu_cpp = torch.utils.cpp_extension.load_inline(
    name="leakyrelu_cpp", cpp_sources=source,
    verbose=True,
)

a = torch.randn(4, 3)
print(a)
b = F.leaky_relu(a, 0.01)
print(b)
c = leakyrelu_cpp.forward(a, 0.01)
print(c)
```

之后直接运行 python cpp_ext.py 即可。注意需要提前安装 ninja 库 pip install ninja。正常情况下，代码输出中会出现各种编译信息，如果成功，则会有 Loading extension module leakyrelu_cpp... 提示。最后的结果输出类似如下：

```
tensor([[ 0.8679, -0.1135, -2.1626],
        [ 0.9520, -1.0816,  0.2741],
        [-0.2801, -0.0840,  1.3326],
        [ 0.1825,  0.7095, -0.2197]])
tensor([[ 8.6788e-01, -1.1354e-03, -2.1626e-02],
        [ 9.5203e-01, -1.0816e-02,  2.7409e-01],
        [-2.8011e-03, -8.3959e-04,  1.3326e+00],
        [ 1.8245e-01,  7.0945e-01, -2.1971e-03]])
tensor([[ 8.6788e-01, -1.1354e-03, -2.1626e-02],
        [ 9.5203e-01, -1.0816e-02,  2.7409e-01],
        [-2.8011e-03, -8.3959e-04,  1.3326e+00],
        [ 1.8245e-01,  7.0945e-01, -2.1971e-03]])
```

可以看到自己的实现和 PyTorch 官方的实现输出结果完全相同，说明实现正确。

2.8 实战：Wide & Deep 模型实现 Criteo 点击率预估

本节将带来实战项目，利用 Wide & Deep 模型实现在 Criteo 数据集上的点击率预估（Click Trough Rate，CTR）。首先介绍 CTR 预估任务是什么。在各种推荐广告算法中常会出现类似问题，即需要估计用户对于某一个商品或者广告是否会去点击。如果预测得更加准确，则会有助于广告的投放和商品推荐，为推广平台带来更多收益。

而如何进行这样的预估呢？可以通过收集过往平台上已有的用户行为记录，来进行建模估计。一般来说，平台会收集多种用户个人行为信息，并将其编码为不同的字段（Field）。这些字段有一些是数值类特征，有一些是类别型特征。如何将这些不同特征更好地利用起来，便是 Wide & Deep 模型的一大贡献。本节将会利用该模型，在 Criteo 数据集上进行训练和测试，实现一个迷你版的 CTR 预估模型。

2.8.1 问题定义与数据特征

上面已经介绍了 CTR 预估问题中，主要的解决目标就是如何估计用户是否会点击某个商品或广告。这里称商品或广告为候选项目（Candidate Item）。在平台上的历史数据中，会记录下过去用户对于某些 Item 是否点击的情况，这便是该问题的真实标签，是一个 0 和 1 的二分类标签。所以整个 CTR 预估问题便是一个二分类问题。而用户侧的特征则比较多，这里以 Criteo 数据集进行介绍。

Criteo 数据集是在 Kaggle 平台举行的展示广告挑战比赛中发布的[⊖]。Criteo 公司公开了一部分自己平台的真实用户点击记录。由于完整数据过大，这里只使用其中随机采用的 2000 条数据作为实验。

图 2.3 展示的即为部分数据记录。可以看到主要由以下三部分构成。

	Id	Label	I1	I2	I3	I4	I5	I6	I7	I8	...	C17	C18	C19	C20	C21	C22	C23	C24
0	10000000	0	1.0	1	5.0	0.0	1382.0	4.0	15.0	2.0	...	e5ba7672	f54016b9	21ddcdc9	b1252a9d	07b5194c	NaN	3a171ecb	c5c50484
1	10000001	0	2.0	0	44.0	1.0	102.0	8.0	2.0	2.0	...	07c540c4	b04e4670	21ddcdc9	5840adea	60f6221e	NaN	3a171ecb	43f13e8b
2	10000002	0	2.0	0	1.0	14.0	767.0	89.0	4.0	2.0	...	8efede7f	3412118d	NaN	NaN	e587c466	ad3062eb	3a171ecb	3b183c5c
3	10000003	0	NaN	893	NaN	NaN	4392.0	NaN	0.0	0.0	...	1e88c74f	74ef3502	NaN	NaN	6b3a5ca6	NaN	3a171ecb	9117a34a
4	10000004	0	3.0	-1	NaN	0.0	2.0	0.0	3.0	0.0	...	1e88c74f	26b3c7a7	NaN	NaN	21c9516a	NaN	32c7478e	b34f3128

● 图 2.3 Criteo 数据集部分样本

⊖ https://www.kaggle.com/c/criteo-display-ad-challenge/

- Label 列：即为预测目标，其中 0 表示没有点击，1 表示点击。
- I1-I13：为数值型特征列，包含了一些整数计数类特征。
- C1-C26：为类别型特征列，平台已经将原始的字段含义，以及特征值进行了哈希匿名化，展示为一些字符串。

那么如何处理这些特征？首先对于数值特征列，会对其进行最大、最小放缩（Min-Max Scale），即统计特征列所有值，根据其最大值、最小值确定范围，并放缩到［0，1］区间。变换的公式即为：

$$x'=\frac{x-x_{\min}}{x_{\max}-x_{\min}} \tag{2.4}$$

而对于类别型特征，则是将其转换为整数型索引，然后通过嵌入（Embedding）方式获取其映射表示。具体来说，首先统计某一个字段所有不同类别型特征的个数，然后建立一个字典。这个字典的 key 为每个不同的类别型特征原始值，value 则为映射的 ID 索引，一般来说是按顺序排列的。根据这个映射后的索引，可以通过 PyTorch 中的 nn.Embedding，将整数 index 映射成 Embedding Vector。图 2.4 展示的就是以上所述的过程。

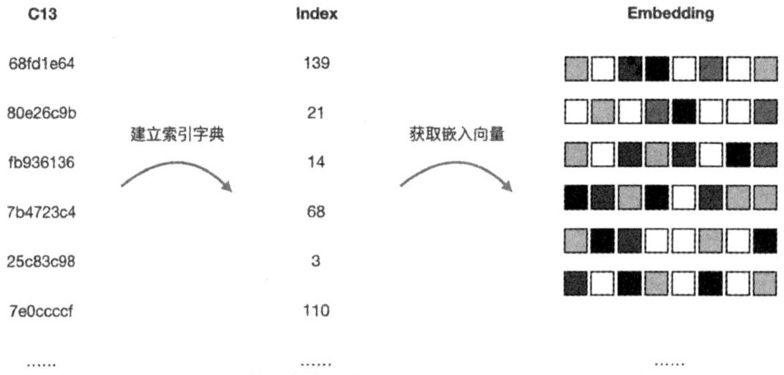

● 图 2.4　类别型特征转换为 Embedding 过程

2.8.2　Wide & Deep 模型介绍

Wide & Deep 模型首次提出于最后的参考文献［4］中。其主要思想是结合传统的线性回归（Linear Regression）模型和深度模型两部分输出共同进行 CTR 预估。Wide 是指原来常用的线性模型部分。即原来是将数值特征与类别型特征一同用一个线性模型进行回归。由于类别型特征无法直接作为数值输入，需要转换成独热编码形式，而类别型特征的种类非常巨大，导致这个编码特征非常长，故而形成了“Wide”模型。而 Deep 很好理解，就是上面所述的将特征进行 Embedding 转换，变为特征向量，然后利用深度神经网络进行预测。Wide & Deep 模型整体结构示意图如图 2.5 所示。

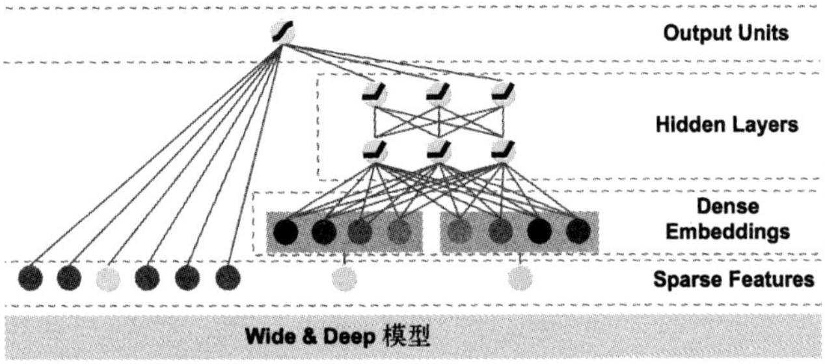

● 图 2.5　Wide & Deep 模型整体结构示意图

2.8.3 完整实验流程

这一节介绍完整的实验流程以及实现代码。首先是实现数据处理及加载部分。代码在 dataset.py 中：

```
# dataset.py
import pandas as pd
import torch.utils.data as data
import numpy as np

# 将类别型特征转换为数值 ID
def sparse_to_category(feature):
    uniques = np.unique(feature)
    keymap = {k: i for i, k in enumerate(uniques)}
    categorical_feature = np.array([keymap[v] for v in feature])
    return categorical_feature, len(keymap)

# 加载数据函数
def load_data():
    raw_data = pd.read_csv('criteo_sample.csv')

    sparse_cols = ['C' + str(i) for i in range(1, 27)]
    dense_cols = ['I' + str(i) for i in range(1, 14)]

    raw_data[sparse_cols] = raw_data[sparse_cols].fillna('-1')
    raw_data[dense_cols] = raw_data[dense_cols].fillna(0)

    keymap_size_list = []
    for feat in sparse_cols:
        feature = raw_data[feat].values
```

```
            cat_feature, keymap_size = sparse_to_category(feature)
            raw_data[feat] = cat_feature
            keymap_size_list.append(keymap_size)

        v_min = raw_data[dense_cols].min(axis=0)
        v_max = raw_data[dense_cols].max(axis=0)
        raw_data[dense_cols] = (raw_data[dense_cols] - v_min) / (v_max - v_min)
        return raw_data, sparse_cols, dense_cols, keymap_size_list


class CriteoDataset(data.Dataset):
    def _init_(self, raw_data, sparse_cols, dense_cols):
        self.raw_data = raw_data
        self.sparse_cols = sparse_cols
        self.dense_cols = dense_cols

    def _len_(self):
        return len(self.raw_data)

    def _getitem_(self, item):
        data_row = self.raw_data.iloc[item]
        sparse_feature = data_row[self.sparse_cols]
        dense_feature = data_row[self.dense_cols]
        label = data_row['Label']

        return sparse_feature.values.astype(np.int64), \
            dense_feature.values.astype(np.float32), \
            label.astype(np.float32)
```

在这一部分代码中，sparse_to_category 函数负责将类别型特征转换为数值 ID。具体来说，先统计去重的不同特征值，作为字典 key，然后按顺序编号 value，并映射为对应数值。最后返回的字典长度用来后续初始化 Embedding 大小。load_data 函数负责加载数据，其中对于缺失值进行填充，然后把类别型特征转换为数值 ID，对于数值型特征统计最大最小值，然后放缩至［0，1］区间，最后的 CriteoDataset 是 PyTorch 中的 Dataset 类，用来负责训练时的数据加载，按照每一行获取。

接下来是模型实现部分，在代码 model.py 中。

```
#model.py
import torch.nn as nn
import torch

# 类别型特征获取 Embedding 模块
class SparseEmbedding(nn.Module):
```

```python
    def _init_(self, keymap_size_list, emb_dim):
        super(SparseEmbedding, self)._init_()
        self.keymap_size_list = keymap_size_list
        self.embeddings = nn.ModuleList(
            [nn.Embedding(i, emb_dim) for i in keymap_size_list]
        )
        self.num_features = len(keymap_size_list)

    def forward(self, x):
        output = []
        # 针对每个字段,获取 Embedding Vector
        for i in range(self.num_features):
            emb_vec = self.embeddings[i](x[:, i])
            output.append(emb_vec)

        # 所有 Embedding Vector 拼接在一起作为输出
        output = torch.cat(output, dim=1)
        return output


# Wide & Deep 模型实现
class WideDeepModel(nn.Module):
    def _init_(self,
                num_sparse_feature,
                num_dense_feature,
                keymap_size_list,
                emb_dim=8,
                hidden_units=[100, 100]):
        super(WideDeepModel, self)._init_()
        self.num_sparse_feature = num_sparse_feature
        self.num_dense_feature = num_dense_feature
        # 类别型特征转换为 embedding 模块
        self.sparse_embedding = SparseEmbedding(
            keymap_size_list, emb_dim
        )

        # 构建 Wide 侧模型
        self.dense_linear = nn.Linear(num_dense_feature, 1)

        # 构建 Deep 侧模型
        input_dim = int(self.num_sparse_feature *  emb_dim)
        dnn_list = []
        for h in hidden_units:
            dnn_list.append(nn.Linear(input_dim, h))
            dnn_list.append(nn.ReLU())
```

```
            input_dim = h
        dnn_list.append(nn.Linear(input_dim, 1))
        self.sparse_dnn = nn.Sequential(* dnn_list)

    def forward(self, sparse_input, dense_input):
        sparse_embedding = self.sparse_embedding(sparse_input)
        # 计算 Deep 侧预测结果
        sparse_logit = self.sparse_dnn(sparse_embedding)

        # 计算 Wide 侧预测结果
        dense_logit = self.dense_linear(dense_input)

        # 二者相加作为最终输出
        logit = sparse_logit + dense_logit

        return torch.sigmoid(logit)
```

在这部分代码里，实现了两个主要模型，一个是 SparseEmbedding 模块，负责将类别型特征转换为 Embedding。具体来说，针对每一个 field，单独创建一个 Embedding Table，其大小为对应字段字典的长度。然后把每一字段获取的 Embedding Vector 拼接在一起，作为整体的输出。另一个是 WideDeepModel 模型。这里把模型稍做改动，即只将数值型特征经过 Wide 侧，类别型特征经过 Deep 侧。这里 Wide 侧实际上就是一个单层 Linear 模块。Deep 侧可以根据隐含层单元数目搭建 DNN。最后二者的预测结果相加，作为总体的模型输出。

最后是训练预测代码 main.py：

```
# main.py
from dataset import load_data, CriteoDataset
from model import WideDeepModel
import numpy as np
import torch.utils.data as data
import torch.nn.functional as F
import torch
from sklearn.model_selection import train_test_split
from sklearn.metrics import roc_auc_score

# 参数设定
DEVICE = 'cpu'
EMB_DIM = 8
EPOCHS = 10
BATCH_SIZE = 32

# 加载数据
raw_data, sparse_cols, dense_cols, keymap_size_list = load_data()
```

```
# 训练数据和测试数据划分
train_data, test_data = train_test_split(
    raw_data, test_size=0.8
)

# 构建训练和测试 DataLoader
train_loader = data.DataLoader(
    CriteoDataset(
        train_data, sparse_cols, dense_cols
    ),
    batch_size=BATCH_SIZE, shuffle=True
)
test_loader = data.DataLoader(
    CriteoDataset(
        test_data, sparse_cols, dense_cols
    ),
    batch_size=BATCH_SIZE, shuffle=False
)

# 构建模型
net = WideDeepModel(
    len(sparse_cols),
    len(dense_cols),
    keymap_size_list,
    emb_dim=EMB_DIM,
    hidden_units=[100, 100]
)
net = net.to(DEVICE)

# 构建优化器
optimizer = torch.optim.Adam(
    net.parameters(), lr=1e-3, weight_decay=1e-4
)

# 训练函数
def train(epoch, net, loader, optimizer):
    # 设置网络为训练状态
    net.train()
    summary = []
    for i, (sp_inp, ds_inp, target) in enumerate(loader):
        sp_inp = sp_inp.to(DEVICE)
        ds_inp = ds_inp.to(DEVICE)
        target = target.to(DEVICE)
        output = net(sp_inp, ds_inp).squeeze()
```

```
        # 计算 loss 函数
        loss = F.binary_cross_entropy(output, target)

        # 迭代更新网络参数
        optimizer.zero_grad()
        loss.backward()
        optimizer.step()

        summary.append(loss.item())

    print('Epoch [%d], avg loss = %.6f' % (
        epoch, np.mean(summary)
    ))

# 测试函数
def test(net, loader):
    # 设置网络为测试状态
    net.eval()
    all_targets = []
    all_results = []
    with torch.no_grad():
        for sp_inp, ds_inp, target in loader:
            sp_inp = sp_inp.to(DEVICE)
            ds_inp = ds_inp.to(DEVICE)
            output = net(sp_inp, ds_inp).squeeze()
            all_targets.append(target)
            all_results.append(output.to('cpu'))

    # 包括所有预测结果,并计算 AUC
    all_targets = torch.cat(all_targets)
    all_results = torch.cat(all_results)
    auc = roc_auc_score(all_targets, all_results)
    return auc


for epoch in range(EPOCHS):
    train(epoch, net, train_loader, optimizer)
    auc = test(net, test_loader)
    print('Testing @ Epoch [%d], '
          'auc score = %.4f' % (epoch, auc))
```

以上代码首先设置超参数，这里包括 Embedding Vector 的维度、训练轮次（Epoch）、每次迭代的批次大小（Batch Size）。这里 DEVICE 用于指定是在 CPU 还是在 GPU 上训练。如果可以在 GPU 上训练，设置 DEVICE='cuda'，则源代码可以照常运行，然后是加载数据部分。这里利用

sklearn 中的 train_test_split 函数进行训练和测试集的划分，划分比例为 8∶2。之后便是构建 DataLoader、模型网络、优化器。这里将训练函数和测试函数分开，让训练过程完成一个 epoch 之后，便进行测试。训练过程中使用了 F.binary_cross_entropy 函数，即适用于二分类问题的交叉熵损失函数。测试的标准选取二分类问题中常用的 AUC 指标。

如果全部实现正确，则运行 python main.py 后，会输出类似如下信息：

```
Epoch [0],avg loss = 0.634799
Testing @ Epoch [0], auc score = 0.5313
Epoch [1], avg loss = 0.499151
Testing @ Epoch [1], auc score = 0.5545
Epoch [2], avg loss = 0.452036
Testing @ Epoch [2], auc score = 0.5692
Epoch [3], avg loss = 0.410314
Testing @ Epoch [3], auc score = 0.5872
Epoch [4], avg loss = 0.368075
Testing @ Epoch [4], auc score = 0.5973
Epoch [5], avg loss = 0.324049
Testing @ Epoch [5], auc score = 0.5947
Epoch [6], avg loss = 0.262330
Testing @ Epoch [6], auc score = 0.6070
Epoch [7], avg loss = 0.184015
Testing @ Epoch [7], auc score = 0.6100
Epoch [8], avg loss = 0.115991
Testing @ Epoch [8], auc score = 0.6063
Epoch [9], avg loss = 0.062024
Testing @ Epoch [9], auc score = 0.6087
```

可以看到每轮训练损失函数值都在下降，同时经过一定的训练模型的 AUC，可以提升至 0.61 左右，说明具备了有效的 CTR 预测能力。读者也可以自己进行调整，尝试更高的模型效果。

第3章

监督学习

本章将正式开始探索机器学习领域的各类经典模型算法。首先从最常见的监督学习（Supervised Learning）问题入手。监督学习问题通常是给定数据集 $D=\{(x_i,y_i)\}$，寻找构建模型 $f(x;\theta):X\to Y$，使得预测值$\hat{y}$在某种损失函数 $l(y,\hat{y})$ 度量下最小。当标签 y 为离散类别值时，则是分类问题（Classification）；当为连续值时，则为回归问题（Regression）。我们将先从最简单的线性回归模型开始，探索其训练及预测方式，并且引出逻辑回归模型用于分类问题。之后会着重讲解经典的支持向量机模型，并且从原问题和对偶问题两个角度充分理解其内在含义。除了以上线性模型，还会介绍非线性的决策树模型，并且考虑如何利用集成学习技巧，从单模型扩展至多模型联合预测。最后还会介绍最简单的无参数 K 近邻模型。本章的最后会利用各种复杂机器学习模型重新考察在第 1 章中探索过的 Titanic 生存概率预测问题。希望在此过程中，读者能熟悉机器学习的常用建模技巧，以及优化技术，包括正则化、随机梯度下降、贝叶斯最大后验推断等。这些概念和技巧将贯穿全书，在后面的其他章节中也会反复用到。

3.1 线性回归（Linear Regression）

从这节开始将学习最简单的监督学习模型：线性回归模型。首先将从最简单的模型假设开始，推导简单线性回归模型求解方式，即利用最大似然估计导出普通最小二乘法的求解方式。之后会引入正则项约束模型避免过拟合，从而探索岭回归模型。最后会重新从贝叶斯法则角度理解线性回归模型，理解引入正则项的根本原因，并且会更加深刻地理解数据点对模型参数的估计影响。

3.1.1 最小二乘法（Least Square Method）

对于数据集 $D=\{(\boldsymbol{x}_i,y_i)\mid i=1,\cdots,N\}$，我们希望建立线性模型，根据输入拟合输出，即

$\hat{y}=\boldsymbol{w}^{\mathrm{T}}\boldsymbol{x}+b$。那么如何学习拟合模型参数呢？按照最小二乘法思想，最直观的方法即是最小化预测值与真实值之间的误差平方和（Sum of Square Error），即：

$$\begin{aligned}\min_{\boldsymbol{w},b} L(\boldsymbol{w},b) &= \sum_{i=1}^{N}(y_i-\boldsymbol{w}^{\mathrm{T}}\boldsymbol{x}_i-b)^2 \\ &= \|\boldsymbol{y}-\boldsymbol{X}\boldsymbol{w}\|^2\end{aligned} \tag{3.1}$$

这里为了方便引入矩阵符号，令 $\boldsymbol{y}=[y_1,\cdots,y_N]^{\mathrm{T}}$，$\boldsymbol{w}=[\boldsymbol{w};b]$（即把 b 拼接在 $\boldsymbol{w}$ 最后一列），$\boldsymbol{X}=[[\boldsymbol{x}_1;1],\cdots,[\boldsymbol{x}_N;1]]^{\mathrm{T}}$，即在每个$\boldsymbol{x}_i$后附加一维数值为 1，然后将所有样本拼成矩阵。这样的目的是将偏置（bias）参数 b 吸收到参数 $\boldsymbol{w}$ 中，方便后续推导。然后对公式 3.1 中的目标函数求导，并将其置为 0，则可得到最优参数满足条件为：

$$\begin{aligned}\frac{\partial L}{\partial \boldsymbol{w}} &= 2\boldsymbol{X}^{\mathrm{T}}(\boldsymbol{y}-\boldsymbol{X}\boldsymbol{w})=0 \\ \Rightarrow \boldsymbol{w}^* &= (\boldsymbol{X}^{\mathrm{T}}\boldsymbol{X})^{-1}\boldsymbol{X}^{\mathrm{T}}\boldsymbol{y}=\boldsymbol{X}^{\dagger}\boldsymbol{y}\end{aligned} \tag{3.2}$$

其中$\boldsymbol{X}^{\dagger}=(\boldsymbol{X}^{\mathrm{T}}\boldsymbol{X})^{-1}\boldsymbol{X}^{\mathrm{T}}$被称为伪逆（Pseudo-Inverse），是对于非方阵和非满秩矩阵求逆矩阵的方法。

在代码实现上也非常简单，这里利用 PyTorch 内置的最小二乘法求解算子直接优化模型参数。

```
class LinearRegression:
    def fit(self, X, y):
        # 调用 torch.linalg.lstsq 求解
        self.w = torch.linalg.lstsq(X, y).solution

    def predict(self, X):
        return torch.matmul(X, self.w)
```

这里在处理输入数据时，要记得额外拼接数值 1，以便求解偏置。图 3.1 展示的即为线性回归的结果。评价回归模型使用常见的均方误差（Mean Squared Error，MSE）和决定系数R^2（Coefficient of Determination），衡量回归目标中可由自变量解释部分所占的比例，数值越接近 1，说明模型拟合越好。可以看出简单线性模型可以在一定程度上实现目标回归预测。

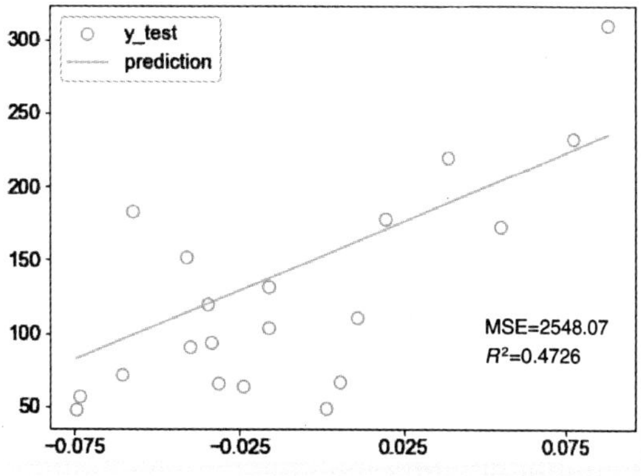

图 3.1　线性回归模型预测结果

那么最小二乘法所最小化的目标函数有什么深层含义呢？这里可以从**最大似然估计**（Maximum Likelihood Estimation，MLE）角度去理解。假设待回归的目标数据是由线性模型预测值加上独立高斯分布的噪声所产生的，即 $y=w^{\mathrm{T}}x+\epsilon$，其中 $\epsilon\sim N(0,\sigma^2)$，则 $y\sim N(\boldsymbol{w}^{\mathrm{T}}\boldsymbol{x},\sigma^2)$，即 y 也服从高斯分布。则对于数据集 $D=\{(\boldsymbol{x}_i,y_i)\}$ 来说，每个观测到的样本点可以看作是独立采样自上述高斯分布的，故总体的**似然函数**（Likelihood Function）可以表示为：

$$p(\boldsymbol{y}\mid \boldsymbol{X},\boldsymbol{w},\sigma)=\prod_{i=1}^{N}N(y_i\mid \boldsymbol{w}^{\mathrm{T}}\boldsymbol{x}_i,\sigma^2) \tag{3.3}$$

对此似然函数，取对数则得到如下表示：

$$\begin{aligned}\log p(\boldsymbol{y}\mid \boldsymbol{w},\sigma)&=\sum_{i=1}^{N}\log N(y_i\mid \boldsymbol{w}^{\mathrm{T}}\boldsymbol{x}_i,\sigma^2)\\&=-\frac{1}{2\sigma^2}\sum_{i=1}^{N}(y_i-\boldsymbol{w}^{\mathrm{T}}\boldsymbol{x}_i)^2-\frac{N}{2}\log 2\pi\sigma^2\end{aligned} \tag{3.4}$$

此时可以看出，最小二乘法中优化的误差平方和项出现在了对数似然函数中。在假定噪声为固定的情况下，则按照最大化似然估计的准则，应当选取参数 $\boldsymbol{w}$ 使得公式 3.4 中的目标值最大。此时则等价于最小化其中的误差平方和项，这也正是最小二乘法的优化目的。因此可以看出最小二乘法即是在假设误差项为同方差的独立高斯分布条件下，最大似然估计所求的解。

3.1.2 岭回归（Ridge Regression）

在上述介绍的线性回归中，我们往往需要应对参数的**过拟合**（Overfitting）现象，即模型在训练集过度拟合，但是容易受到微小扰动影响，导致在测试集预测差别较大，预测性能下降严重。解决过拟合的方法通常是对于模型参数进行限制，防止其过度增长。具体做法是在模型的优化目标中添加**正则项**（Regularization），共同构成损失函数，使得模型在优化过程中，同时需要考虑参数约束所带来的限制。对于线性回归模型，通常添加模型参数的平方和，即：

$$\min_{\boldsymbol{w}}\sum_{i=1}^{N}(y_i-\boldsymbol{w}^{\mathrm{T}}\boldsymbol{x}_i)^2+\lambda\boldsymbol{w}^{\mathrm{T}}\boldsymbol{w} \tag{3.5}$$

其中 λ 为超参数，用来调节正则项与目标误差之间的相对大小。上式所描述的回归模型也称为岭回归模型（Ridge Regression），其正则项可以起到收缩约束参数的作用。该模型由于加入了参数的平方项，依然可以得到闭式解（Closed Form），即：

$$\boldsymbol{w}^*=(\lambda\boldsymbol{I}+\boldsymbol{X}^{\mathrm{T}}\boldsymbol{X})^{-1}\boldsymbol{X}^{\mathrm{T}}\boldsymbol{y} \tag{3.6}$$

可以看出，相比于公式 3.2 中最小二乘法的结果，唯一差别即是在$\boldsymbol{X}^{\mathrm{T}}\boldsymbol{X}$ 矩阵中的对角线元素上增加 λ，这从数值分析的角度来说，也更好地保证了其逆矩阵的存在。

在实现中，利用 torch.linalg.solve 来避免直接对矩阵求逆，增强了数值稳定性。

```
class RidgeRegression:
    def _init_(self, lambd=0.1):
```

```
        self.lambd = lambd

    def fit(self, X, y):
        XtX = torch.matmul(X.T, X)
        Xy = torch.matmul(X.T, y)
        XtX[np.diag_indices_from(XtX)] += self.lambd

        self.w = torch.linalg.solve(XtX, Xy)

    def predict(self, X):
        return torch.matmul(X, self.w)
```

增加正则项的形式不仅有平方和的形式。还可以增加权重的l_1-范数作为正则项，此时的回归模型也称为 Lasso 回归。还可以增加更为复杂的权重范数组合，形成不同类型的回归模型。更多回归模型的扩展可以通过参考文献［5］进一步了解。

3.1.3 贝叶斯线性回归（Bayesian Linear Regression）

在3.1.1小节中，通过建立起最大似然估计的角度，推导出了最小二乘法的求解目标。在其中的假设里，我们认为只有误差服从独立同分布且均为正态分布。这一小节将进一步扩展模型的假设，同时从贝叶斯学习的角度，重新考察模型参数的分布影响，并深入理解上一小节介绍的岭回归中正则项的含义。

首先介绍贝叶斯定理（Bayesian Theorem）。假设我们观测到了数据集D，其中包含了诸多观测数据点。模型参数或者是隐变量（Latent Variable）$\boldsymbol{w}$决定了该数据的产生。其产生的概率即条件概率（Condition Probability）表示为$p(D|\boldsymbol{w})$，这也正是之前提过的似然函数。那么贝叶斯定理告诉我们后验概率（Posterior Probability）$p(\boldsymbol{w}|D)$可以表示为：

$$p(\boldsymbol{w}|D)=\frac{p(D|\boldsymbol{w})p(\boldsymbol{w})}{p(D)} \tag{3.7}$$

其中$p(\boldsymbol{w})$为先验概率（Prior Probability）。也就是说，从贝叶斯学习的观点来看，每次观测到的数据其实是更新了我们对于参数的后验概率。类似于最大似然估计，即寻找参数使得$p(D|\boldsymbol{w})$最大化，贝叶斯学派观点是寻找后验概率最大的参数，即**最大后验概率**（Maximum A Posterior，MAP）。因此贝叶斯学习对模型参数假定服从某种先验分布，其实相当于约束了参数空间，起到了防范过拟合的作用。

回到线性回归模型。在公式3.3中已经假设误差服从高斯分布，导出了似然函数$p(D|\boldsymbol{w})$。如果按照贝叶斯学习观点，权重参数也应当有先验分布$p(\boldsymbol{w})$。此处假设其也服从高斯分布，即$p(\boldsymbol{w};\alpha)=N(\boldsymbol{0},\alpha^{-1}\boldsymbol{I})$，同时误差噪声服从$N(0,\beta^{-1})$，则在观测到数据后，权重参数应服从的后验分布为：

$$p(\boldsymbol{w}|\boldsymbol{y}) = N(\boldsymbol{\mu}, \boldsymbol{\Sigma})$$
$$\boldsymbol{\mu} = \beta\boldsymbol{\Sigma}\boldsymbol{X}^{\mathrm{T}}\boldsymbol{y}$$
$$\boldsymbol{\Sigma} = (\alpha\boldsymbol{I} + \beta\boldsymbol{X}^{\mathrm{T}}\boldsymbol{X})^{-1} \tag{3.8}$$

则此时的对数后验概率为对数似然函数与对数先验概率的和，即：

$$\log p(\boldsymbol{w} \mid \boldsymbol{y}) = -\frac{\beta}{2}\sum_{i=1}^{N}(y_i - \boldsymbol{w}^{\mathrm{T}}\boldsymbol{x}_i)^2 - \frac{\alpha}{2}\boldsymbol{w}^{\mathrm{T}}\boldsymbol{w} + \mathrm{const} \tag{3.9}$$

可以看出此时最大后验概率即是求解最小化带有正则项的岭回归模型，其中 $\lambda = \alpha/\beta$。因此可以知道岭回归中添加的正则项的来源：引入了权重服从高斯分布的先验概率。

在实现上，使用 Cholesky 分解来处理协方差矩阵，即 $L L^{\mathrm{T}} = \boldsymbol{\Sigma}$，这样可以更方便且数值稳定地处理矩阵的求逆操作。代码如下所示。

```
class BayesianLinearRegression:
    def _init_(self, alpha=1, beta=1):
        self.alpha = alpha
        self.beta = beta

    def fit(self, X, y):
        XtX = torch.matmul(X.T, X)
        XtX = self.beta * XtX
        XtX[np.diag_indices_from(XtX)] += self.alpha
        # 求得协方差矩阵的逆
        self.precision = XtX
        self.L_ = torch.linalg.cholesky(self.precision)
        Xy = self.beta * torch.matmul(X.T, y)
        # 线性模型权重参数
        self.w = torch.cholesky_solve(Xy.unsqueeze(1), self.L_)

    def predict(self, X):
        y_mean = torch.matmul(X, self.w).squeeze()
        v = torch.triangular_solve(X.T, self.L_, upper=False).solution
        # 预测时给出逐点的方差
        y_var = 1 / self.beta + (v.T * * 2).sum(dim=1)
        return y_mean, y_var
```

图 3.2 展示的即为贝叶斯线性回归模型的拟合结果。可以看出，除了给出了模型预测结果，还可以给出每个点预测的标准差范围。由于我们使用线性模型，给出的是同等方差。

除此之外，由于贝叶斯线性回归模型是可以根据数据点不断更新模型参数的后验概率的，因此可以采取类似顺序学习（Sequential Learning）的思路，即不断地添加数据点，观测模型参数的学习情况。

图 3.3 左侧给出的便是随着数据点增多，贝叶斯线性回归模型参数的后验概率分布更新情况。

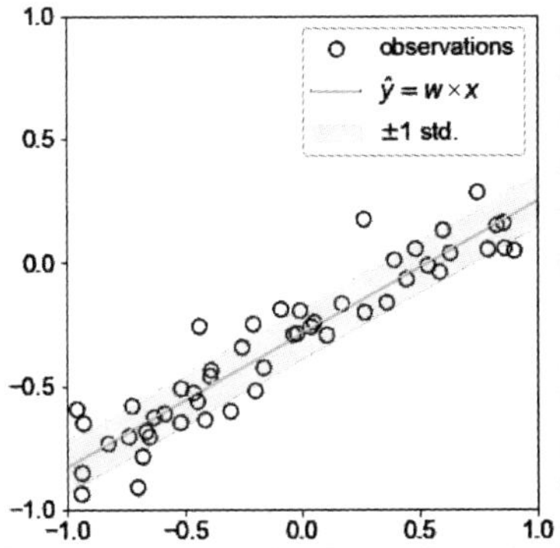

图 3.2 贝叶斯线性回归模型拟合结果

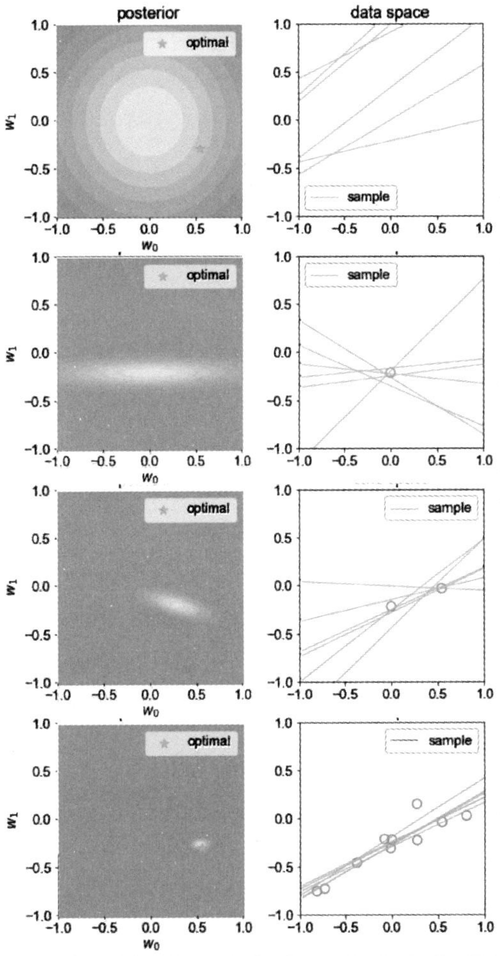

扫码查看彩图

图 3.3 数据点数量不同时，贝叶斯模型的更新过程

其中计算的是后验分布的概率密度函数（Probability Density Function）在整个参数空间中的数值情况，红色五角星代表了真实的线性模型参数值。可以看出，随着数据点增多，高斯分布的概率密度逐渐收敛于真实值处。右侧为根据后验分布采样出多组模型参数，所预测值的效果。

可以看出，一开始由于没有任何数据点，先验分布为标准的二元高斯分布，所采样预测的模型也是较为分散的。而随着后验分布逐渐趋于真实值，所采样的模型参数也较为接近，且预测值符合真实数据的情况，经过了大部分数据点。所以利用贝叶斯观点重新考察线性回归模型，可以让我们更深入地理解模型的学习拟合过程。

3.2 逻辑回归（Logistic Regression）

上一节中介绍了线性回归模型。其主要处理应用在拟合连续目标值。本节将探索在分类问题（Classification）上如何应用线性模型。这里介绍经典的逻辑回归模型。逻辑回归虽然名字里带有回归，但其实是一个分类模型。它拟合输出的是二分类问题中属于某一类的概率。从二分类问题，可以进一步拓展到多分类问题（Multiclass）。依然利用类似逻辑回归的处理办法，可以推导出经典 Softmax 回归模型。最后还是探索贝叶斯学习在逻辑回归模型上的应用。这里由于逻辑回归引入了非线性输出，在引入权重的高斯先验分布后，会产生无法计算的后验分布。为此利用 Laplace 近似法（Laplace Approximation）利用高斯分布近似复杂的后验分布，以便求出预测值。

3.2.1 二分类逻辑回归

在二分类问题中，数据集 $D=\{(\boldsymbol{x}_i,y_i)\mid i=1,\cdots,N\}$ 中的标签只取两个值，一般假设为$y_i\in\{0,1\}$。可以假设该标签是从经典的 Bernoulli 分布中产生的，即 $y\sim \mathrm{Ber}(\theta)$，其中 $p(y=1)=\theta$，$p(y=0)=1-\theta$。而我们的建模思路即是求出 $p(y|f(\boldsymbol{w}^{\mathrm{T}}\boldsymbol{x}))$，这里 $f(\boldsymbol{w}^{\mathrm{T}}\boldsymbol{x})$ 是估计出标签属于类别 1 的概率。$f(\cdot)$ 的目的是将输出值范围在 $[-\infty,+\infty]$ 之间的值，映射至 $[0,1]$ 区间形成概率，这个函数也被称为激活函数（Activation Function）。那么应该如何选择这一函数呢？一个经典的方式是选取 sigmoid 函数，即：

$$f(a)=\sigma(a)=\frac{1}{1+e^{-a}} \tag{3.10}$$

则以此激活函数为基础的回归模型称为逻辑回归（Logistic Regression），即：

$$p(y=1\mid \boldsymbol{x},\boldsymbol{w})=\frac{1}{1+e^{-\boldsymbol{w}^{\mathrm{T}}\boldsymbol{x}}} \tag{3.11}$$

由于 $p(y=0)=1-p(y=1)$，因此有：

$$\ln \frac{p(y=1|\boldsymbol{x})}{p(y=0|\boldsymbol{x})} = \boldsymbol{w}^{\mathrm{T}}\boldsymbol{x} \tag{3.12}$$

其中 $p(y=1)/p(y=0)$ 称为概率（Odds）。逻辑回归模型中的线性输出值，称为 Logit，是在刻画标签值的对数概率。

那么如何求解逻辑回归模型的参数呢？这里可以采样最大似然估计，因为有：

$$\begin{aligned} \log p(\boldsymbol{y} \mid \boldsymbol{w}) &= \log \prod_{i=1}^{N} \mathrm{Ber}(y_i \mid \boldsymbol{x}_i, \boldsymbol{w}) \\ &= \sum_{i=1}^{N} \log[\theta_i^{y_i}(1-\theta_i)^{1-y_i}] \\ &= \sum_{i=1}^{N} [y_i \log \theta_i + (1-y_i)\log(1-\theta_i)] \\ &= -\sum_{i=1}^{N} l(y_i, \theta_i) \end{aligned} \tag{3.13}$$

其中 $\theta_i = \sigma(\boldsymbol{w}^{\mathrm{T}}\boldsymbol{x}_i)$ 为预测的概率，而 $l(y_i, \theta_i)$ 正是之前提到过的二分类交叉熵（Binary Cross Entropy，BCE）损失函数。由于最大化似然，因此等价于最小化损失函数，所以利用梯度下降法求解 BCE 损失函数来对逻辑回归模型进行求解。

以下是代码实现，这里利用 binary_cross_entropy 计算 BCE 损失函数。

```
import torch
import torch.nn
import torch.nn.functional as F

class LogisticRegression:
    def _init_(self, input_dim, iters=500, lr=0.01):
        self.w = nn.Parameter(torch.randn(input_dim))
        self.iters = iters
        self.lr = lr

    def _zero_grad(self):
        if self.w.grad is not None:
            self.w.grad.data.zero_()

    def _update_weights(self):
        # 梯度下降更新权重
        self.w.data -= self.lr *  self.w.grad.data

    def fit(self, X, y):
        for i in range(self.iters):
            pred = torch.sigmoid(torch.matmul(X, self.w))
            loss = F.binary_cross_entropy(pred, y)
```

```
            self._zero_grad()
            loss.backward()
            self._update_weights()

    def predict(self, X):
        with torch.no_grad():
            return torch.sigmoid(torch.matmul(X, self.w))
```

图 3.4 展示的即为逻辑回归模型的预测结果，其中两种颜色区域代表了模型对于整体输入空间的划分。可以看出虽然预测值是带有非线性激活函数的，但是逻辑回归模型的决策边界还是线性平面。

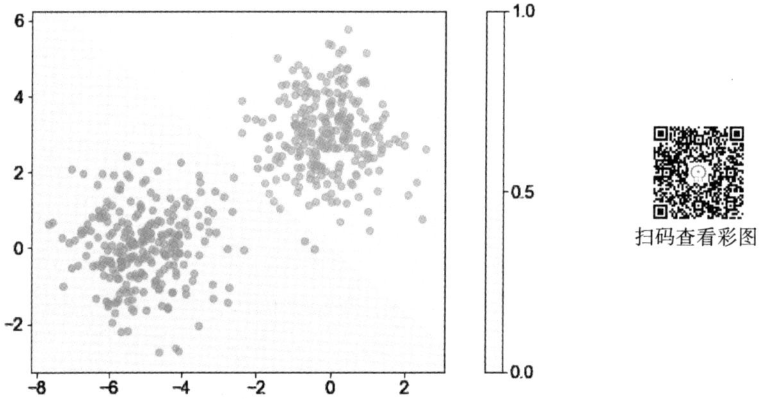

图 3.4　逻辑回归模型预测结果

3.2.2　多分类 Softmax 回归

前面的逻辑回归模型解决的是二分类问题。当类别不止两类时，即面临多分类（Multiclass）时，又该如何求解呢？实际上可以仿照 sigmoid 函数形式，拓展到多分类情况，即引入 Softmax 激活函数：

$$p(y=c\mid \boldsymbol{x},\boldsymbol{W})=\frac{e^{\boldsymbol{w}_c^{\mathrm{T}}\boldsymbol{x}}}{\sum_{k=1}^{K}e^{\boldsymbol{w}_k^{\mathrm{T}}\boldsymbol{x}}} \tag{3.14}$$

其中 $\boldsymbol{W}=[\boldsymbol{w}_1,\cdots,\boldsymbol{w}_K]$。也就是说模型预测每一类概率正比于 $\exp(\boldsymbol{w}_c^{\mathrm{T}}\boldsymbol{x})$。而为了保证概率总和为 1，需要除以归一化系数。而 Softmax 含义为“软最大”，即：

$$\begin{aligned}\mathrm{softmax}(z_1,z_2,\cdots,z_n)&\approx \mathrm{argmax}(z_1,z_2,\cdots,z_n)\\&=[0,\cdots,1,\cdots,0]\end{aligned} \tag{3.15}$$

其中只在最大处为1，其余为0。当最大值与其他值差距越大，越接近于onehot形式。

同样按照最大似然估计求解Softmax模型参数，其似然函数为：

$$\begin{aligned}\log p(\boldsymbol{y} \mid \boldsymbol{W}) &= \log \prod_{i=1}^{N} \prod_{k=1}^{K} \theta_{ik}^{y_{ik}} \\ &= \sum_{i=1}^{N} \sum_{k=1}^{K} y_{ik} \log(\boldsymbol{w}_k^{\mathrm{T}} \boldsymbol{x}_i) \\ &= -\sum_{i=1}^{N} l_i\end{aligned} \tag{3.16}$$

其中只有当$p(y_i=k)=1$时，$y_{ik}=1$其余情况为0。其中l_i即为交叉熵损失函数，是对于BCE的扩展。因此求解Softmax回归模型的方法也很直观，利用梯度下降法优化CE损失函数即可。我们利用PyTorch中的cross_entropy函数来计算。

```
class SoftmaxRegression:
    def _init_(self, input_dim, num_class, iters=500, lr=0.01):
        # 初始化权重
        self.w = nn.Parameter(torch.randn(input_dim, num_class))
        self.iters = iters
        self.lr = lr

    def _zero_grad(self):
        if self.w.grad is not None:
            self.w.grad.data.zero_()

    def _update_weights(self):
        self.w.data -= self.lr *  self.w.grad.data

    def fit(self, X, y):
        for i in range(self.iters):
            # 利用 cross_entropy 求解损失函数
            logits = torch.matmul(X, self.w)
            loss = F.cross_entropy(logits, y)
            self._zero_grad()
            loss.backward()
            self._update_weights()

    def predict(self, X):
        with torch.no_grad():
            # 预测类别
            pred = F.softmax(torch.matmul(X, self.w), dim=1)
            return pred.argmax(dim=1)
```

图3.5展示的即为Softmax回归模型拟合结果。其中阴影颜色部分为模型对整个输入空间的

预测划分。可以看到模型正确地将三类数据点分开，并且每两类之间的分界面依然是线性的。

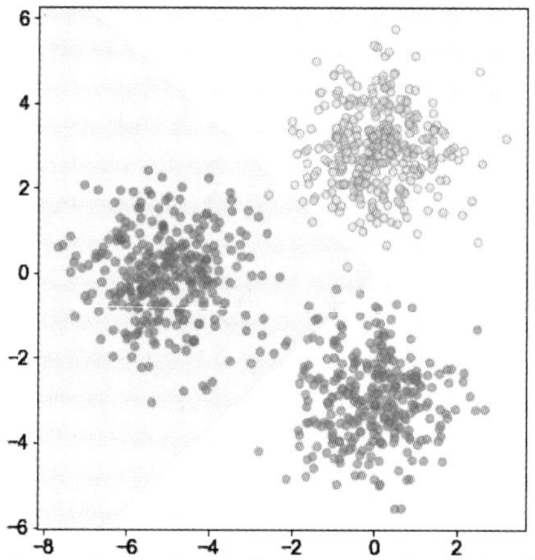

扫码查看彩图

● 图 3.5　Softmax 回归模型拟合结果

3.2.3　贝叶斯逻辑回归（Bayesian Logistic Regression）

这一小节将继续从贝叶斯学习角度探索逻辑回归模型。类似于贝叶斯线性回归模型，也可以假设模型的权重服从高斯分布 $p(\boldsymbol{w})=N(\boldsymbol{0},\alpha^{-1}\boldsymbol{I})$，则其后验分布应为 $p(\boldsymbol{w}|D)\propto(D|\boldsymbol{w})p(\boldsymbol{w})$，即：

$$\begin{aligned}\log p(\boldsymbol{w}\mid\boldsymbol{y}) = \sum_{i=1}^{N}\{y_i\log\theta_i + (1-y_i)\log(1-\theta_i)\} \\ -\frac{\alpha}{2}\boldsymbol{w}^{\mathrm{T}}\boldsymbol{w} + \text{const}\end{aligned} \tag{3.17}$$

因此其最大化后验概率（MAP）的解即为在原始 BCE 损失函数的基础上，增加了$\frac{\boldsymbol{\alpha}}{2}\|\boldsymbol{w}\|^2$正则项。说明增加了先验高斯分布实际上起到了加入正则项，防止模型过拟合的效果。

虽然可以求出 MAP 解，但是由于 sigmoid 函数的非线性，导致其后验概率整体分布无法求出闭式解。这里就需要引入 Laplace 近似技巧（Laplace Approximation）。其核心思想是在原始分布的某个局部最优值附近，用高斯分布去近似，其高斯分布的协方差矩阵与该分布函数对输入变量的二阶导数，即 Hessian 矩阵有关。利用此高斯分布在一定范围内代替原始分布，便于后续积分运算。

具体来说，假设原始分布 $p(z)=f(z)/Z$，其中 Z 为规范化系数（Normalization Coefficient），即 $Z=\int f(z)\mathrm{d}z$，则取z_0为其梯度为 0 的点，即 $\nabla f(z_0)=0$，则在此附近按照 Taylor 展开有：

$$\ln f(z)\approx\ln f(z_0)-\frac{1}{2}(z-z_0)^{\mathrm{T}}\boldsymbol{A}(z-z_0) \tag{3.18}$$

其中 $\boldsymbol{A}$ 即为 Hessian 矩阵，表达式为：

$$\boldsymbol{A}=-\nabla^2\ln f(z)|_{z=z_0} \tag{3.19}$$

Hessian 矩阵可以理解为对梯度再进行一次求导，从而包含了二阶导数信息，可以刻画函数的局部凹凸性质。两侧取对数，便有了 Laplace 近似表达式为：

$$p(z)\propto f(z_0)\exp\left\{-\frac{1}{2}(z-z_0)^{\mathrm{T}}\boldsymbol{A}(z-z_0)\right\}=N(z_0,\boldsymbol{A}^{-1}) \tag{3.20}$$

也就是在 MAP 解的局部形成了高斯分布。所以对于贝叶斯逻辑回归模型，其权重的后验分布的 Laplace 近似为：

$$q(\boldsymbol{w})=N(\boldsymbol{w}_{\mathrm{MAP}},\boldsymbol{\Sigma})$$

$$\boldsymbol{\Sigma}^{-1}=\alpha\boldsymbol{I}+\sum_{i=1}^{N}\theta_i(1-\theta_i)\boldsymbol{x}_i\boldsymbol{x}_i^{\mathrm{T}}$$

有了后验分布，可以计算给定新的输入$\boldsymbol{x}_t$，预测值的概率为：

$$p(t\mid \boldsymbol{x}_t,\boldsymbol{y})\approx\int\sigma(\boldsymbol{w}_{\mathrm{MAP}}^{\mathrm{T}}\boldsymbol{x}_t)N(\boldsymbol{w}\mid\boldsymbol{w}_{\mathrm{MAP}},\boldsymbol{\Sigma})\mathrm{d}\boldsymbol{w} \tag{3.21}$$

这里的推导过程较为复杂，其中需要利用累积分布函数（Cumulative Distribution Function，CDF）近似代替 sigmoid 函数的操作，以便进行积分计算。这里直接给出最终结果，感兴趣的读者，可以通过参考文献［6］中的 4.5 节进一步研究。

$$p(t|\boldsymbol{x}_t)=\sigma\left(\frac{\boldsymbol{w}_{\mathrm{MAP}}^{\mathrm{T}}\boldsymbol{x}_t}{(1+\pi\sigma^2/8)^{1/2}}\right) \tag{3.22}$$

以下为代码实现：

```
class BayesianLogisticRegression:
    def _init_(self, input_dim, alpha=1.0, iters=1000, lr=0.001):
        self.w = nn.Parameter(torch.randn(input_dim))
        self.iters = iters
        self.lr = lr
        self.alpha = alpha

    def _zero_grad(self):
        if self.w.grad is not None:
            self.w.grad.data.zero_()

    def _update_weights(self):
        self.w.data -= self.lr * self.w.grad.data

    def fit(self, X, y):
        # 利用梯度下降法求解最大后验概率的解
        for i in range(self.iters):
```

```
            pred = torch.sigmoid(torch.matmul(X, self.w))
            # 损失函数中增加先验带来的正则项
            loss = F.binary_cross_entropy(pred, y) + 0.5 * self.alpha * torch.dot(self.w, self.w)
            self._zero_grad()
            loss.backward()
            self._update_weights()

        with torch.no_grad():
            p = torch.sigmoid(torch.matmul(X, self.w))
            # Laplace 估计的高斯分布协方差矩阵的逆
            self.w_precision = torch.matmul(X.T * p * (1 - p), X)
            self.w_precision[np.diag_indices_from(self.w_precision)] += self.alpha

    def predict(self, X):
        with torch.no_grad():
            mu = torch.matmul(X, self.w)
            var = (torch.linalg.solve(self.w_precision, X.T).T * X).sum(dim=1)
            return torch.sigmoid(mu / torch.sqrt(1 + torch.pi * var / 8))
```

图 3.6 展示的为贝叶斯逻辑回归模型的预测结果。其中颜色区域为模型对整个输入空间的概率预测。可以看出相比于普通逻辑回归模型，空间中的等势线不再是线性的，而是呈现一定程度的弯曲。但是红色线展示的是分界平面，可以看到依然是线性的。这也可以从公式 3.22 中看出，当 $\boldsymbol{w}^{\mathrm{T}}\boldsymbol{x}=0$ 时，预测输出为 0.5。加入了先验概率可以对逻辑回归模型起到正则化作用，使得优化的参数更加鲁棒。

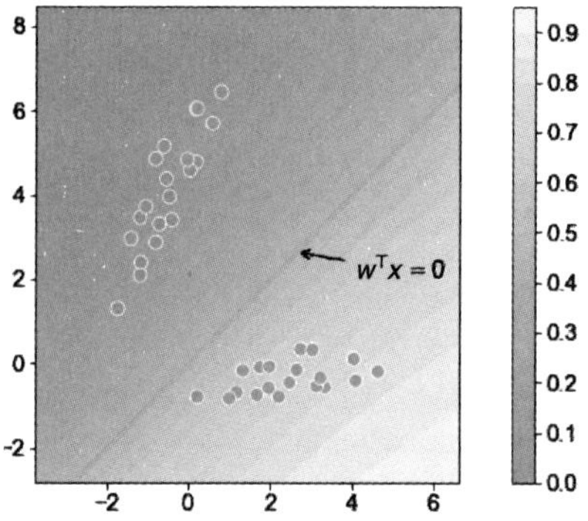

扫码查看彩图

● 图 3.6 贝叶斯逻辑回归模型预测结果

3.3 支持向量机 (Support Vector Machine，SVM)

本节将介绍一大类重要的监督学习模型：支持向量机（SVM）。首先将从最简单的线性可分二分类问题出发，按照最大间隔原则定义问题。由于全书依赖于 PyTorch 框架进行实现，其提供了方便的自动求导功能，因此可以首先较为直观地利用梯度下降方法求解 SVM 原问题（Primal Problem）。然后考虑带有松弛变量（Slack Variable）的分类问题。此时原问题求解将较为困难，所以需要从其对偶问题（Dual Problem）进行处理。这里涉及凸优化以及 Lagrange 对偶优化等技巧。最后将进一步考察SVM在回归问题中的建模方式，即支持向量回归（Support Vector Regression，SVR）。事实上，支持向量机涵盖了大量的可拓展内容和研究领域，限于篇幅原因，只取其中的主线发展进行讲述，对于更多的模型变种，以及求解方法，可以留待读者自行拓展。

3.3.1 线性可分下SVM的定义

首先介绍线性可分（Linearly Separable）的含义。这里指的是数据集 $D=\{(\boldsymbol{x}_i,y_i)\}_{i=1,\cdots,N}$ 包含两类数据，标签只有两类 $y_i\in\{-1,+1\}$，其特征可以完美地被超平面（Hyperplane）$H=\{\boldsymbol{x}\mid\boldsymbol{w}^{\mathrm{T}}\boldsymbol{x}+b=0\}$ 分隔开来，即：

$$\begin{cases}\boldsymbol{w}^{\mathrm{T}}\boldsymbol{x}_i+b\geqslant\gamma, & \forall y_i=+1\\ \boldsymbol{w}^{\mathrm{T}}\boldsymbol{x}_i+b\leqslant-\gamma, & \forall y_i=-1\end{cases}\tag{3.23}$$

其中 $\gamma>0$ 为正数，也代表了一定的“间隔”。上式中对于两类的数据表示，可以总结为一个公式，即：

$$y_i(\boldsymbol{w}^{\mathrm{T}}\boldsymbol{x}_i+b)\geqslant\gamma,\forall i=1,\cdots,N\tag{3.24}$$

对于上式可以有几个观察，首先不等式变为等式成立的时候，即对于 $y_i=1$ 的数据，$\boldsymbol{w}^{\mathrm{T}}\boldsymbol{x}_i+b=\gamma$；对于 $y_i=-1$ 的数据，$\boldsymbol{w}^{\mathrm{T}}\boldsymbol{x}_i+b=-\gamma$。说明存在两条分界线，所有的正样本和负样本均在分界线两侧。而分界超平面 $\boldsymbol{w}^{\mathrm{T}}\boldsymbol{x}+b=0$ 在中间。其次每个边界线距离分界面的距离为 $\frac{\gamma}{\|\boldsymbol{w}\|}$，其中 $\|\boldsymbol{w}\|$ 为 l_2-范数，也被称为间隔（Margin）。

对于一个线性可分的数据，其实可以在其分界间隔中存在多个分界超平面，使得数据集中的正负例被完美分开。那么选取哪一个才是最好的呢？从直觉上来看，应当是使得对应的两个边界超平面，距离分界面最大最好，某种程度上也是增强模型鲁棒性，可以容忍更多未来数据存在于margin中。因此这样一个解决思路称为最大间隔（Max-Margin）准则。

具体来说，即要求SVM模型优化如下问题：

$$\max_{w,b}\frac{\gamma}{\|\boldsymbol{w}\|},\text{s.t. }y_i(\boldsymbol{w}^{\mathrm{T}}\boldsymbol{x}_i+b)\geqslant\gamma,\forall i=1,\cdots,N\tag{3.25}$$

而实际上这里的 γ 是可以归一化的，因为对于不同 γ 设定，待优化参数 $\boldsymbol{w}$，b 可以相对应地放缩，使得最终优化的问题都可以归为：

$$\max_{w,b}\frac{1}{\|\boldsymbol{w}\|},\text{s.t. }y_i(\boldsymbol{w}^{\mathrm{T}}\boldsymbol{x}_i+b)\geqslant1,\forall i=1,\cdots,N\tag{3.26}$$

这里优化目标是权重范数的倒数，在实际求解过程中不太方便，因此可以根据单调性等效变为优化如下目标：

$$\min_{w,b}\frac{1}{2}\|\boldsymbol{w}\|^2,\text{s.t. }y_i(\boldsymbol{w}^{\mathrm{T}}\boldsymbol{x}_i+b)\geqslant1,\forall i=1,\cdots,N\tag{3.27}$$

这便是 SVM 最常见的定义方式。实际上 SVM 也是一个简单的线性模型，在预测时，只需计算$\hat{\boldsymbol{w}}^{\mathrm{T}}\boldsymbol{x}+\hat{b}$是否大于 0 即可。如果大于 0，则预测为+1，否则为-1。

3.3.2 利用随机梯度下降求解

公式 3.27 中定义的问题如何进一步求解呢？这里采取了较为简单，但不那么“精确”的求解方法：随机梯度下降（Stochastic Gradient Descent，SGD）。实际上，利用 Lagrange 乘子法，原始的带约束优化问题，可以变形为优化无约束问题：

$$\min_{\boldsymbol{w},b}\frac{\lambda}{2}\|\boldsymbol{w}\|^2+\frac{1}{N}\sum_{i=1}^{N}\max\{0,1-y_i(\boldsymbol{w}^{\mathrm{T}}\boldsymbol{x}_i+b)\} \tag{3.28}$$

这里将约束条件转换为惩罚项（Penalty Term）加入优化目标中，转换方式是使用了$l(\boldsymbol{w},b;(\boldsymbol{x},y))=\max\{0,1-y(\boldsymbol{w}^{\mathrm{T}}\boldsymbol{x}+b)\}$这一项，来使得在不满足约束条件时有非负惩罚项。这个函数也正是我们之前介绍过的损失函数 Hinge Loss；而其中的 λ 是调节系数，用来调节优化目标和惩罚项之间的权重大小。

针对新的优化问题，可以使用梯度下降求解。这里可能有的读者担心 *max* 函数的不光滑问题，会导致在 0 处不存在导数。但是在实际优化过程中，输出值很难精确到 0，可以在每个分段线性函数上计算梯度。公式 3.28 的建模方式还有一个好处，就是当数据集规模 N 较大时，可以采取随机梯度下降的思路，即每次只取一个批次数据，其中包含 m 个样本，则每次迭代优化目标为：

$$\min_{\boldsymbol{w},b}\frac{\lambda}{2}\|\boldsymbol{w}\|^2+\frac{1}{m}\sum_{i=1}^{m}\max\{0,1-y_i(\boldsymbol{w}^{\mathrm{T}}\boldsymbol{x}_i+b)\} \tag{3.29}$$

即只需求一个 batch 内的平均惩罚值即可。在求得梯度后，根据学习率 η 每次更新参数 $\boldsymbol{w}\leftarrow\boldsymbol{w}-\eta\frac{\partial L}{\partial \boldsymbol{w}}$，$b\leftarrow b-\eta\frac{\partial L}{\partial b}$即可。

以下是代码实现：

```
import torch
import torch.nn as nn
import numpy as np

class LinearSVC():
    def _init_(self, input_dim, lambd=1e-4, batch_size=100, lr=0.1, iters=10000):
        self.input_dim = input_dim
        self.lambd = lambd
        self.batch_size = batch_size
        self.lr = lr
```

```
        self.iters = iters
        self.w = nn.Parameter(torch.randn(input_dim))
        self.b = nn.Parameter(torch.randn(1))

    def _loss(self, x, y):
        # hinge loss
        out = 1 - y *  (torch.matmul(x, self.w) + self.b)
        out = torch.clamp(out, min=0)
        loss = 0.5 *  self.lambd *  torch.norm(self.w)* * 2 + out.mean()
        return loss

    def _zero_grad(self):
        if self.w.grad is not None:
            self.w.grad.zero_()
            self.b.grad.zero_()

    def _update_weights(self):
        # gradient descent
        self.w.data -= self.lr *  self.w.grad.data
        self.b.data -= self.lr *  self.b.grad.data

    def fit(self, data, labels):
        N = len(data)
        for i in range(self.iters):
            # 随机采样 batch 样本
            idx = np.random.choice(N, size=self.batch_size, replace=False)
            batch = data[idx]
            label = labels[idx]
            self._zero_grad()
            loss = self._loss(batch, label)
            loss.backward()
            self._update_weights()

    def predict(self, data):
        with torch.no_grad():
            score = torch.matmul(data, self.w.data) + self.b.data
            pred = (score > 0).to(data.dtype)
            pred = pred *  2 - 1

        return pred, score
```

这里生成实验数据进行训练，并预测结果。

```
from sklearn.datasets import make_blobs
X, y = make_blobs(n_samples=1000, centers=2, random_state=200)
X = torch.from_numpy(X).float()
```

```
y = torch.from_numpy(y).float()
y = y* 2 - 1    # label 转换为+1/-1

clf = LinearSVC(2)
clf.fit(X, y)
pred, score = clf.predict(X)
```

图 3.7 展示的即为模型训练后的预测结果。其中两种颜色分别标注出正负样本，红色实线为最终学习得到的分界超平面。两条红色虚线分别为正负样本的分割边界平面。利用 SGD 学习的算法可以很好地实现对于两类样本的分类，并且尽可能实现了最大边距优化。

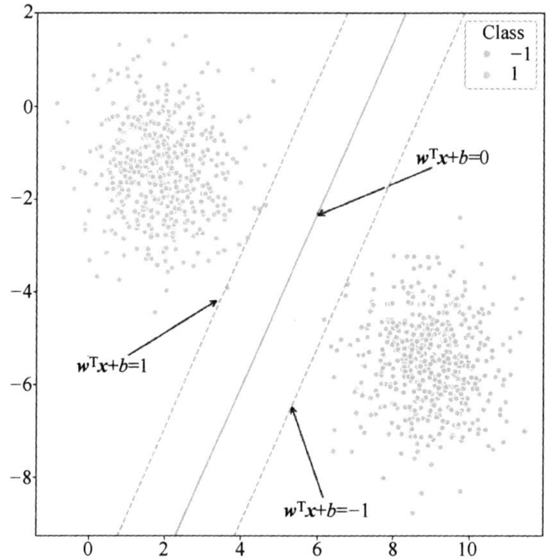

扫码查看彩图

图 3.7　LinearSVC 实现的分类器结果

3.3.3　凸优化简介

在公式 3.27 中列出了 SVM 的优化目标。求解这个问题也被称为 SVM 的原问题表示。之前所展示的利用 SGD 求解其实是一种近似，因为优化过程并不能严格保证约束可以满足。那么如何求解带约束的优化问题呢？这里就需要用到凸优化（Convex Optimization）中的一些技巧方法，将原始问题转换为其对偶问题表示后，再进行求解。

这里简要介绍凸优化问题的解决方法。公式 3.27 其实是一般凸优化问题的特例。对于一般的凸优化问题，其形式为：

$$\min_{x} f_0(\boldsymbol{x})$$

$$\text{s.t. } f_i(\boldsymbol{x}) \leqslant 0, i=1,\cdots,n$$
$$h_j(\boldsymbol{x})=0, j=1,\cdots,p \tag{3.30}$$

其中f_i均为凸函数（即优化目标和不等式约束均为凸函数），h_j均为线性函数。那么对于这样带有多种约束的优化问题，解决办法是建立其 Lagrange 函数：

$$L(\boldsymbol{x},\boldsymbol{\lambda},\boldsymbol{\mu})=f_0(\boldsymbol{x})+\sum_{i=1}^{n}\lambda_i f_i(\boldsymbol{x})+\sum_{j=1}^{p}\mu_j h_j(\boldsymbol{x}) \tag{3.31}$$

其中 $\boldsymbol{\lambda}$，$\boldsymbol{\mu}$ 称为对偶变量（Dual Variable），且要求$\lambda_i \geqslant 0$（直观上理解这样可以保证 $L(\boldsymbol{x},\boldsymbol{\lambda},\boldsymbol{\mu}) \leqslant f_0(\boldsymbol{x})$）。那么有 Lagrange 对偶函数（Dual Function）为：

$$g(\boldsymbol{\lambda},\boldsymbol{\mu})=\inf_{x}\boldsymbol{L}(\boldsymbol{x},\boldsymbol{\lambda},\boldsymbol{\mu}) \tag{3.32}$$

其中 inf 为取极小值操作。根据定义可以知道 $g(\boldsymbol{\lambda},\boldsymbol{\mu}) \leqslant L(\boldsymbol{x},\boldsymbol{\lambda},\boldsymbol{\mu})$。这样在对偶函数中，就消除了变量 $\boldsymbol{x}$，转而变为对偶变量的函数了。此时可以求解对偶问题如下：

$$\max_{\boldsymbol{\lambda},\boldsymbol{\mu}} g(\boldsymbol{\lambda},\boldsymbol{\mu})$$
$$\text{s.t. } \lambda_i \geqslant 0, i=1,\cdots,n \tag{3.33}$$

可以看到求解对偶问题变为最大化目标函数，而且由于对偶函数始终是 Lagrange 函数的下界，也是原始问题目标函数的下界，因此不断最大化对偶问题的目标函数，可以尽可能逼近原始问题的极小值。设$g^*(\boldsymbol{\lambda},\boldsymbol{\mu})$为对偶问题的极大值，$f_0^*(\boldsymbol{x})$为原始问题的极小值，则总有$g^*(\boldsymbol{\lambda},\boldsymbol{\mu}) \leqslant f_0^*(\boldsymbol{x})$，也被称为满足弱对偶性（Weak Duality）。

那么什么时候对偶极值和原问题极值的差距可以消除变为等式呢？这就是 Slater 条件，即原问题是凸函数且至少存在一个绝对可行点，使得不等式约束成立，则$g^*(\boldsymbol{\lambda},\boldsymbol{\mu})=f_0^*(\boldsymbol{x})$，即满足强对偶性（Strong Duality）。而在 SVM 问题定义中是满足这一条件的，因此优化对偶问题可以达到原问题极值。

那么在达到极值的时刻，原问题最优变量$\boldsymbol{x}^*$和对偶最优变量$\boldsymbol{\lambda}^*$，$\boldsymbol{\mu}^*$需要满足什么条件呢？这便是大名鼎鼎的 KKT 条件（Karush-Kuhn-Tucker Condition）。即要求满足如下条件：

1）原变量满足原问题约束条件：$f_i(\boldsymbol{x}^*) \leqslant 0$，$h_j(\boldsymbol{x}^*)=0$。

2）对偶变量满足对偶约束条件：$\lambda_i^* \geqslant 0$。

3）Lagrange 函数对原变量导数为 0：$\partial L/\partial \boldsymbol{x}^*=0$。

4）“互补松弛”（Complementary Slackness）：$\lambda_i^* f_i(\boldsymbol{x}^*)=0$。

其中互补松弛条件是比较特殊的，但这也正是强对偶性所导出的必要条件。以上对于凸优化的介绍只是限于结论介绍，缺乏更深入的证明推导。感兴趣的读者可以参考课程[⊖]进一步学习。

⊖ https://web.stanford.edu/~boyd/cvxbook/

3.3.4 SVM 对偶问题表示

在介绍了以上凸优化的技巧之后，我们来看看如何处理 SVM 带约束的优化问题，并将其转换为对偶表示。回顾原问题定义：

$$\min_{\boldsymbol{w},b}\frac{1}{2}\parallel \boldsymbol{w} \parallel^2, \text{s. t. } y_i(\boldsymbol{w}^{\mathrm{T}}\boldsymbol{x}_i+b)\geqslant 1, \forall i=1,\cdots,N \tag{3.34}$$

可以建立 Lagrange 函数为：

$$L(\boldsymbol{w},b,\boldsymbol{\alpha})=\frac{1}{2}\parallel \boldsymbol{w}\parallel^2+\sum_{i=1}^{N}\boldsymbol{\alpha}_i(1-y_i(\boldsymbol{w}^{\mathrm{T}}\boldsymbol{x}_i+b)) \tag{3.35}$$

根据 KKT 条件，Lagrange 函数对 $\boldsymbol{w}$，b 求导为 0，则有：

$$\frac{\partial L}{\partial \boldsymbol{w}}=\boldsymbol{w}^*-\sum_{i=1}^{N}\boldsymbol{\alpha}_i y_i \boldsymbol{x}_i=0$$

$$\frac{\partial L}{\partial b}=\sum_{i=1}^{N}\boldsymbol{\alpha}_i y_i=0 \tag{3.36}$$

将上述结果代回公式 3. 35 中的 Lagrange 函数中，则有：

$$\begin{aligned}g(\boldsymbol{\alpha})&=\frac{1}{2}\sum_{i,j}\boldsymbol{\alpha}_i\boldsymbol{\alpha}_j y_i y_j \boldsymbol{x}_i^{\mathrm{T}}\boldsymbol{x}_j+\sum_{i=1}^{N}\boldsymbol{\alpha}_i\\&\quad-\sum_{ij}\boldsymbol{\alpha}_i\boldsymbol{\alpha}_j y_i y_j \boldsymbol{x}_i^{\mathrm{T}}\boldsymbol{x}_j-b\sum_{i=1}^{N}\boldsymbol{\alpha}_i y_i\\&=\sum_{i=1}^{N}\boldsymbol{\alpha}_i-\frac{1}{2}\sum_{i,j}\boldsymbol{\alpha}_i\boldsymbol{\alpha}_j y_i y_j \boldsymbol{x}_i^{\mathrm{T}}\boldsymbol{x}_j\\&=\sum_{i=1}^{N}\boldsymbol{\alpha}_i-\frac{1}{2}\parallel\sum_{i=1}^{N}\boldsymbol{\alpha}_i y_i \boldsymbol{x}_i\parallel^2\end{aligned} \tag{3.37}$$

因此可以得到 SVM 的对偶问题为：

$$\begin{aligned}&\max_{\boldsymbol{\alpha}}\sum_{i=1}^{N}\boldsymbol{\alpha}_i-\frac{1}{2}\sum_{i,j}\boldsymbol{\alpha}_i\boldsymbol{\alpha}_j y_i y_j \boldsymbol{x}_i^{\mathrm{T}}\boldsymbol{x}_j\\&\text{s. t. } \boldsymbol{\alpha}_i\geqslant 0,\sum_{i=1}^{N}\boldsymbol{\alpha}_i y_i=0\end{aligned} \tag{3.38}$$

也就是说，原始最小化 $\boldsymbol{w}$，b 的问题，转换为最大化对偶变量 $\boldsymbol{\alpha}$ 的对偶问题。但是这样只能求出极值，原始的模型变量 $\boldsymbol{w}$，b 又该怎样求解呢？其实在之前应用 KKT 条件时，已经知道 $\boldsymbol{w}^*$ 应该满足条件为：

$$\boldsymbol{w}^*=\sum_{i=1}^{N}\boldsymbol{\alpha}_i y_i \boldsymbol{x}_i \tag{3.39}$$

这里可以观察到一个重要事实：当$\boldsymbol{\alpha}_i=0$时，对应的数据点$\boldsymbol{x}_i$并不会贡献在$\boldsymbol{w}^*$的计算中。也就是说，最优的分界平面权重仅由$\boldsymbol{\alpha}_i>0$对应的样本点来决定。而$\boldsymbol{\alpha}_i>0$的样本点又有什么性质呢？这里要关注KKT条件中重要的“互补松弛”条件，其要求：

$$\boldsymbol{\alpha}_i(1-y_i(\boldsymbol{w}^{*\mathrm{T}}\boldsymbol{x}_i+b))=0, \forall i=1,\cdots,N \tag{3.40}$$

也就是当$\boldsymbol{\alpha}_i>0$时，$1-y_i(\boldsymbol{w}^{*\mathrm{T}}\boldsymbol{x}_i+b)=0$，这说明了该数据点必然在分界间隔边界面$\boldsymbol{w}^{\mathrm{T}}\boldsymbol{x}+b=\pm1$之上。所以有这样一个图像理解SVM算法。如图3.8所示，只有少部分数据点位于分界间隔边界面$\boldsymbol{w}^{\mathrm{T}}\boldsymbol{x}+b=\pm1$，它们所对应的$\boldsymbol{\alpha}_i>0$，最终的决策超平面$\boldsymbol{w}^{\mathrm{T}}\boldsymbol{x}+b=0$仅由这些数据点即可求出。而这些数据点也被称为“支持向量”(Support Vector)，并且决定着分界边界面。

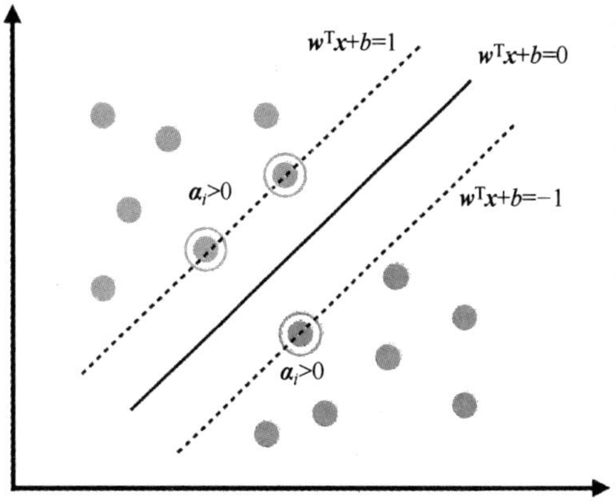

● 图3.8 支持向量机示意图

由于只有$\boldsymbol{\alpha}_i>0$时，$y_i(\boldsymbol{w}^{\mathrm{T}}\boldsymbol{x}_i+b)=1$，也就说明$\boldsymbol{w}^{\mathrm{T}}\boldsymbol{x}_i+b=y_i$，因此可以求出$b^*$。假设满足$\boldsymbol{\alpha}_i>0$的所有指标集合为$I=\{i|\boldsymbol{\alpha}_i>0\}$，则有：

$$b^*=\frac{1}{|I|}\sum_{i\in I}y_i-w^{*\mathrm{T}}\boldsymbol{x}_i \tag{3.41}$$

3.3.5 梯度下降法求解对偶问题

那么在推导出SVM的对偶问题后，应该如何求解呢？传统的求解方式是利用凸优化中经典的二次规划求解器（Quadratic Programming Solver）去计算。这里还是利用PyTorch这个框架所提供的自动求导功能，实现梯度下降法求解问题。

对于公式3.38中定义的对偶问题，可以将约束作为惩罚项加入目标函数中，以减少约束条件。

$$\min_{\boldsymbol{\alpha}} -\sum_{i=1}^{N}\boldsymbol{\alpha}_i+\frac{1}{2}\|\sum_{i=1}^{N}\boldsymbol{\alpha}_i y_i\boldsymbol{x}_i\|^2+\gamma(\sum_{i=1}^{n}\boldsymbol{\alpha}_i y_i)^2$$
$$\text{s.t. } \alpha_i\geqslant0 \tag{3.42}$$

将原始最大化目标改为最小化，互补松弛所导出的等式约束条件转换为惩罚项$(\sum_i\boldsymbol{\alpha}_i y_i)^2$加入目标函数中，调节系数为$\boldsymbol{\gamma}$。而$\alpha_i\geqslant0$的约束条件没有进一步转换为惩罚项加入，因为此处可以采用投影梯度下降法（Projected Gradient Descent），即每次梯度下降更新参数后，强制将参数截取（Clip）到非负区间，即$\boldsymbol{\alpha}\leftarrow\max(\boldsymbol{\alpha},0)$操作即可。

以下为代码实现：

```python
class DualSVC():
    def _init_(self, n_samples, gamma=50, iters=50000, lr=1e-5):
        self.n_samples = n_samples
        self.gamma = gamma
        self.alpha = nn.Parameter(torch.rand(n_samples))
        self.iters = iters
        self.lr = lr

    def _loss(self, x, y):
        # 计算目标损失函数
        loss1 = -self.alpha.sum()
        loss2 = 0.5 * (torch.matmul(x.T, (self.alpha * y))* * 2).sum()
        loss3 = self.gamma * (torch.dot(self.alpha, y)* * 2)
        loss = loss1 + loss2 + loss3
        return loss

    def _zero_grad(self):
        if self.alpha.grad is not None:
            self.alpha.grad.zero_()

    def _update_weights(self):
        self.alpha.data -= self.lr * self.alpha.grad.data

    def _clip_weights(self):
        # 将参数截取至非负区间
        self.alpha.data = torch.clamp(self.alpha.data, min=0)

    def fit(self, X, y):
        for i in range(self.iters):
            self._zero_grad()
            self._clip_weights()
            loss = self._loss(X, y)
            loss.backward()
            self._update_weights()

        with torch.no_grad():
            self._clip_weights()
            # 确定支持向量的数据点
            idx = torch.where(self.alpha.data>0)[0]
            # 利用支持向量点计算模型权重
            self.w = torch.matmul(X[idx].T, self.alpha.data[idx] * y[idx])
            self.b = (y[idx] - torch.matmul(X[idx], self.w)).mean()

    def predict(self, data):
        with torch.no_grad():
```

```
        score = torch.matmul(data, self.w) + self.b
        pred = (score > 0).to(data.dtype)
        pred = pred * 2 - 1

    return pred, score
```

图3.9展示的即为利用梯度下降法求解SVM对偶问题的结果。其中红色实线为分类超平面，两条红色虚线为两侧边界面。红色点标注的即为优化后模型确定出self.alpha>0的支持向量点，可以看到其恰好分布在边界面上，符合支持向量的定义。

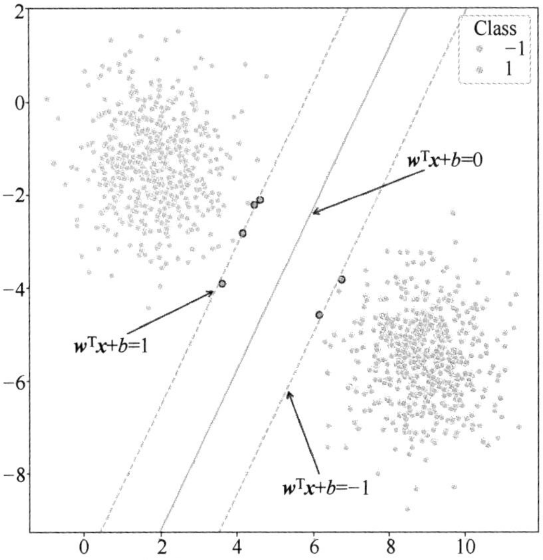

扫码查看彩图

● 图3.9 利用梯度下降法求解SVM对偶问题的结果

3.3.6 从Hard SVM扩展到Soft SVM

在之前的SVM定义中，我们其实要求了很强的数据假设，即数据满足线性可分的要求。但是实际上数据并不能很好地满足这一假设，总会存在一些数据点处在分界间隔之中。这样原始的SVM定义中对分界面的约束就无法满足。如何处理这种情况？其实就是需要改造硬性分割要求的“Hard SVM”，转变为放松对应线性可分要求的“Soft SVM”。

具体来说，引入松弛变量（Slack Variable），对SVM原问题定义改造为：

$$\min_{\boldsymbol{w},b} \frac{1}{2}\|\boldsymbol{w}\|^2 + \boldsymbol{C}\sum_{i=1}^{N}\xi_i$$

$$\text{s.t. } y_i(\boldsymbol{w}^{\mathrm{T}}\boldsymbol{x}_i + b) \geqslant 1 - \xi_i$$

$$\xi_i \geqslant 0, i = 1, \cdots, N \tag{3.43}$$

在引入松弛变量后，原来的硬约束变为允许ξ_i大小的偏差。如图 3.10 所示，不再要求数据点完全在边界平面两侧了，而是允许处于间隔甚至是分界超平面另外一侧。但是与此同时，目标函数中加入了 $C\sum_i \xi_i$ 作为惩罚项，避免过多的数据点跨过分界面。

那么针对此时引入松弛变量的 SVM 问题该如何求解模型参数呢？这时还是从其对偶问题进行求解。由于引入了ξ_i约束，所以需要引入额外的对偶变量，其 Lagrange 函数为：

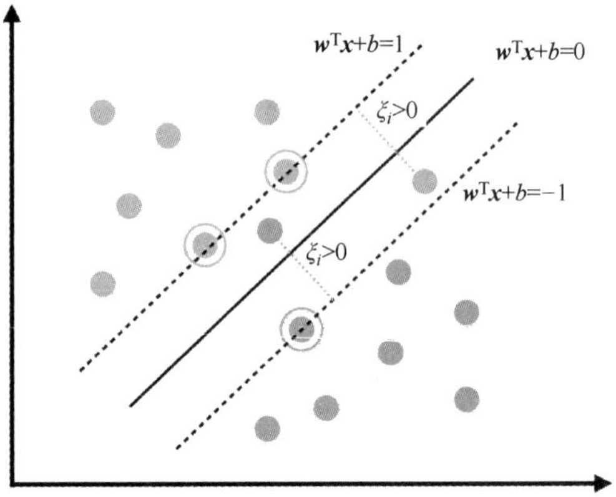

● 图 3.10　带有松弛变量的 Soft SVM 示意图

$$L(\boldsymbol{w}, b, \boldsymbol{\alpha}, \boldsymbol{\beta}) = \frac{1}{2}\|\boldsymbol{w}\|^2 + \sum_{i=1}^{N}\alpha_i(1 - \xi_i - y_i(\boldsymbol{w}^{\mathrm{T}}\boldsymbol{x}_i + b)) + C\sum_{i=1}^{N}\xi_i - \sum_{i=1}^{N}\beta_i\xi_i \tag{3.44}$$

则根据 KKT 条件可知，Lagrange 函数对原变量求导为 0，即有：

$$\frac{\partial \boldsymbol{L}}{\partial \boldsymbol{w}} = \boldsymbol{w} - \sum_{i=1}^{N}\boldsymbol{\alpha}_i y_i \boldsymbol{x}_i = 0$$

$$\frac{\partial L}{\partial b} = -\sum_{i=1}^{N}\boldsymbol{\alpha}_i y_i = 0$$

$$\frac{\partial L}{\partial \xi_i} = \boldsymbol{C} - \boldsymbol{\alpha}_i - \beta_i = 0 \tag{3.45}$$

与公式 3.36 对比可以发现，对于 $\boldsymbol{w}$，b 的条件没有改变，只是增加了对ξ_i求导的一项。而由于又要求$\beta_i \geqslant 0$，实际上对$\boldsymbol{\alpha}_i$限制了其上限，即 $0 \leqslant \alpha_i \leqslant C$。根据公式 3.45 的结果，带入 Lagrange 函数中，则可得到对偶函数为：

$$\begin{aligned} g(\boldsymbol{\alpha}, \boldsymbol{\beta}) &= \frac{1}{2}\sum_{i,j}\boldsymbol{\alpha}_i\boldsymbol{\alpha}_j y_i y_j \boldsymbol{x}_i^{\mathrm{T}}\boldsymbol{x}_j + \sum_{i=1}^{N}\boldsymbol{\alpha}_i - \sum_{ij}\boldsymbol{\alpha}_i\boldsymbol{\alpha}_j y_i y_j \boldsymbol{x}_i^{\mathrm{T}}\boldsymbol{x}_j \\ &\quad - b\sum_{i=1}^{N}\boldsymbol{\alpha}_i y_i + \sum_{i=1}^{N}(C - \boldsymbol{\alpha}_i - \beta_i)\xi_i \\ &= \sum_{i=1}^{N}\boldsymbol{\alpha}_i - \frac{1}{2}\sum_{i,j}\boldsymbol{\alpha}_i\boldsymbol{\alpha}_j y_i y_j \boldsymbol{x}_i^{\mathrm{T}}\boldsymbol{x}_j \\ &= \sum_{i=1}^{N}\boldsymbol{\alpha}_i - \frac{1}{2}\left\|\sum_{i=1}^{N}\boldsymbol{\alpha}_i y_i \boldsymbol{x}_i\right\|^2 \end{aligned} \tag{3.46}$$

可以看到与公式 3.37 中原始 Hard SVM 的对偶函数是一样的，因此在引入松弛变量后的 Soft

SVM，其对偶问题的优化目标与原来一样，只不过对α_i引入了上限约束，即：

$$\max_{\boldsymbol{\alpha}} \sum_{i=1}^{N} \boldsymbol{\alpha}_i - \frac{1}{2}\sum_{i,j} \boldsymbol{\alpha}_i \boldsymbol{\alpha}_j y_i y_j \boldsymbol{x}_i^{\mathrm{T}} \boldsymbol{x}_j$$

$$\text{s.t.}\ 0 \leqslant \boldsymbol{\alpha}_i \leqslant C, \sum_{i=1}^{N} \boldsymbol{\alpha}_i y_i = 0 \tag{3.47}$$

与公式3.38中的SVM对偶问题比较会发现，原来对于α_i没有上限约束，实际上相当于在Soft SVM中设置$C=+\infty$，而回到Soft SVM原问题中的定义，这说明对于$C\sum_i \xi_i$这一项的惩罚项也会无穷大，故只能迫使$\xi_i=0$，也就是退化成了Hard SVM。因此Hard SVM可以视为惩罚性系数趋于无穷大的一个特例问题。

那么最终最优的$\boldsymbol{w}^*$，b^*该如何求解呢？还是按照之前的方法，由KKT条件已经得出$\boldsymbol{w}^* = \sum_i \boldsymbol{\alpha}_i y_i \boldsymbol{x}_i$，其中只需要求$\alpha_i>0$即可，即选取出支持向量点。而对于$b^*$的求解，则需要再细致分析一下。按照KKT中的互补松弛条件，应当有：

$$\alpha_i(1-\xi_i-y_i(\boldsymbol{w}^{*\mathrm{T}}\boldsymbol{x}_i+b))=0, \beta_i\xi_i=0 \tag{3.48}$$

则当$\alpha_i \geqslant 0$时，必有$y_i(\boldsymbol{w}^{*\mathrm{T}}\boldsymbol{x}_i+b)=1-\xi_i$。而只有当$\beta_i>0$时，$\xi_i=0$，则此时进一步有$y_i(\boldsymbol{w}^{*\mathrm{T}}\boldsymbol{x}_i+b)=1$。而$C-\alpha_i-\beta_i=0$，说明此时$\alpha_i<C$。故只有当$0<\alpha_i<C$时，才有$\boldsymbol{w}^{*\mathrm{T}}\boldsymbol{x}_i+b=y_i$。设满足此条件的指标集合为$I=\{i|0<\alpha_i<C\}$，则最优解$b^*$为：

$$b^* = \frac{1}{|I|}\sum_{i\in I} y_i - \boldsymbol{w}^{*\mathrm{T}}\boldsymbol{x}_i \tag{3.49}$$

此处依然利用上一小节中的梯度下降法求解Soft SVM的对偶问题。其整体实现非常相似，只需要每次做投影梯度时，限制$0\leqslant\alpha_i\leqslant C$即可，同时在计算$b^*$时，注意选取的指标排除掉$\alpha_i=C$的数据点。以下为代码实现：

```
class DualSoftSVC():
    def _init_(self, n_samples, C=10, gamma=50, iters=50000, lr=1e-5):
        self.n_samples = n_samples
        self.C = C
        self.gamma = gamma
        self.alpha = nn.Parameter(torch.rand(n_samples))
        self.iters = iters
        self.lr = lr

    def _loss(self, x, y):
        # 计算损失函数
        loss1 = -self.alpha.sum()
        loss2 = 0.5 * (torch.matmul(x.T, (self.alpha * y))* * 2).sum()
        loss3 = self.gamma * (torch.dot(self.alpha, y)* * 2)
```

```
        loss = loss1 + loss2 + loss3
        return loss

    def _zero_grad(self):
        if self.alpha.grad is not None:
            self.alpha.grad.zero_()

    def _update_weights(self):
        self.alpha.data -= self.lr * self.alpha.grad.data

    def _clip_weights(self):
        # 截取 alpha 至[0, C]区间
        self.alpha.data = torch.clamp(self.alpha.data, min=0, max=self.C)

    def fit(self, X, y):
        for i in range(self.iters):
            self._zero_grad()
            self._clip_weights()
            loss = self._loss(X, y)
            loss.backward()
            self._update_weights()

        with torch.no_grad():
            self._clip_weights()
            # 计算 w* 的数据点指标
            idx_w = torch.where(self.alpha.data>0)[0]
            # 计算 b* 的数据点指标
            idx_b = torch.where((self.alpha.data>0)&(self.alpha.data<self.C))[0]
            self.w = torch.matmul(X[idx_w].T, self.alpha.data[idx_w] * y[idx_w])
            self.b = (y[idx_b] - torch.matmul(X[idx_b], self.w)).mean()

    def predict(self, data):
        with torch.no_grad():
            score = torch.matmul(data, self.w) + self.b
            pred = (score > 0).to(data.dtype)
            pred = pred * 2 - 1

        return pred, score
```

图 3.11 展示的是上节利用 Dual SVC 实现原始 SVM 对偶优化的结果。可以看到在新的数据下，原始 Hard SVM 为了过于寻求线性可分，会受到异常点干扰，导致分界间隔较窄，形成过拟合现象。而在图 3.12 中，则展示了 C=0.1 和 C=0.5 两种设置下 Dual Slack SVC 的结果。可以看出在加入了松弛约束后，分界间隔变大，同时不再受异常点干扰而优化出较为鲁棒的分界面。红色圈出的点即为在 Soft SVM 问题下的支持向量数据点，可以看到都位于两侧边界面以内，而不

是像 Hard SVM 一样完全位于边界面之上，增加了冗余鲁棒性。而且按照理论指出 C 越大，则对于松弛变量惩罚项越大，从而导致分界间隔变窄，这与我们优化出的结果图相符合。

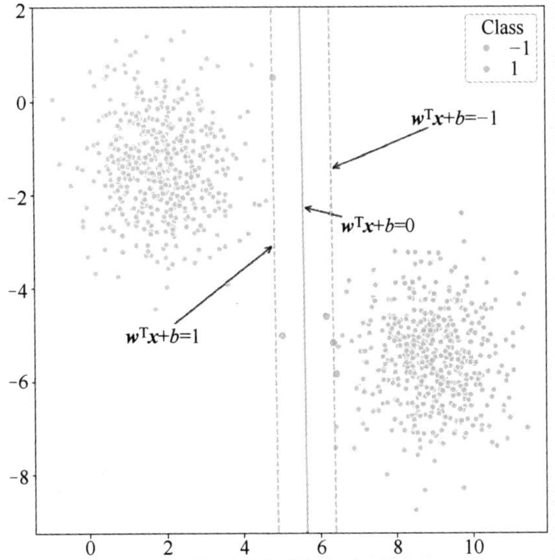

扫码查看彩图

● 图 3.11　利用 Dual SVC 实现原始 SVM 对偶优化的结果

扫码查看彩图

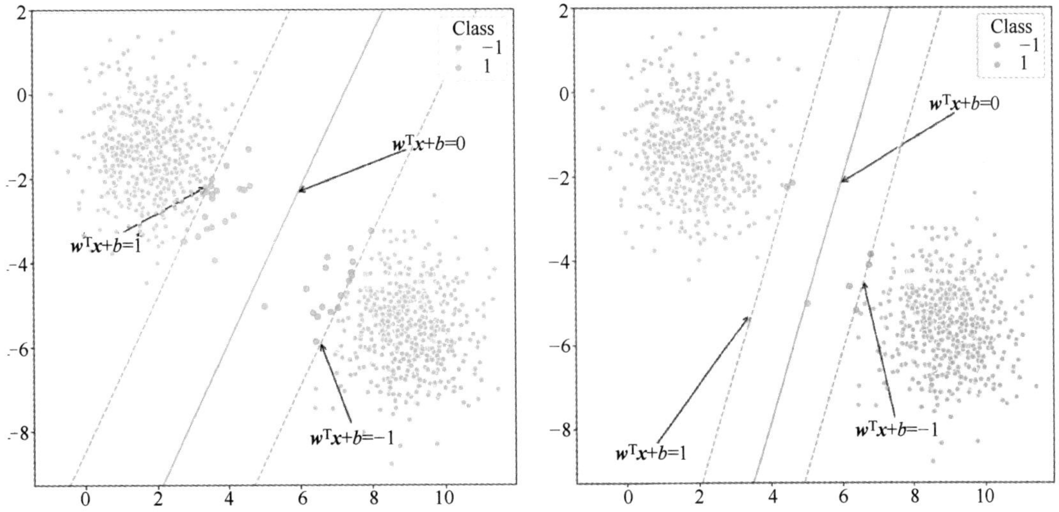

a)　　　　b)

● 图 3.12　利用 Dual Slack SVC 实现 Soft SVM 对偶优化的结果

a） $C=0.1$　b） $C=0.5$

3.3.7 支持向量回归（Support Vector Regression，SVR）

前面几节所讨论的都是支持向量机在分类问题下的建模。这里将尝试考虑回归问题下的建模方式，对应的模型也被称为支持向量回归。

对于回归问题，还是假设线性模型 $f(\boldsymbol{x})=\boldsymbol{w}^{\mathrm{T}}\boldsymbol{x}+b$ 对于数据集 $\{(\boldsymbol{x}_i,y_i)\}_{i=1,\cdots,N}$ 的拟合情况。这里与分类问题的不同之处在于 y_i 不再是二分类标签，而是连续值。那么一个线性回归模型评价其好坏就是考察其回归误差。在其他的回归模型中，回归误差是直接作为优化目标去优化的。那么在 SVR 中，可以借鉴 SVM 原问题定义中的思路，会看到分类回归误差其实是在优化问题的约束条件中，而优化目标是模型权重的范数。因此可以定义 SVR 的原问题为：

$$
\begin{aligned}
&\min_{\boldsymbol{w},b}\frac{1}{2}\|\boldsymbol{w}\|^2\\
&\text{s.t. } y_i-(\boldsymbol{w}^{\mathrm{T}}\boldsymbol{x}_i+b)<\boldsymbol{\epsilon}\\
&\qquad(\boldsymbol{w}^{\mathrm{T}}\boldsymbol{x}_i+b)-y_i<\boldsymbol{\epsilon}
\end{aligned}
\tag{3.50}
$$

其中 $\boldsymbol{\epsilon}$ 为拟合最大误差，即要求 SVR 模型在所有数据点上满足拟合误差绝对值不大于 $\boldsymbol{\epsilon}$，即 $|y_i-(\boldsymbol{w}^{\mathrm{T}}\boldsymbol{x}_i+b)|<\boldsymbol{\epsilon}$。那么如何求解 SVR 原问题呢？这里还是仿照之前的随机梯度下降思路，将约束部分作为额外惩罚项加入目标函数中。即可以优化如下近似目标作为 SVR 模型的代替：

$$
\min_{\boldsymbol{w},b}\frac{\lambda}{2}\|\boldsymbol{w}\|^2+\frac{1}{N}\sum_{i=1}^{N}\max(0,|y_i-(\boldsymbol{w}^{\mathrm{T}}\boldsymbol{x}_i+b)|-\boldsymbol{\epsilon})
\tag{3.51}
$$

此时在目标函数中加入 Hinge Loss 一项，约束回归误差小于 $\boldsymbol{\epsilon}$。同时也可以改造为随机梯度下降法，即每次取一个 batch 样本，惩罚项为 batch 内部样本回归误差的平均值。以下为代码实现：

```python
class LinearSVR():
    def _init_(self, input_dim, eps=0.1, lambd=1e-4, batch_size=100, lr=0.1, iters=100):
        self.input_dim = input_dim
        self.eps = eps
        self.lambd = lambd
        self.batch_size = batch_size
        self.lr = lr
        self.iters = iters
        self.w = nn.Parameter(torch.randn(input_dim))
        self.b = nn.Parameter(torch.randn(1))

    def _loss(self, x, y):
        # 计算 Hinge Loss 惩罚项
        out = (y - (torch.matmul(x, self.w) + self.b)).abs()
        out = torch.clamp(out-self.eps, min=0)
```

```
        loss = 0.5 * self.lambd * torch.norm(self.w) * * 2 + out.mean()
        return loss

    def _zero_grad(self):
        if self.w.grad is not None:
            self.w.grad.zero_()
            self.b.grad.zero_()

    def _update_weights(self):
        self.w.data -= self.lr * self.w.grad.data
        self.b.data -= self.lr * self.b.grad.data

    def fit(self, data, labels):
        N = len(data)
        for i in range(self.iters):
            idx = np.random.choice(N, size=self.batch_size, replace=False)
            batch = data[idx]
            label = labels[idx]
            self._zero_grad()
            loss = self._loss(batch, label)
            loss.backward()
            self._update_weights()

    def predict(self, data):
        with torch.no_grad():
            pred = torch.matmul(data, self.w.data) + self.b.data
        return pred
```

图3.13展示的是在不同eps设置下，随机梯度下降训练出的SVR模型的结果。可以看出eps调节着允许误差范围的宽度，eps越大，允许误差范围越宽。但同时也很影响模型训练效果。评价回归模型可使用均方误差（Mean Square Error，MSE）。从结果上来看，eps=0.1的MSE相比于eps=0.5的MSE更小，说明更严格的误差限制会更好地拟合数据。

3.3.8 带有松弛变量的SVR及对偶优化方法

类似于SVM的对偶问题，也可以考察SVR的对偶问题定义。这里更进一步讨论带有松弛变量的SVR问题，及其对偶问题定义与优化方法。在上一小节中设置的约束要求是回归误差均小于ϵ，那么类似带有松弛变量的SVM的做法，可以要求该回归误差小于$\epsilon+\xi_i$，其中$\xi_i>0$为松弛变量。这样可以定义带有松弛变量SVR的原问题为：

$$\begin{aligned}&\min_{\boldsymbol{w},b}\frac{1}{2}\|\boldsymbol{w}\|^2+C\sum_{i=1}^{N}(\xi_i+\xi_i^*)\\&\text{s.t. } y_i-(\boldsymbol{w}^{\mathrm{T}}\boldsymbol{x}_i+b)<\epsilon+\xi_i\\&\quad(\boldsymbol{w}^{\mathrm{T}}\boldsymbol{x}_i+b)-y_i<\epsilon+\xi_i^*\\&\quad\xi_i\geqslant 0,\xi_i^*\geqslant 0\end{aligned}\tag{3.52}$$

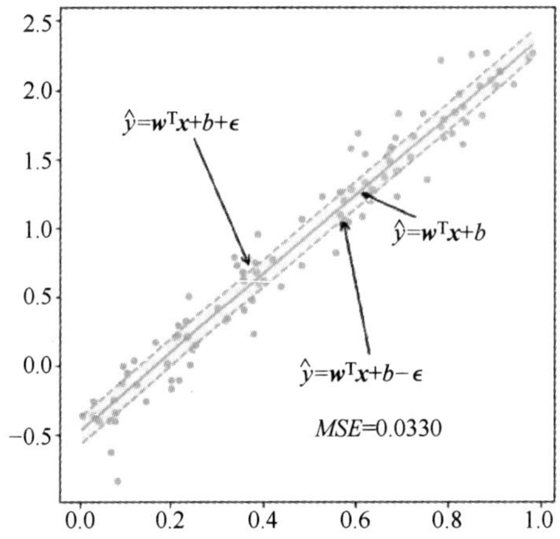

a)

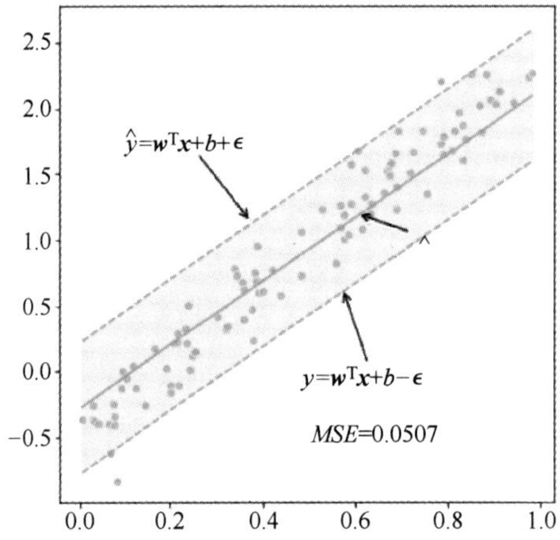

b)

● 图 3.13　不同 eps 设置下 SVR 训练回归的结果

a）eps = 0.1　b）eps = 0.5

其中 C 为惩罚项系数，用来控制松弛变量在优化目标中的比例。可以从图 3.14 直观地理解该问题的定义。

针对带有松弛变量的 SVR，解决思路也是从对偶问题入手。类似于带有松弛变量的 Soft SVM 模型，引入对偶变量，并构建 Lagrange 函数为：

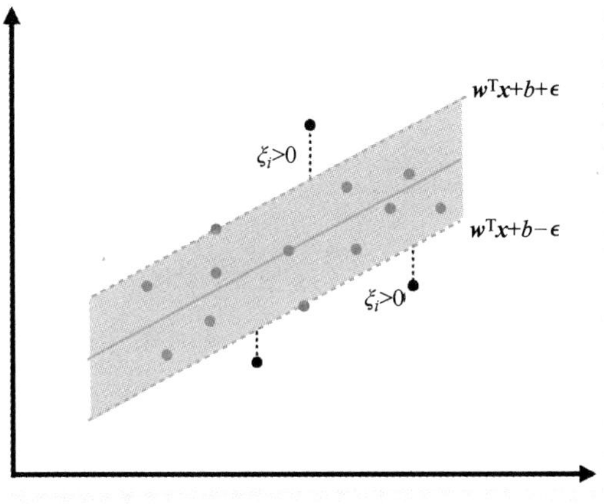

● 图 3.14 带有松弛变量的 SVR 示意图

$$
\begin{aligned}
L = \frac{1}{2}\|\boldsymbol{w}\|^2 + C\sum_{i=1}^{N}(\xi_i + \xi_i^*) - \sum_{i=1}^{N}(\beta_i\xi_i + \beta_i^*\xi_i^*) \\
- \sum_{i=1}^{N}\boldsymbol{\alpha}_i(\epsilon + \xi_i - y_i + \boldsymbol{w}^{\mathrm{T}}\boldsymbol{x}_i + b) \\
- \sum_{i=1}^{N}\boldsymbol{\alpha}_i^*(\epsilon + \xi_i^* + y_i - \boldsymbol{w}^{\mathrm{T}}\boldsymbol{x}_i - b)
\end{aligned} \tag{3.53}
$$

其中$\boldsymbol{\alpha}_i$，$\boldsymbol{\alpha}_i^*$，β_i，β_i^*均为对偶变量，并且均要求为非负。那么按照 KKT 条件，Lagrange 函数对参数求导可得：

$$
\begin{aligned}
\frac{\partial L}{\partial \boldsymbol{w}} = \boldsymbol{w} - \sum_{i=1}^{N}(\boldsymbol{\alpha}_i - \boldsymbol{\alpha}_i^*)\boldsymbol{x}_i = 0 \\
\frac{\partial L}{\partial b} = \sum_{i=1}^{N}(\boldsymbol{\alpha}_i^* - \alpha_i) = 0 \\
\frac{\partial L}{\partial \xi_i} = C - \boldsymbol{\alpha}_i - \beta_i = 0 \\
\frac{\partial L}{\partial \xi_i^*} = C - \boldsymbol{\alpha}_i^* - \beta_i^* = 0
\end{aligned} \tag{3.54}
$$

将以上条件带入 Lagrange 函数中，可以得到对偶问题为：

$$
\begin{aligned}
\max_{\alpha,\alpha^*} -\frac{1}{2}\sum_{i,j}(\boldsymbol{\alpha}_i - \boldsymbol{\alpha}_i^*)(\boldsymbol{\alpha}_j - \boldsymbol{\alpha}_j^*)\boldsymbol{x}_i^{\mathrm{T}}\boldsymbol{x}_j \\
-\boldsymbol{\epsilon}\sum_{i=1}^{N}(\boldsymbol{\alpha}_i + \boldsymbol{\alpha}_i^*) + \sum_{i=1}^{N}y_i(\boldsymbol{\alpha}_i - \boldsymbol{\alpha}_i^*) \\
\text{s.t.} \sum_{i=1}^{N}(\boldsymbol{\alpha}_i - \boldsymbol{\alpha}_i^*) = 0
\end{aligned}
$$

$$0 \leqslant \alpha_i \leqslant C, 0 \leqslant \boldsymbol{\alpha}_i^* \leqslant C \tag{3.55}$$

上式中对于$\alpha_i, \alpha_i^* \in [0, C]$的约束，来源于对偶变量$\beta_i$，$\beta_i^*$的非负性，类似于在 Soft SVM 中的推导结果。最后，在求出对偶变量后，模型的权重$\boldsymbol{w}^*$可以由公式 3.54 中的第一个式子得到。而对于b^*的计算需要根据 KKT 条件中的互补松弛条件进一步讨论。根据互补松弛条件可知，应当有：

$$\begin{aligned}
\boldsymbol{\alpha}_i(\epsilon+\xi_i-y_i+\boldsymbol{w}^{\mathrm{T}}\boldsymbol{x}_i+b)=0 \\
\boldsymbol{\alpha}_i^*(\epsilon+\xi_i^*+y_i-\boldsymbol{w}^{\mathrm{T}}\boldsymbol{x}_i-b)=0 \\
(C-\boldsymbol{\alpha}_i)\xi_i=0, (C-\boldsymbol{\alpha}_i^*)\xi_i^*=0
\end{aligned} \tag{3.56}$$

因此只有当$\boldsymbol{\alpha}_i>0$时，$\boldsymbol{\epsilon}+\xi_i-y_i+\boldsymbol{w}^{\mathrm{T}}\boldsymbol{x}_i+b=0$ 成立，此时$\xi_i \geqslant 0$，因此有 $b \leqslant y_i-\boldsymbol{w}^{\mathrm{T}}\boldsymbol{x}_i-\boldsymbol{\epsilon}$；同理当$\boldsymbol{\alpha}_i^*>0$时，$\boldsymbol{\epsilon}+\xi_i^*+y_i-\boldsymbol{w}^{\mathrm{T}}\boldsymbol{x}_i-b=0$ 成立，此时$\xi_i^* \geqslant 0$，因此有 $b \geqslant y_i-\boldsymbol{w}^{\mathrm{T}}\boldsymbol{x}_i+\boldsymbol{\epsilon}$。这样就确定出了 b 的上下界，即：

$$\max_{i \in I^*}(y_i-\boldsymbol{w}^{\mathrm{T}}\boldsymbol{x}_i+\boldsymbol{\epsilon}) \leqslant b^* \leqslant \min_{i \in I}(y_i-\boldsymbol{w}^{\mathrm{T}}\boldsymbol{x}_i-\boldsymbol{\epsilon}) \tag{3.57}$$

其中I^*为满足$\boldsymbol{\alpha}_i^*>0$的指标，$I$为满足$\boldsymbol{\alpha}_i>0$的指标。理论上精确的优化结果会使得上下界相同，确定出唯一值。但是实际优化中很难达到精确逼近，所以取上下界的平均值作为最优b^*的结果。

以下为代码实现，此处还是利用投影梯度下降法来求解对偶问题，将等式约束条件以$\gamma(\sum_i(\boldsymbol{\alpha}_i-\boldsymbol{\alpha}_i^*))^2$作为惩罚项加入目标函数中。

```
class DualSVR():
    def _init_(self, n_samples, eps=0.5, C=10, gamma=100, iters=50000, lr=1e-5):
        self.n_samples = n_samples
        self.eps = eps
        self.C = C
        self.gamma = gamma
        # alpha 和 alpha* 对偶变量
        self.alpha_1 = nn.Parameter(torch.randn(n_samples).abs())
        self.alpha_2 = nn.Parameter(torch.randn(n_samples).abs())
        self.iters = iters
        self.lr = lr

    def _loss(self, x, y):
        loss1 = eps * (self.alpha_1 + self.alpha_2).sum()
        diff = self.alpha_1 - self.alpha_2
        loss2 = 0.5 * (torch.outer(diff, diff) * (torch.mm(X, X.T))).sum()
        loss3 = - torch.dot(diff, y)
        loss4 = self.gamma * diff.sum() * * 2
        loss = loss1 + loss2 + loss3 + loss4
        return loss
```

```
    def _zero_grad(self):
        if self.alpha_1.grad is not None:
            self.alpha_1.grad.zero_()
            self.alpha_2.grad.zero_()

    def _update_weights(self):
        self.alpha_1.data -= self.lr * self.alpha_1.grad.data
        self.alpha_2.data -= self.lr * self.alpha_2.grad.data

    def _clip_weights(self):
        # 截取变量至[0, C]区间
        self.alpha_1.data = torch.clamp(self.alpha_1.data, min=0, max=self.C)
        self.alpha_2.data = torch.clamp(self.alpha_2.data, min=0, max=self.C)

    def fit(self, X, y):
        for i in range(self.iters):
            self._zero_grad()
            self._clip_weights()
            loss = self._loss(X, y)
            loss.backward()
            self._update_weights()

        with torch.no_grad():
            self._clip_weights()
            diff = self.alpha_1 - self.alpha_2
            self.w = torch.matmul(X.T, diff)
            idx1 = torch.where(self.alpha_1>0)[0]
            # 计算 b 的上界
            b1 = (y[idx1] - torch.matmul(X[idx1], self.w) - self.eps).min()
            idx2 = torch.where(self.alpha_2>0)[0]
            # 计算 b 的下界
            b2 = (y[idx2] - torch.matmul(X[idx2], self.w) + self.eps).max()
            self.b = (b1 + b2)/2

    def predict(self, data):
        with torch.no_grad():
            pred = torch.matmul(data, self.w) + self.b

        return pred
```

图 3.15 展示的即为利用 Dual SVR 在不同 eps 设置下的训练优化结果。可以看出类似于之前的结果，eps 越大，允许的误差范围越大，但相应的 MSE 误差也越大。

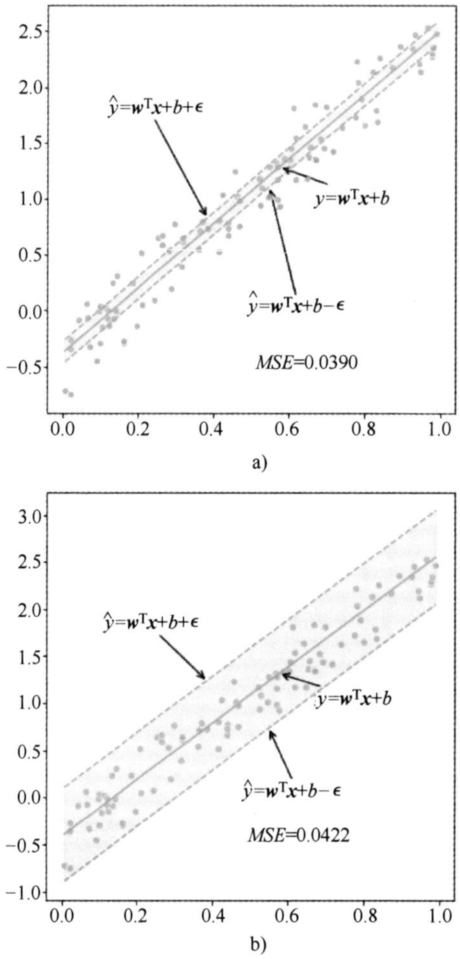

● 图 3.15 利用 Dual SVR 在不同 eps 设置下的训练优化结果

a）eps = 0.1 b）eps = 0.5

以上便是介绍 SVM 以及 SVR 的全部内容。我们不仅从原问题角度进行求解，同时还利用 Lagrange 函数，从对偶问题角度重新解决问题。对偶问题建模方式的好处是可以更深刻地理解支持向量的含义，同时也便于后续的模型拓展。实际上在后续的第 6 章将进一步介绍核方法（Kernel Methods），在对偶问题中将$\boldsymbol{x}_i^T\boldsymbol{x}_j$，替换为非线性的核函数 $k(\boldsymbol{x}_i,\boldsymbol{x}_j)$，以便于处理非线性的 SVM 分类及回归问题。

3.4 决策树模型（Decision Tree）

本节将介绍一类重要的监督学习模型：决策树。决策树本身的出发点非常直观，因为日常中某些决策就是按照树模型来实现的。比如我们会对某些情况的推演产生一个逻辑图，对每一步进行条件判断，如果满足则会进入一个分支，否则会进入另外一个分支，直到最终产生判断结果。决策树模型就是这种处理逻辑的抽象表述。决策树的决策过程相对简单，难点在于如何构建出树模型。我们将介绍决策树中节点的分裂算法。单棵决策树由于其有较为直观的决策路径，便于解释推断过程。然而其拟合能力也受到限制，而且容易产生过拟合现象。为此引入集成学习（Ensemble Learning）技巧，将多个不同的树模型共同组合在一起做出预测。在构建多个树模型时，也可以采取两种策略，即 Bagging 和 Boosting，从而产生随机森林（Random Forest）和梯度提升决策树（Gradient Boosting Decision Tree，GBDT）两类模型。接下来将对以上内容逐一进行讲解。

3.4.1 构建单个树模型

树模型构建的算法本质上就是不断递归地寻找分裂节点（Split Node），将数据集分成两个子部分，然后针对各个子部分，调用树模型构建算法递归处理。那么最关键的便是如何寻找分裂节点。为了讲解方便，此处假设输入特征 $\boldsymbol{x}\in\mathbb{R}^n$ 各个维度均为连续特征，每个样本对应一个数值标签 y，可以是所属类别，也可以是待回归的值。对于树中的一个节点（Node）m，其包含的数据样本集为 Q_m，共包含了 N_m 个样本。那么对于输入特征的第 j 个维度，都可以选择一个阈值 t_j，使得样本集 Q_m 被分为两个子集。我们称这样的划分为 $\theta=(j,t_j)$ 候选分裂（Candidate Split），则两个子集可以表示为：

$$
\begin{aligned}
Q_m^{left}(\theta) &= \{(\boldsymbol{x},y)\mid x_j\leqslant t_j\}\\
Q_m^{right}(\theta) &= Q_m\setminus Q_m^{left}(\theta)
\end{aligned}
\tag{3.58}
$$

那么划分的关键就在于如何选取特征维度 j 及对应的阈值 t_j。这里特征的维度可以遍历选取，即对每个特征维度尝试寻找划分阈值。而关键在于阈值如何选取。这里引入“杂质”函数（Impurity Function）$H(\cdot)$，其用来衡量划分后的每个子集样本内部的一致性。如果一致性越高，那么杂质就越小。这里一致性对于分类问题可以是子集样本的标签都趋于同一个，对于回归问题可以是子集样本的目标值近似。也就是说，每次划分目的是要将相似的标签值样本划为同一子集内。

对于分类问题，假设共有 K 类，可以统计处于同一节点 m 内各个类别的样本比例，即

$$p_{mk} = \frac{1}{N_m}\sum_{(\boldsymbol{x},y)\in Q_m} \mathbb{I}(y = k) \tag{3.59}$$

则 Impurity Function 可以为以下几种：

- 基尼系数（Gini）：

$$H(Q_m) = \sum_k p_{mk}(1 - p_{mk})$$

- 信息熵（Entropy）：

$$H(Q_m) = -\sum_k p_{mk}\log(p_{mk})$$

- 错分率（Misclassification）：

$$H(Q_m) = 1 - \max(p_{mk})$$

而对于回归问题，可以计算节点内目标平均值，然后计算均方误差作为该节点的 impurity 的衡量。即：

$$\bar{y}_m = \frac{1}{N_m}\sum_{y\in Q_m} y$$

$$H(Q_m) = \frac{1}{N_m}\sum_{y\in Q_m}(y - \bar{y}_m)^2$$

有了 Impurity Function，便可以衡量一个划分（j,t_j）的好坏情况。可以计算如下函数：

$$G(Q_m,\theta) = \frac{N_m^{left}}{N_m}H(Q_m^{left}(\theta)) + \frac{N_m^{right}}{N_m}H(Q_m^{right}(\theta)) \tag{3.60}$$

也就是在 θ 划分下，左右两侧子集的 impurity 值按照各自样本比例加权。而最优的划分选择即：

$$\theta^* = \arg\min_\theta G(Q_m,\theta) \tag{3.61}$$

这里的 θ 是针对所有特征遍历后的划分阈值，最终求得最小 impurity。在此划分后，便可以对于左右两个子集递归以上划分操作。这里需要注意，如果当前划分节点的样本数量小于既定值$N_m<N_{min_sample}$，或者此时树整体深度达到了最深处，都会停止划分操作，不再分裂节点，防止过度拟合。

在预测时，则是对输入样本按照每个节点的 $\theta=(j,t_j)$比较$\boldsymbol{x}_j$与t_j大小，然后选择走左子树或右子树，直到到达叶子节点（Leaf Node）。对于分类问题，叶子节点存储了分到该节点的各类比例p_{mk}，预测时返回最大类别即可 $\arg\max_k(p_{mk})$。对于回归问题，则输出该叶子节点的目标均值。

以上便是构建决策树算法最简单的版本。我们还省略了很多内容，比如为了防止树过拟合进行剪枝操作，这里推荐阅读参考文献［7］去探索更多内容。

以下为代码实现。首先需要定义树的结构，其中关键的是节点的结构。

```
class Node:
    def _init_(self, feature=None, threshold=None, value=None,
               impurity=None, left_children=None, right_children=None):
        self.feature = feature
        self.threshold = threshold
        self.value = value
        self.impurity = impurity
        self.left_children = left_children
        self.right_children = right_children
```

其中包含了该节点的分裂特征维度 feature 和阈值 threshold。value 即为分配到该节点样本的各类比例，impurity 为节点样本的杂质程度，left_children 和 right_children 为左右子树的根节点。以下为树的结构，这里先给出整体逻辑，再细致讲解每个方法。

```
class DecisionTreeClassifier:
    def _init_(self, num_feature, num_class,
               min_samples_split=2, min_impurity_decrease=0, max_depth=np.inf):
        '''
        Args:
            num_feature, 输入特征维度
            num_class, 分类个数
            min_samples_split, 每个节点最少可分裂样本数
            min_impurity_decrease, 每一次分类导致 impurity 下降的最小量
            max_depth, 树的最大深度
        '''
        self.num_feature = num_feature
        self.num_class = num_class
        self.root = None  # 根节点
        self.min_samples_split = min_samples_split
        self.min_impurity_decrease = min_impurity_decrease
        self.max_depth = max_depth
        self._criterion = _entropy  # 计算 impurity 函数
        self._cumulative_calc_criterion = _cumulative_calc_entropy  # 计算各个阈值分裂后
的 impurity

    def _find_split(self, X, y):
        # 分裂节点算法,返回特征维度指标,阈值,分裂后两个子集样本
        pass

    def _build_tree(self, X, y, current_depth=0):
        # 递归构建树的算法
        pass

    def fit(self, X, y):
        self.root = self._build_tree(X, y, current_depth=0)
```

```
    def predict_value(self, x, tree=None):
        # 预测单个样本的输出
        if tree is None:
            tree = self.root

        if tree.left_children is None and tree.right_children is None:
            # 如果是叶子节点,返回 value
            return tree.value

        # 获取该节点分裂特征维度
        feature = x[tree.feature]

        # 判断进入左子树还是右子树
        if feature <= tree.threshold:
            tree = tree.left_children
        else:
            tree = tree.right_children

        return self.predict_value(x, tree)

    def predict(self, X):
        # 对一组样本,逐个调用 predict_value 方法
        y = torch.stack([self.predict_value(x) for x in X])

        # 取 argmax(p_mk)作为类别预测
        y = y.argmax(dim=1)
        return y
```

以上是决策树整体框架。接下来先介绍_build_tree 方法：

```
def _build_tree(self, X, y, current_depth=0):
    # current_depth 指示当前节点所处深度
    n_samples = len(X)

    # 计算分配到该节点的 value 和 impurity
    value = torch.bincount(y, minlength=self.num_class)
    impurity = self._criterion(y, self.num_class)

    # 如果符合分裂条件
    if n_samples >= self.min_samples_split and current_depth <= self.max_depth:
        # 调用分裂节点算法
        _result = self._find_split(X, y)
        select_feature_idx = _result[0] # 选取特征维度指标
        threshold = _result[1]  # 阈值
```

```
    min_impurity = _result[2]  #最小的分裂后杂质
    left_sample_idx, right_sample_idx = _result[3], _result[4]  #左右子树样本

    impurity_improvement = impurity - min_impurity  #计算 impurity 降低程度

    if impurity_improvement > self.min_impurity_decrease:  #如果符合条件

        #递归调用_build_tree 算法,构建左右子树
        X_left, y_left = X[left_sample_idx], y[left_sample_idx]
        left_tree = self._build_tree(X_left, y_left, current_depth+1)

        X_right, y_right = X[right_sample_idx], y[right_sample_idx]
        right_tree = self._build_tree(X_right, y_right, current_depth+1)

        #返回该节点信息
        return Node(select_feature_idx, threshold, value, impurity, left_tree, right_tree)

#如果不符合条件,说明是叶子节点,只返回包含 value 和 impurity 的节点
return Node(value=value, impurity=impurity)
```

最后介绍分裂算法_find_split，这里借助了 PyTorch 提供的矩阵操作，并行处理多个特征维度的分裂阈值搜索：

```
def _entropy(y, c_num):
    # impurity function
    count = torch.bincount(y, minlength=c_num)
    prob = count / count.sum()
    return -torch.nansum(prob * torch.log2(prob))

def _cumulative_calc_entropy(y, f_num, c_num, sort_idx):
    # sort_idx 是特征各个维度按照升序排序后的指标
    # sort_y 是按照特征值顺序排列后对应的标签值
    sort_y = torch.gather(y.repeat(f_num, 1).T, 0, sort_idx)
    cum_y = []
    #可以累加计算属于每一类的情况
    for i in range(c_num):
        cum_y.append(torch.cumsum(sort_y==i, dim=0))
    cum_y = torch.stack(cum_y)
    #算出了按照特征顺序排列后,每个分裂处,左子集样本的各类比例
    prob_y = cum_y / cum_y.sum(dim=0, keepdims=True)
    #算出了每个分裂处左子集的 impurity
    entropy = - torch.nansum(prob_y * torch.log2(prob_y), dim=0)  # N_sample * f_num
    return entropy

def _find_split(self, X, y):
```

```
    N = len(X)
    # 按照升序排列,算出各个分裂阈值的左子集 impurity
    min_sort_idx = X.argsort(dim=0)
    crit_min = self._cumulative_calc_criterion(y, self.num_feature, self.num_class, min_
sort_idx)

    # 按照降序排列,算出各个分裂阈值的右子集 impurity
    max_sort_idx = X.argsort(dim=0, descending=True)
    crit_max = self._cumulative_calc_criterion(y, self.num_feature, self.num_class, max_
sort_idx)
    # 注意这里需要再次反转过来,以便于与 crit_min 对齐
    crit_max = torch.flip(crit_max, dims=(0,))

    # 按照左右子集样本比例加权计算 impurity
    count = torch.arange(1, N).unsqueeze(1)
    impurity = (count * crit_min[:-1] + (N - count) * crit_max[1:]) / N

    # 找到各特征列最小的 impurity 处,及对应的分裂指标
    min_v, min_idx = impurity.min(dim=0)

    # 找到所有特征列中最小的 impurity
    select_feature_idx = min_v.argmin()
    min_impurity = min_v[select_feature_idx]

    # 根据选取特征列,阈值选择为相邻两个特征值的中间值
    select_feature_sort_idx = min_idx[select_feature_idx]
    thresh_min = X[min_sort_idx[select_feature_sort_idx, select_feature_idx], select_
feature_idx]
    thresh_max = X[min_sort_idx[select_feature_sort_idx+1, select_feature_idx], select_
feature_idx]
    threshold = 0.5 * (thresh_min + thresh_max)

    # 获得左子树样本和右子树样本
    left_sample_idx = min_sort_idx[:select_feature_sort_idx+1, select_feature_idx]
    right_sample_idx = min_sort_idx[select_feature_sort_idx+1:, select_feature_idx]
    return select_feature_idx.item(), threshold.item(), min_impurity.item(), left_
sample_idx, right_sample_idx
```

以上便是决策树算法的全部实现部分。可以测试模型效果。

```
from sklearn.datasets import make_blobs
import numpy as np

# 生成数据点
center = np.array([[-5, 3], [-2, -1.5], [0, 4]])
```

```
X, y = make_blobs(n_samples=200, centers=center, n_features=2, random_state=0)
transform = np.array([[-0.4, 0.1], [0.4, 0.2]])
X = np.dot(X, transform)

X = torch.from_numpy(X)
y = torch.from_numpy(y)

#建立模型进行拟合
m = DecisionTreeClassifier(num_feature=2, num_class=3)
m.fit(X, y)
```

图3.16展示的是实现的决策树模型的拟合结果。其中不同的阴影部分为模型对于整体样本空间的划分。可以看出决策树模型的划分边界是沿着特征维度阶段线性的，这也是每个节点只选取一个特征进行简单划分的结果。

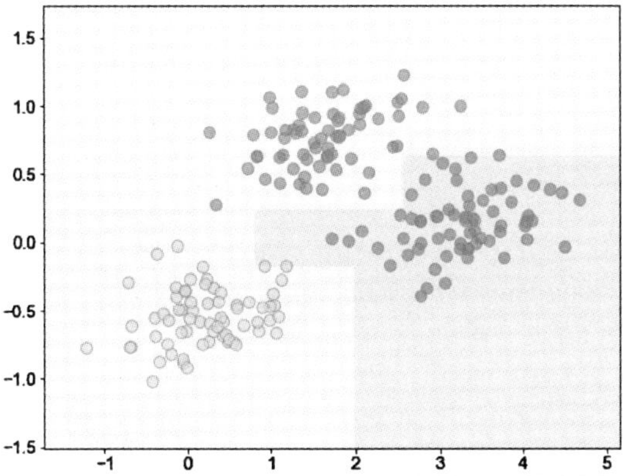

扫码查看彩图

● 图3.16 决策树模型的拟合结果

3.4.2 集成学习（Ensemble Learning）

上一小节介绍的是建立单棵决策树的算法。然而单棵决策树有时会因为深度过浅而使模型拟合能力较差。同时也会因为过深导致划分过细，产生过拟合现象。而如何解决这种问题呢？一种思路便是引入集成学习，即学习一组决策树模型，共同完成最终的预测。而学习方式又分为两种模式，分别是 Bagging 和 Boosting。其中 Bagging 的思路是每次利用部分样本和特征学习决策树，使得各种树模型产生一定差异，最终预测结果为所有模型的平均，从而增强模型鲁棒性和准确性。另一种 Boosting 的思路是每一个新的决策树去学习前一个模型未能捕捉到的误差，从而迭代式地逐渐增加模型预测的准确程度。本小节先介绍基于 Bagging 的集成学习模型，即随机森林（Random Forest，RF）模型。

随机森林的训练方式较为简单。每一个子模型都是标准决策树模型，只是区别在于训练时每个模型用到的样本和特征都是随机采样的，所以共同构成了“森林”。在每个模型训练时，会先随机采样部分样本，这里选择采样其中 50%的数据用于训练。针对不同的任务也可以设定不同的比例，然后随机采样需要用到的特征维度数目，即参数 max_features，也就是每个模型并不会完全看到所有特征用于训练。这样的目的也是增加模型的多样性。在训练完成每个模型之后，进行预测时，则采取类似多数投票（Majority Voting）的策略，即统计所有模型的预测结果，取其中预测类别最多的作为最终的预测值。

以下为代码实现。这里将前面实现的 DecisionTreeClassifier 封装在 decision_tree.py 文件中。

```
from decision_tree import DecisionTreeClassifier
import torch
import numpy as np

class RandomForest:
    def _init_(self, num_feature, num_class, n_estimators=10, max_features=None,
                min_samples_split=2, min_impurity_decrease=0, max_depth=np.inf):
        self.num_feature = num_feature
        self.num_class = num_class
        self.n_estimators = n_estimators
        self.min_samples_split = min_samples_split
        self.min_impurity_decrease = min_impurity_decrease
        self.max_depth = max_depth

        if not max_features:
            # 如果 max_features 没有设定,则设定为 sqrt(num_feature)
            self.max_features = int(np.sqrt(self.num_feature))
        else:
            self.max_features = max_features

        self.trees = []
        for _ in range(self.n_estimators):
            self.trees.append(
                DecisionTreeClassifier(
                    self.max_features, num_class, min_samples_split,
                    min_impurity_decrease, max_depth
                )
            )

    def fit(self, X, y):
        N = len(X)
        for i in range(self.n_estimators):
            # 采样样本
```

```
            idx = np.random.choice(range(N), size=N//2)
            # 采样特征维度指标
            feature_idx = np.random.choice(range(self.num_feature), size=self.max_features)
            self.trees[i].feature_idx = feature_idx

            X_subset = X[idx][:, feature_idx]
            y_subset = y[idx]
            # 训练每个决策树
            self.trees[i].fit(X_subset, y_subset)

    def predict(self, X):
        y_preds = []
        for tree in self.trees:
            # 选取每个树利用的特征指标进行预测
            idx = tree.feature_idx
            y_preds.append(tree.predict(X[:, idx]))

        y_preds = torch.stack(y_preds).T
        out = []
        for p in y_preds:
            # 进行 majority voting
            p = torch.bincount(p, minlength=self.num_class)
            out.append(p)
        out = torch.stack(out)
        return out.argmax(dim=1)
```

接下来可以在生成的分类数据集上进行测试。这里可以调整不同的树数目，观测最终不同随机森林的效果。

```
from sklearn.datasets import make_classification
from sklearn.model_selection import train_test_split
import torch
from sklearn.metrics import accuracy_score

X, y = make_classification(
    n_samples=1000,
    n_features=50,
    n_informative=40,
    n_classes=10,
    random_state=0,
)
X = torch.from_numpy(X)
y = torch.from_numpy(y)
```

```
# 划分训练测试集
X_train, X_test, y_train, y_test = train_test_split(X, y, test_size=0.1, random_state=0)

clf = RandomForest(50, 10, n_estimators=10, max_features=40)
clf.fit(X_train, y_train)
pred = clf.predict(X_test)

# 计算预测准确度
accuracy_score(y_test, pred)
```

图 3.17 展示的是决策树（DT）模型和随机森林（RF）模型对同一数据集的训练预测情况。其中 n 代表了随机森林中包含的决策树个数。可以看出，随着随机森林内树的个数增多，预测性能稳步上升，并且相比于单个决策树模型，预测准确度有了极大的提升，说明了集成学习可以有效提供模型预测能力。

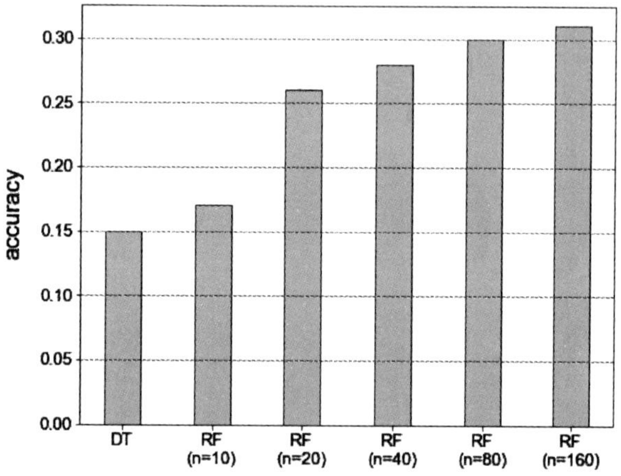

● 图 3.17　随机森林与决策树预测结果对比

另一种集成方式便是 Boosting。其核心想法是将一组弱学习器（Weak Learner）按照加性模型（Additive Model）将结果累加在一起，起到增强模型预测效果的目的。梯度提升决策树（Gradient Boosting Decision Tree，GBDT）[8]则是指导每个子模型如何提升学习预测目标。其思想用到了优化中的梯度下降法。即在每一次学习新加入的模型时，目标是学习当前预测结果与目标值之间损失函数的梯度值，从而拟合出使得损失函数逐渐下降的预测值。相比传统的在参数空间进行梯度下降，这种方法更类似于在函数空间进行梯度下降优化。

梯度提升树模型在回归决策树模型上实现较为简单。这里先实现回归决策树。与分类决策树实现整体逻辑一致，区别仅在于计算 Criterion 的函数和 cumulative_calc_criterion，变为计算均方误差函数。预测值也变为输出叶子节点所有样本的目标值的均值。总体实现如下：

```
import numpy as np
import torch


def _variance(y):
    # 计算均方误差
```

```
        y_mean = y.mean()
        var = ((y - y_mean)* * 2).mean()
        return var

    def _cumulative_calc_variance(y, f_num, sort_idx):
        # 按照阈值分割计算累积的均方误差
        sort_y = torch.gather(y.repeat(f_num, 1).T, 0, sort_idx)
        count = torch.arange(1, len(y)+1).reshape(-1, 1)
        cum_sum = torch.cumsum(sort_y, dim=0)
        cum_mean = cum_sum / count
        square = torch.cumsum(sort_y* * 2, dim=0)
        # (y-y_mean)^2 展开表达式
        var = (square - 2 *  cum_mean *  cum_sum) / count + cum_mean* * 2
        return var


    class Node:
        def _init_(self, feature=None, threshold=None, value=None,
                   impurity=None, left_children=None, right_children=None):
            self.feature = feature
            self.threshold = threshold
            self.value = value
            self.impurity = impurity
            self.left_children = left_children
            self.right_children = right_children


    class DecisionTreeRegressor:
        def _init_(self, num_feature,
                   min_samples_split=2, min_impurity_decrease=0, max_depth=np.inf):
            self.num_feature = num_feature
            self.root = None
            self.min_samples_split = min_samples_split
            self.min_impurity_decrease = min_impurity_decrease
            self.max_depth = max_depth
            self._criterion = _variance
            self._cumulative_calc_criterion = _cumulative_calc_variance

        def _find_split(self, X, y):
            N = len(X)
            # 计算从小到大排序的各个阈值分割处,左子树的误差
            min_sort_idx = X.argsort(dim=0)
            crit_min = self._cumulative_calc_criterion(y, self.num_feature, min_sort_idx)

            # 计算从大到小排序的各个阈值分割处,右子树的误差
```

```
        max_sort_idx = X.argsort(dim=0, descending=True)
        crit_max = self._cumulative_calc_criterion(y, self.num_feature, max_sort_idx)
        crit_max = torch.flip(crit_max, dims=(0,))

        # 按照样本比例加权
        count = torch.arange(1, N).unsqueeze(1)
        impurity = (count * crit_min[:-1] + (N - count) * crit_max[1:]) / N

        min_v, min_idx = impurity.min(dim=0)

        # 选取分裂特征维度以及对应的阈值
        select_feature_idx = min_v.argmin()
        min_impurity = min_v[select_feature_idx]

        select_feature_sort_idx = min_idx[select_feature_idx]
        thresh_min = X[min_sort_idx[select_feature_sort_idx, select_feature_idx], select
_feature_idx]
        thresh_max = X[min_sort_idx[select_feature_sort_idx+1,select_feature_idx],
select_feature_idx]
        threshold = 0.5 * (thresh_min + thresh_max)

        left_sample_idx = min_sort_idx[:select_feature_sort_idx+1, select_feature_idx]
        right_sample_idx = min_sort_idx[select_feature_sort_idx+1:, select_feature_idx]
        return select_feature_idx.item(), threshold.item(), min_impurity.item(), left_
sample_idx, right_sample_idx

    def _build_tree(self, X, y, current_depth=0):
        # 递归构建树模型
        n_samples = len(X)
        # 节点所有样本的目标值的均值
        value = y.mean()
        impurity = self._criterion(y)

        if n_samples >= self.min_samples_split and current_depth <= self.max_depth:
            _result = self._find_split(X, y)
            select_feature_idx = _result[0]
            threshold = _result[1]
            min_impurity = _result[2]
            left_sample_idx, right_sample_idx = _result[3], _result[4]

            impurity_improvement = impurity - min_impurity

            if impurity_improvement > self.min_impurity_decrease:

                X_left, y_left = X[left_sample_idx], y[left_sample_idx]
```

```
            left_tree = self._build_tree(X_left, y_left, current_depth+1)

            X_right, y_right = X[right_sample_idx], y[right_sample_idx]
            right_tree = self._build_tree(X_right, y_right, current_depth+1)

            return Node(select_feature_idx, threshold, value, impurity, left_tree, right_tree)

        return Node(value=value, impurity=impurity)

    def fit(self, X, y):
        self.root = self._build_tree(X, y, current_depth=0)

    def predict_value(self, x, tree=None):
        if tree is None:
            tree = self.root

        if tree.left_children is None and tree.right_children is None:
            return tree.value

        if x.dim() > 0:
            feature = x[tree.feature]
        else:
            feature = x
        if feature <= tree.threshold:
            tree = tree.left_children
        else:
            tree = tree.right_children

        return self.predict_value(x, tree)

    def predict(self, X):
        y = torch.Tensor([self.predict_value(x) for x in X])
        return y
```

然后便可以基于 DecisionTreeRegressor 构建 GBDT 模型，实现如下。这里用来衡量目标值与预测值之间的损失函数，选择为平方误差函数，即 $\frac{1}{2}\sum_i (y_i - \hat{y}_i)^2$，则梯度为 $g = \{g_i \mid g_i = -(y_i - \hat{y}_i)\}$。

```
class SquareLoss:
    def loss(self, y, y_pred):
        return 0.5 * ((y - y_pred)* * 2)

    def gradient(self, y, y_pred):
        return -(y - y_pred)
```

```
class GradientBoostingRegressor:
    def _init_(self, num_feature, lr=0.1, n_estimators=10,
               min_samples_split=2, min_impurity_decrease=0, max_depth=np.inf):
        self.num_feature = num_feature
        self.lr = lr    # 学习率,即子模型加权系数
        self.n_estimators = n_estimators
        self.min_samples_split = min_samples_split
        self.min_impurity_decrease = min_impurity_decrease
        self.max_depth = max_depth
        self.loss = SquareLoss()

        self.trees = []
        for _ in range(self.n_estimators):
            self.trees.append(
                DecisionTreeRegressor(
                    num_feature, min_samples_split,
                    min_impurity_decrease, max_depth
                )
            )

    def fit(self, X, y):
        y_pred = torch.zeros_like(y)
        for i in range(self.n_estimators):
            # 计算当前预测与目标值之间的梯度
            gradient = self.loss.gradient(y, y_pred)
            # 新的模型回归拟合此梯度
            self.trees[i].fit(X, gradient)
            # 新的模型预测输出
            update = self.trees[i].predict(X)
            # 更新截至目前总体模型预测情况
            y_pred -= self.lr * update


    def predict(self, X):
        y_pred = torch.zeros(len(X))
        for tree in self.trees:
            update = tree.predict(X)
            # 按照 lr 比例相加所有模型预测结果
            update = self.lr * update
            y_pred = y_pred - update

        return y_pred
```

这里通过生成回归数据，比较普通决策树回归模型（DT）和梯度提升树（GB）之间的预

测效果。预测结果采用均方误差（Mean Squared Error）进行衡量，数值越低代表拟合效果越好。图 3. 18 展示的即为二者的预测效果对比，其中 n 代表 GB、DT 中包含的模型个数，可以看出随着模型增加，GB、DT 预测效果逐渐变好，但是也存在改进递减的情况，此时达到拟合的极限。

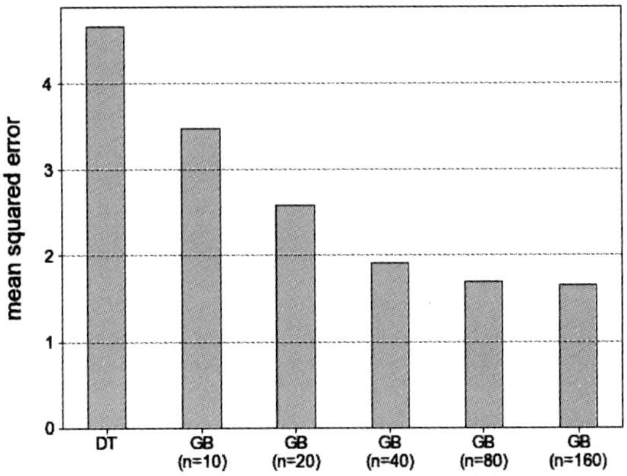

● 图 3. 18　决策树和梯度提升树的预测效果对比

3.5 K 近邻算法（K Nearest Neighbors，KNN）

本节将介绍近邻算法（Nearest Neighbors）。其算法思想很朴素，即在预测时，直接从训练集中，查找到特征最相似的样本，用该训练样本的标签值作为输出即可。K 近邻算法则是对此的推广，在查找相似样本时，不只是寻找特征最相似的一个，而是选取最相似的 K 个，利用 K 个标签值共同综合输出结果，这样可以避免噪声干扰更加准确。在寻找相似样本时，可以计算两两之间的相似度函数，一般选择距离函数，包括汉明距离（Hamming Distance）、欧式距离等。这里直接实现样本之间两两相似度计算，即进行准确搜索（Exact Search）。

```
def knn_classification(X_train, X_test, y_train, K=20, n_class=10):
    # X_train, y_train: 训练集样本和标签
    # X_test: 测试集样本
    # K: 最近邻样本个数
    # n_class: 总类别个数

    # 计算测试集与训练集相似度
    dist = torch.cdist(X_test, X_train)
    # 寻找最近邻样本
    _, neighbor_idx = dist.topk(K, 1, largest=False)
```

```
    # 获取训练集样本标签
    neighbor_y = y_train[neighbor_idx]
    preds = []
    for i in range(len(X_test)):
        # 统计标签分类,并取最多数类别为预测值
        preds.append(torch.bincount(neighbor_y[i], minlength=n_class).argmax())
    preds = torch.Tensor(preds)
    return preds
```

可以利用生成数据进行验证：

```
>>> X, y = make_classification(
...     n_samples=10000,
...     n_features=50,
...     n_informative=20,
...     n_classes=10,
...     random_state=0
>>> )

>>> X = torch.from_numpy(X).float()
>>> y = torch.from_numpy(y)

>>> X_train, X_test, y_train, y_test = train_test_split(X, y, test_size=0.1, random_state
=0)

>>> preds = knn_classification(X_train, X_test, y_train, K=20, n_class=10)

>>> print(accuracy_score(y_test, preds))
0.8712
```

可以看到利用简单的特征相似度查找样本并进行预测，在简单数据集上也可以达到较高的准确率。但是这种特征查找操作需要在全样本上进行相似度计算，复杂度和查询程度都较大。面对大规模数据时，近似 KNN 算法便被提出，其中主要思路是进行降维和哈希化，使得计算相似度和查询时间大大减少。

3.6 实战：复杂模型实现 Titanic 旅客生存概率预测

本节将利用实现过的多种监督学习模型，对在第 1 章中介绍过的 Titanic 旅客生存概率预测问题进一步探索求解。本节首先回顾该数据集特征，并且重新处理原始特征数据，以便于模型输入。相比于在第 1 章中使用简单的单属性或双属性组合分类法，我们将完全利用模型的能力，去学习拟合特征之间的交互影响能力，并最终完成预测。

3.6.1 Titanic 数据集特征处理

在第1章中已经初步探索过该数据集。其中包含了每个乘客的属性信息，PassengerId 为每个乘客的 ID；Survived 为标注该乘客最终是否幸存下来，1 代表成功，0 代表遇难；Pclass 标注的是乘客所在的船舱等级，分为 1、2、3；Name 是乘客的姓名；Sex 为乘客的性别，包含 male 和 female 两种；Age 是乘客的年龄；SibSp 为该乘客的配偶或亲戚同乘数量，Parch 为该乘客的父母或子女同乘数量；Ticket 是票号，Fare 是船票费，Cabin 是船舱号，Embarked 为登船地点。这里为了模型输入特征方便，需要将不用的特征去掉，将字符串特征转换映射为类别型数据，同时根据特征字段含义构建新的特征。

首先可以去掉 PassengerId/Cabin/Ticket 三列特征，因为均为编号信息，所以无法体现乘客的属性。

```
import pandas as pd

data = pd.read_csv('train.csv')
data = data.drop(['PassengerId', 'Cabin', 'Ticket'], axis=1)
```

然后是将类别型字符串特征映射为编号数值。

```
data['Sex'] = data['Sex'].map({'male':0, 'female':1})  #性别两类
data['Embarked'] = data['Embarked'].fillna(value='C')  # 登船地点三类
data['Embarked'] = data['Embarked'].map({'C':0, 'Q':1, 'S':2})
```

然后是处理乘客名字特征列。这一特征列包含了乘客的姓氏、名字，以及称呼方式，类似 Mr.、Mrs.等。这种称呼有些也包含了其社会地位的称谓，因此可以单独提取出 Title 特征列，并进行映射。

```
data['Title'] = data.Name.str.extract(' ([A-Za-z]+)\.', expand=False) # 利用正则表达式匹配
称号
data = data.drop(columns='Name')
data['Title'] = data['Title'].replace(
    ['Dr', 'Rev', 'Col', 'Major', 'Countess',
    'Sir', 'Jonkheer', 'Lady', 'Capt', 'Don'],
    'Others'
) # 以上这些称号归为一类
data['Title'] = data['Title'].replace('Ms', 'Miss')  # 统一称号
data['Title'] = data['Title'].replace('Mme', 'Mrs')
data['Title'] = data['Title'].replace('Mlle', 'Miss')
data['Title'] = data['Title'].map({'Master':0, 'Miss':1, 'Mr':2, 'Mrs':3, 'Others':4})
```

然后是年龄特征列处理。在第1章中探索过年龄这一特征其实缺失值比较多，那么如何填充缺失值呢？这里采取一种规则估计方式，即寻找拥有相同亲戚数量和相同父母数量以及相同舱

位等级的人，我们估计人群年龄相似，取其中位数作为估计年龄，否则以整体人群年龄中位数作为填充值。

```
NaN_indexes = data['Age'][data['Age'].isnull()].index
for i in NaN_indexes:
    pred_age = data['Age'][((data.SibSp == data.iloc[i]["SibSp"]) & (data.Parch ==
data.iloc[i]["Parch"]) & (data.Pclass == data.iloc[i]["Pclass"]))].median()
    if not np.isnan(pred_age):
        data['Age'].iloc[i] = pred_age
    else:
        data['Age'].iloc[i] = data['Age'].median()
```

最后还可以生成一个新的特征维度，即统计某位乘客家庭总人数。这可能有助于区分幸存概率。

```
data['FamilySize'] = data['SibSp'] + data['Parch'] + 1
```

为了使得输入特征各个维度较为接近，对其进行缩放。

```
data['Age'] = data['Age'] / 100
data['Fare'] = data['Fare'] / 100
```

这样就准备好了输入特征，可以开始下一小节多种模型预测性能的比较。

3.6.2 多种模型预测性能对比

这里将 DataFrame 里的特征转换为 PyTorch 的 Tensor，然后划分出训练集与测试集。

```
import torch
from sklearn.model_selection import train_test_split

feature_columns = ['Pclass', 'Sex', 'Age', 'SibSp', 'Parch', 'Fare', 'Embarked', 'Title', '
FamilySize']
X = torch.from_numpy(data[feature_columns].values).float()
y = torch.from_numpy(data['Survived'].values)

X_train, X_test, y_train, y_test = train_test_split(X, y, test_size=0.1, random_state=0)
```

这里将之前实现过的模型封装在各个文件中，方便模型调用。其中包括了决策分类树、逻辑回归、带有松弛变量的支持向量机对偶实现模型、随机森林、梯度提升树和 K 近邻算法。其中梯度提升树虽然原本应用于回归问题，但是这里可以将预测目标 {0, 1} 也视为回归目标值。

```
from decision_tree import DecisionTreeClassifier
from linear_model import LogisticRegression
from svm import DualSoftSVC
from ensemble import RandomForest, GradientBoostingRegressor
from knn import KNN
```

然后便可以初始化各个模型，并逐一进行训练拟合。

```
input_dim= 9
clf_list = [
    (LogisticRegression(input_dim), 'LR'),
    (DualSoftSVC(len(X_train), C=1.0, gamma=50, iters=10000, lr=1e-5), 'SVC'),
    (DecisionTreeClassifier(input_dim, num_class=2, max_depth=10), 'DT'),
    (RandomForest(input_dim, num_class=2, n_estimators=20, max_depth=10), 'RF'),
    (GradientBoostingRegressor(input_dim, lr=0.01, n_estimators=20, max_depth=10), 'GBDT'),
    (KNN(K=5), 'KNN')
]

for clf, name in clf_list:
    if name in ['LR', 'GBDT', 'KNN']:
        clf.fit(X_train, y_train.float())
    elif name == 'SVC':  # SVM 标签值为[-1, 1]
        label = y_train.float() * 2 - 1
        clf.fit(X_train, label)
    else:
        clf.fit(X_train, y_train)
    pred = clf.predict(X_test)
    if name == 'SVC':  # 将输入范围映射至[0, 1]
        pred = torch.sigmoid(pred)

    if pred.dim() == 2: # 取第 1 列作为正例预测结果
        pred = pred[:, 1]
```

最后可以统计所有模型的预测结果，计算 AUC 并画出 ROC 曲线进行比较。图 3.19 展示的就是以上结果对比，并且在图例中标出了各个模型的 AUC 值。可以看出随机森林模型取得了最大 AUC 为 0.91。而且多个模型都超过了在第 1 章中使用的简单属性分类结果。因此可以看出利用机器学习模型，可以提升数据预测能力。

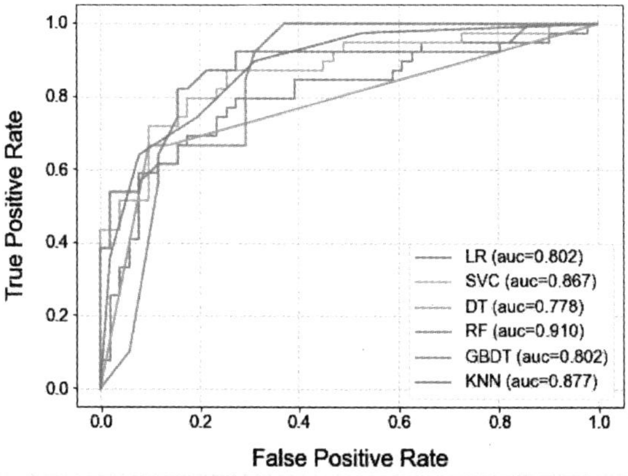

扫码查看彩图

● 图 3.19　各个预测模型的 ROC 曲线比较

第4章

无监督学习

上一章主要介绍了监督学习算法。本章将介绍另一大类机器学习算法，也被称为无监督学习（Unsupervised Learning）算法。与监督学习算法不同之处在于，只有给定的数据，而没有待拟合的标签。那么此时无监督学习的任务也从预测（Prediction）偏向于解释（Explanation）。无监督学习算法大致包含几类，首先是聚类（Clustering）算法，即通过数据之间的相似度来进行分组聚类，相当于只从特征层面进行数据分类。其次是密度估计（Density Estimation），是对于聚类算法的进一步扩展，相当于是假设数据整体采样自某种分布，然后用已有数据估计出分布参数后，即可计算特征空间中任意一处的概率密度。最后是降维（Dimension Reduction）算法，属于将原始特征变换到低维空间中，从而便于分析和后续应用。本章将对其中的关键算法做逐一讲解，并在最后实现无监督学习的一个重要应用异常检测（Anomaly Detection）。

4.1 聚类方法（Clustering Method）

聚类方法泛指一系列算法，其主要目的在于将数据根据特征进行分组划分，让相似的样本分为相同的类别组。主要有两种思路，一种是从上而下（Top-Down）模式，即先假定存在一些聚类簇的中心，或者聚类之间满足的性质，来据此划分样本。另一种是从下而上（Bottom-Up）模式，即类似贪婪算法性质，逐渐将相似的样本或者聚类簇进行融合。因此前者的聚类数目以及各聚类簇的某些性质需要先验假设，而后者则是没有这种要求，但是也会导致聚类结果较为零散，缺乏一致性。

4.1.1 KMeans 聚类

本小节介绍一种最常见的聚类方法 KMeans，其核心思想是将数据点分割为几个聚类组，每一组的数据都是离自己的聚类中心（Centroid）最近，这种分配下的聚类会使得类内平方和（Within-cluster sum-of-squares）最小，即：

$$\sum_{i=1}^{N} \min_{\boldsymbol{\mu}_j \in C} \| \boldsymbol{x}_i - \boldsymbol{\mu}_j \|^2 \tag{4.1}$$

其中$\boldsymbol{\mu}_j$是每个聚类的聚类中心，共有 K 个，C 为所有聚类中心的集合，$\boldsymbol{x}_i$为所有数据点，共有 N 个。由于直接精确求解上述问题是一个 NP 问题，因此最经典的解决方法是通过两步迭代的 Lloyd 算法[9]。其思路也是比较直观的，算法流程如下：

1）首先随机采样 K 个点作为初始聚类中心 $C=\{\boldsymbol{\mu}_1,\cdots,\boldsymbol{\mu}_K\}$。

2）然后计算数据点到每个聚类中心的距离，选取最近的作为其分配的聚类中心。所有被分配为同一个聚类中心 $\boldsymbol{\mu}_i$的点构成聚类集合为C_i。

3）更新聚类中心为数据点的平均值，即$\boldsymbol{\mu}_i=\frac{1}{|C_i|}\sum_{x\in C_i}\boldsymbol{x}$。

4）重复 2 和 3 步骤，直到公式 4.1 中的求和不再改变。

以下为 PyTorch 代码实现：

```
N= 5000
D = 2
K = 10
iters = 100

# 随机生成数据
X, y = make_blobs(n_samples=N, centers=K, n_features=D)
data = torch.from_numpy(X).float()

# 选取初始聚类中心
centers = data[:K]
for i in range(iters):
    # 计算所有点到所有聚类中心的距离
    distances = (torch.cdist(data, centers))* * 2
    # 步骤 2 分配聚类中心
    assign_idx = distances.argmin(dim=1, keepdims=True)
    # 步骤 3 更新聚类中心
    centers.zero_()
    centers = torch.scatter_add(centers, 0, assign_idx.repeat(1, D), data)
    counts = torch.zeros(K, 1)
    counts = torch.scatter_add(counts, 0, assign_idx, torch.ones(N, 1))
    centers = centers / (counts + 1e-10)
```

在上述代码中，使用 torch.cdist 来计算所有点到所有聚类中心的距离，输出的聚类矩阵形状为 $\boldsymbol{N}\times\boldsymbol{K}$。在更新聚类中心时，需要将属于同一个聚类中心的数据点加总平均。这里使用了 torch.scatter_add 函数。这个函数参数列表为 torch.scatter_add（inp，dim，index，src），意思是按照给定的

index 和 dim 将 src 数值累加到 inp 中。

图 4.1 展示的即为该函数的运算方式，调用过程为 torch.scatter_add（input，0，index，src）。此处使用 scatter_add 可方便地根据分配中心 assign_idx 累加求和更新聚类中心。

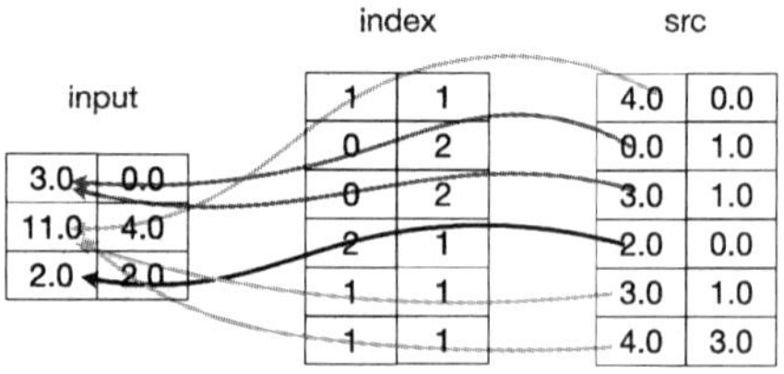

● 图 4.1　scatter_add 函数运算过程展示

图 4.2 展示的是 KMeans 聚类算法的可视化结果，其中不同颜色代表不同聚类，黑色点代表每个聚类中心。可看出大多数聚类都符合原始数据分布，但是左下角部分应该是分为同一个聚类，但却被分成三部分。这主要源于初始聚类中心选取不好，导致过于集中，无法去平均分布在所有数据中。

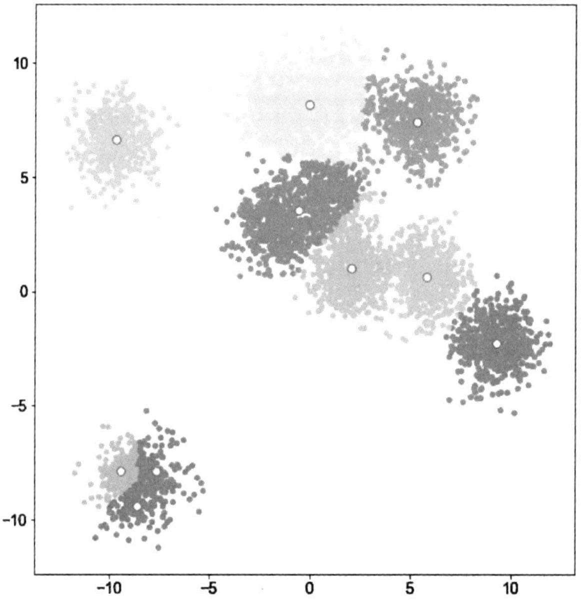

扫码查看彩图

● 图 4.2　KMeans 聚类结果可视化

针对以上问题，KMeans++[10] 算法提出了解决方法。该方法改进了随机选取样本中心的方式，通过逐次选取聚类中心，使得每一个新的聚类中心都离现有的聚类中心较远，而使其较为均匀地分布在整个数据集中。其初始化聚类中心方法如下：

1）随机选取一个数据点 $\boldsymbol{\mu}_1$ 作为第一个初始聚类中心。

2）计算所有数据点到当前所有聚类中心的距离，其中最小的距离为 $D(\boldsymbol{x}_i)$。

3）从剩余数据点 X 中按照概率 $\dfrac{D(\boldsymbol{x}_i)^2}{\sum_{\boldsymbol{x}\in X} D(\boldsymbol{x})^2}$ 采样筛选下一个聚类中心。

4）重复步骤 2 和 3，直到选出共 K 个初始聚类中心。

5）按照 Kmeans 算法迭代更新聚类。

以下为初始化聚类中心的代码实现：

```
centers= data[0].unsqueeze(0)
for i in range(1, K):
    distances = (torch.cdist(data, centers))* * 2
    # 计算最小距离 D(x)
    min_dist = distances.min(dim=1)[0]
    prob = min_dist / (min_dist.sum() + 1e-10)
    # 根据概率采样下一个聚类中心
    idx = torch.multinomial(prob, 1)
    centers = torch.cat([centers, data[idx]])
```

图 4.3 展示的即为利用 KMeans++ 的初始化选取聚类中心的方法后，聚类可视化结果。可以看出此次聚类较为合理，左下角部分的数据构成一个聚类而没有被分开，说明了初始化的有效性。

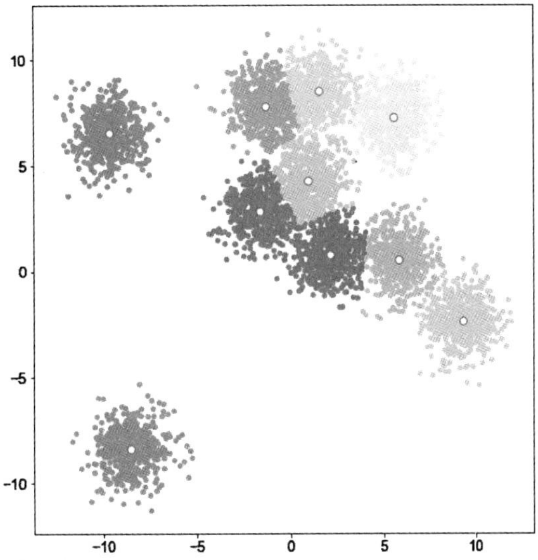

● 图 4.3　KMeans++聚类结果可视化

扫码查看彩图

以上的 KMeans 算法都要求每次迭代时遍历所有数据计算分配中心。但是当数据量非常大时，或者数据是以流式（Streaming）获取时，没有办法应用全部数据计算距离。MiniBatchKMeans 算法解决了这个问题。其主要改变方式是每次迭代更新聚类中心时，只采样一个批次（Batch）数据。然后只利用这部分数据再进行最近中心分配。在更新聚类中心时，则采取流式均值（Streaming Average）更新方式进行迭代。也就是假设对于某个聚类中心 $\boldsymbol{\mu}_j$，在过往的迭代中共有n_j个数据点被分配至其聚类组中，则对于一个新的数据点 $\boldsymbol{x}$，如果它也离该中心最近，则迭代更新表达式为：

$$\boldsymbol{\mu}_j'=\frac{n_j}{n_j+1}\boldsymbol{\mu}_j+\frac{1}{n_j+1}\boldsymbol{x} \tag{4.2}$$

以下为代码实现：

```
centers= data[torch.randint(0, N, (K,))]
all_assign_idx = torch.zeros(N, 1).long()
```

```
total_counts = torch.zeros(K, 1)
B = 256  # 每轮采样数据量
iters = 100
for i in range(iters):
    sample_idx = torch.randint(0, N, (B,))
    batch = data[sample_idx]
    distances = (torch.cdist(batch, centers))* * 2
    assign_idx = distances.argmin(dim=1, keepdims=True)
    # 记录被分配的结果
    all_assign_idx[sample_idx] = assign_idx
    # 计算更新数据加总
    update = torch.zeros(K, D)
    update = torch.scatter_add(update, 0, assign_idx.repeat(1, D), batch)
    # 统计分配各个中心数据点个数
    counts = torch.zeros(K, 1)
    counts = torch.scatter_add(counts, 0, assign_idx, torch.ones(B, 1))
    # streaming average 更新聚类中心
    centers = (total_counts * centers + update) / (total_counts + counts + 1e-10)
```

图 4.4 展示的就是 MiniBatchKMeans 算法的可视化聚类结果，可以看出在大多数情况下，数据点聚类结果还是符合预期的。虽然还存在零星数据点聚类错误（这也是流式算法的缺陷，无法准确收敛），但是在计算过程上更加节省算力。

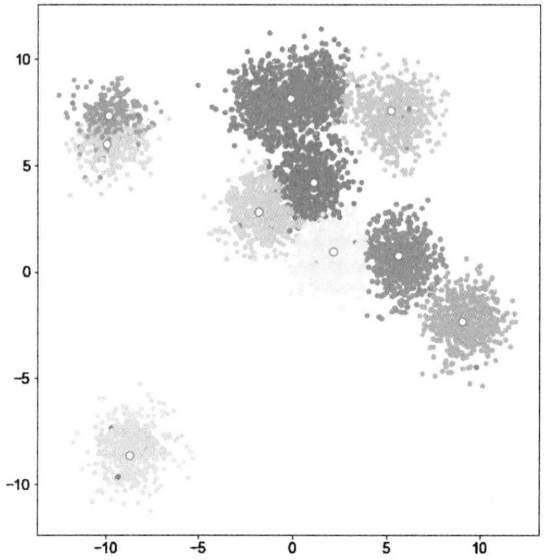

扫码查看彩图

● 图 4.4　MiniBatchKMeans 可视化聚类结果

4.1.2　谱聚类（Spectral Clustering）

本小节将继续介绍另一种重要的聚类方法，即谱聚类。其主要来源于**图论**（Graph Theory）

的研究成果。其核心思想是先对各数据点之间构建某种距离相似度，从而形成相似图（Similarity Graph），然后利用图论中的切图（Graph Cut）方法，将各数据点分割为几组聚类图，各个图之间的相似度总和最小，从而完成聚类。因此为了更好地理解谱聚类算法，需要先介绍图论中的一些基本概念。

首先对于一个图 $G=(V,E)$，其中 $V=\{v_1,\cdots,v_n\}$ 是所有顶点（Vertex）的集合，E 是所有边（Edge）的集合。这里只考虑无向图（Undirected Graph），即两个顶点之间连接的边没有方向性，只代表了二者之间的某种距离或者相似度。每条边有一个权重w_{ij}，用来衡量顶点v_i和v_j之间的相似度。由于无方向性，所以权重是对称的，即$w_{ij}=w_{ji}$。同时这种相似度包含距离的含义，所以也假设其非负，即$w_{ij}\geqslant 0$，同时自身的权重$w_{ii}=0$。这样可以构建相似度矩阵$W\in\mathbb{R}^{n\times n}$，其中$W_{ij}=w_{ij}$，该矩阵为对称矩阵，同时对角线均为 0。

对于图中每个顶点$v_i\in V$，定义该顶点的度（Degree）为：

$$d_i=\sum_{j=1}^{n} w_{ij} \tag{4.3}$$

该值即为顶点与其他所有点之间边权重的加和。同样可以构建顶点的度矩阵 $D\in\mathbb{R}^{n\times n}$，其中 $D_{ii}=d_i$，即只有对角线上元素非负，其余皆为 0。

此时将引入图论中的一个重要概念，图的**拉普拉斯矩阵**（Graph Laplacian Matrix），其基本定义为：

$$L=D-W \tag{4.4}$$

该矩阵有诸多很好的性质，首先是对于任意的向量$f\in\mathbb{R}^n$：

$$\begin{aligned} f^{\mathrm{T}}Lf &= f^{\mathrm{T}}Df-f^{\mathrm{T}}Wf=\sum_{i=1}^{n} d_i f_i^2-\sum_{i,j}^{n} f_i f_j w_{ij} \\ &=\sum_{i=1}^{n}\left(\sum_{j=1}^{n} w_{ij}\right) f_i^2-\sum_{i,j}^{n} f_i f_j w_{ij} \\ &=\frac{1}{2}\sum_{i,j}^{n}\left(w_{ij}f_i^2-2w_{ij}f_i f_j+w_{ij}f_j^2\right) \\ &=\frac{1}{2}\sum_{i,j}^{n} w_{ij}\left(f_i-f_j\right)^2 \end{aligned} \tag{4.5}$$

由此可以进一步得到$f^{\mathrm{T}}Lf\geqslant 0$，即说明图的拉普拉斯矩阵为半正定对称矩阵，其特征值均为实数，且特征值均大于 0。

除了公式 4.4 中的定义之外，还有一种称为规范化的拉普拉斯矩阵（Normalized Graph Laplacian Matrix），其定义为：

$$L_{\text{norm}}=D^{-1/2}LD^{-1/2}=I-D^{-1/2}WD^{-1/2} \tag{4.6}$$

该矩阵相当于对原始拉普拉斯矩阵 L 的每个元素做标准化，变为$L_{ij}/\sqrt{d_i d_j}$。此时对于任意向量$f\in\mathbb{R}^n$。

$$f^{\mathrm{T}}L_{\mathrm{norm}}f=\frac{1}{2}\sum_{i,j}^{n}w_{ij}\left(\frac{f_i}{\sqrt{d_i}}-\frac{f_j}{\sqrt{d_j}}\right)^2 \tag{4.7}$$

那么介绍了上述的拉普拉斯矩阵有什么用处？这主要是为了方便处理切图问题。之前提到过，谱聚类的核心思想是让图中各个顶点分割为多个子图，让每个子图之间的连接边权重尽可能小。为了定量刻画这一概念，引入切图权重。对于任意两个子图节点的集合 A，$B\subset V$。

$$W(A,B)=\sum_{v_i\in A,v_j\in B}w_{ij} \tag{4.8}$$

即对于所有两个子图节点集合之间的边权重进行加和。那么谱聚类的目标就是优化出 k 个聚类子图A_1，…，A_k，使得下式中的目标值最小。

$$\mathrm{cut}(A_1,\cdots,A_k)=\frac{1}{2}\sum_{i=1}^{k}W(A_i,\overline{A}_i) \tag{4.9}$$

其中$\overline{A}_i$称为集合 A 的补充（Complement），即除了A_i中顶点外的所有节点构成的集合，所以谱聚类就是通过划分出以上这样多个聚类集合，使得切图后的边权重和最小。

但是之前考虑最小化公式 4.9 中的目标会导致切图往往产生单独一点为一个聚类，因此需要同时衡量每个切图后的大小，对此产生两种改进方式。第一种称为 RatioCut 切图，其优化目标变为：

$$\mathrm{RatioCut}(A_1,\cdots,A_k)=\frac{1}{2}\sum_{i=1}^{k}\frac{W(A_i,\overline{A}_i)}{|A_i|}=\sum_{i=1}^{k}\frac{\mathrm{cut}(A_i,\overline{A}_i)}{|A_i|} \tag{4.10}$$

其中$|A_i|$为包含在集合A_i中的顶点个数。第二种称为 Normalized Cut（NCut）切图，其优化目标修改为：

$$\mathrm{NCut}(A_1,\cdots,A_k)=\frac{1}{2}\sum_{i=1}^{k}\frac{W(A_i,\overline{A}_i)}{\mathrm{vol}(A_i)}=\sum_{i=1}^{k}\frac{\mathrm{cut}(A_i,\overline{A}_i)}{\mathrm{vol}(A_i)} \tag{4.11}$$

其中 $\mathrm{vol}(A_i)$为集合A_i中所有点度数的加和，即：

$$\mathrm{vol}(A)=\sum_{v_i\in A}d_i \tag{4.12}$$

那么对于 RatioCut 和 NCut 目标函数如何去进行最小化？这里采用了一个技巧，避免了组合尝试。对于 RatioCut 目标函数，引入指示向量（Indicator Vector）$h_j=(h_{1,j},\cdots,h_{n,j})$，其代表了 n 个数据点是否属于第j个聚类的情况。定义如下变量：

$$h_{i,j}=\begin{cases}1/\sqrt{|A_j|} & if\ v_i\in A_j\\ 0 & \text{otherwise}\end{cases} \tag{4.13}$$

其表示如果第 i 个点属于聚类A_j集合，则数值非负且为 $1/\sqrt{|A_j|}$，否则为 0。这样的设置有一个很好的性质，结合之前介绍的图的拉普拉斯矩阵 L 的定义，则有：

$$
\begin{aligned}
h_j^{\mathrm{T}} L h_j &= \frac{1}{2} \sum_{p,q}^{n} w_{pq} (h_{jp} - h_{jq})^2 \\
&= \frac{1}{2}\left(\sum_{p \in A_j, q \notin A_j} w_{pq} \frac{1}{|A_j|} + \sum_{p \notin A_j, q \in A_j} w_{pq} \frac{1}{|A_j|} \right) \\
&= \frac{\operatorname{cut}(A_j, \bar{A}_j)}{|A_j|}
\end{aligned} \tag{4.14}
$$

因此公式 4.10 可以重写为：

$$
\operatorname{RatioCut}(A_1, \cdots, A_k) = \sum_{i=1}^{k} h_i^{\mathrm{T}} L h_i = \sum_{i=1}^{k} (H^{\mathrm{T}} LH)_{ii} = tr(H^{\mathrm{T}} LH) \tag{4.15}
$$

其中 $H \in \mathbb{R}^{n \times k}$ 为所有 k 个指示向量拼成的矩阵，$tr(\cdot)$ 为求矩阵的迹（Trace），即所有对角线上元素的求和。注意到矩阵 H 还满足性质 $H^{\mathrm{T}} H = I$，即任意两列向量均正交。因此寻找 RatioCut 的指示向量，就等价于如下带约束的优化问题：

$$
\min_{H} tr(H^{\mathrm{T}} LH) \text{ s. t. } H^{\mathrm{T}} H = I \tag{4.16}
$$

原来的要求是 H 需要满足公式 4.13 中的定义，但此处可以进行松弛（Relaxation）操作，即放松对 H 的严格要求，只需要满足 $H^{\mathrm{T}} H = I$ 的正交要求即可，这样更便于优化问题。

对于 NCut 目标函数，类似定义指示向量为：

$$
h_{i,j} = \begin{cases} 1/\sqrt{\operatorname{vol}(A_j)} & \text{if } v_i \in A_j \\ 0 & \text{otherwise} \end{cases} \tag{4.17}
$$

则有类似结果 $h_i^{\mathrm{T}} L h_i = \frac{\operatorname{cut}(A_i, \bar{A}_i)}{\operatorname{vol}(A_i)}$。同时公式 4.11 中的 NCut 原始定义则重写为：

$$
\operatorname{NCut}(A_1, \cdots, A_k) = \sum_{i=1}^{k} h_i^{\mathrm{T}} L h_i = tr(H^{\mathrm{T}} LH) \tag{4.18}
$$

只不过此时 H 不再正交，而是满足 $H^{\mathrm{T}} DH = I$ 的性质。为了后续优化方便，这里可以令 $G = D^{1/2} H$，则有 $G^{\mathrm{T}} G = I$，于是 NCut 的优化问题变为：

$$
\min_{G} tr(G^{\mathrm{T}} D^{-1/2} L D^{-1/2} G) \text{ s. t. } G^{\mathrm{T}} G = I \tag{4.19}
$$

注意前面在公式 4.6 中介绍过规范化拉普拉斯矩阵，则 NCut 的优化目标为：

$$
\min_{G} tr(G^{\mathrm{T}} L_{\mathrm{norm}} G) \text{ s. t. } G^{\mathrm{T}} G = I \tag{4.20}
$$

对于如公式 4.16 和公式 4.20 中的优化问题，是一个标准的矩阵迹最小问题，因此可以使用 Rayleigh-Ritz 定理的结论，即选择 H（或 G）为 L（或 L_{norm}）特征值最小的前 k 个特征向量组成的矩阵，可以最小化目标函数。那么在得到 H 的最优解后，如何再转化为聚类结果。以上的算法结果，其实相当于将原始数据从高维空间，映射压缩到 k 维的向量，因此也被称为谱嵌入（Spectral Embedding）。在实际聚类算法时，是利用了优化切图问题而得到 Embedding 向量，再去进行 KMeans 算法聚类。

总结起来，谱聚类算法的流程如下（这里以 NCut 优化目标为例）：

1）构建样本的距离相似度矩阵 W，并计算出度矩阵 D。

2）计算规范化后的拉普拉斯矩阵$L_{\text{norm}}=I-D^{-1/2}WD^{-1/2}$。

3）求解L_{norm}前 k 个最小特征值对应特征向量h_1，…，h_k。

4）所有特征向量拼成的矩阵 $H'\in\mathbb{R}^{n\times k}$每一行视为原始高维数据的 k 维 Spectral Embedding 向量，利用此向量进行 KMeans 聚类，得到 k 个聚类中心，以及每个样本的归属指标，从而完成聚类。

在算法实现过程中，第一步计算相似度矩阵时，往往使用高斯核函数计算，即 $w_{ij}=\exp\left(-\frac{\|x_i-x_j\|^2}{2\sigma^2}\right)$。计算方式也有多种，可以是全连接计算，就是所有点互相之间均计算相似度。但这样会造成相似度矩阵稠密。实际上选择 K 邻近算法，就是只计算每个点最近的 K 个点之间相似度，其余设为 0。

以下为计算相似度矩阵 W 的代码实现：

```
def calc_similarity(data, gamma, neighbors):
    distances = torch.cdist(data, data)* * 2
    similarity = torch.exp(-gamma *  distances)
    # 对角线元素 w_ii 置为 0
    similarity[range(len(data)), range(len(data))] = 0
    # 选取最邻近的邻居节点
    _, index = similarity.topk(neighbors, dim=1)
    mask = torch.zeros_like(similarity)
    mask = torch.scatter(mask, 1, index, 1)
    # 其余节点相似度置为 0
    similarity = similarity *  mask
    return similarity
```

接下来便是计算L_{norm}。

```
def calc_normalized_laplacian(similarity):
    degree = similarity.sum(dim=1)
    # L = D - W
    laplacian = degree.diag() - similarity
    inv_degree = degree * *  (-0.5)
    # L_norm = D^{-1/2}LD^{-1/2}
    normalized_laplacian = (inv_degree.diag()).mm(laplacian).mm(inv_degree.diag())
    return normalized_laplacian
```

然后是根据 NCut 优化问题最优解得到 Spectral Embedding。

```
def get_spectral_embedding(normalized_laplacian, K):
    # 获取 L_norm 的特征值及特征向量
    eigvalues, eigvectors = torch.linalg.eig(normalized_laplacian)
    # 选取特征值最小的前 K 个对应向量
```

```
    _, index = eigvalues.real.topk(K, largest=False)
    embedding = eigvectors.real[:, index]
    # 按照行归一化得到 embedding
    embedding = embedding / (embedding.norm(dim=1, keepdim=True) + 1e-10)
    return embedding
```

以下便是完整的谱聚类算法过程，其中 kmeans 函数封装实现了 4.1.1 小节中介绍的 KMeans 算法。

```
N= 1500
K = 3
gamma = 0.5
neighbors = 10

# 生成数据点,将正态分布点进行倾斜放缩变换
X, y = datasets.make_blobs(n_samples=N, random_state=170)
transformation = [[0.6, 0.6], [-0.4, -0.8]]
data = np.dot(X, transformation)

# 获取 spectral embedding
data = torch.from_numpy(data).float()
similarity = calc_similarity(data, gamma, neighbors)
symmetric_laplacian = calc_symmetric_laplacian(similarity)
embedding = get_spectral_embedding(symmetric_laplacian, K)

# 利用 KMeans 对 embedding 聚类
centers, assign_idx = kmeans(embedding, N, K)
```

图 4.5 展示的即为 KMeans 聚类结果和谱聚类结果的对比情况。可以看出在面对数据分布非标准正态情况下，谱聚类通过 Spectral Embedding 之后，可以更好地进行聚类分组。

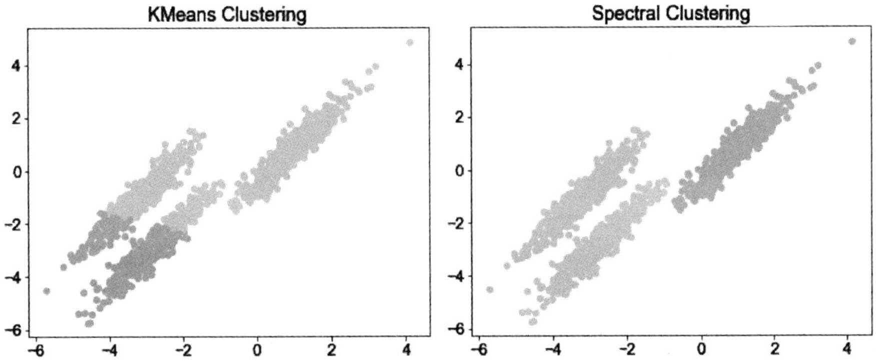

扫码查看彩图

● 图 4.5　KMeans 聚类结果和 Spectral Clustering 谱聚类结果的对比情况

4.1.3 聚合聚类（Agglomerative Clustering）

这一小节将介绍另一种聚类算法。前面所介绍的聚类方式，大多是先确定聚类中心，然后将各个数据点进行归属分配，是一种从上而下的解决方法。而本小节将要介绍的聚合聚类则是一种从下而上的聚类方法。其核心思想是迭代地寻找数据中距离最近的数据点，聚合为一个聚类团。两个点相当于融合在一起，构成一个新的点，再进行迭代。从而构建起一个从下到上的聚合过程。

具体来说，聚合聚类的算法过程可以如图 4.6 所示。首先每个点就是一个聚类，然后在其中寻找到距离最近的两个聚类，并聚合在一起形成一个新的聚类点。之后反复寻找最短的两个聚类进行逐次融合。每个过程下面也展示出聚类过程的层次化结构，所以聚合聚类也被称为层次化聚类（Hierarchical Clustering）。

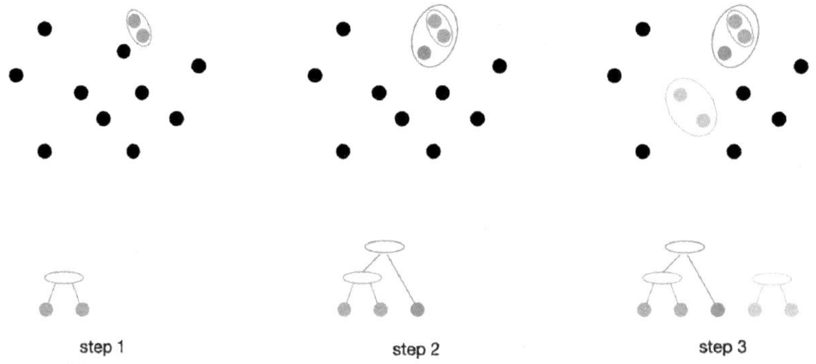

扫码查看彩图

● 图 4.6　聚合聚类过程示意图

在上面的聚类过程中，对于如何衡量两个聚类簇的“聚类”是不同聚类方法的区别。这里的聚类需要考虑两个点集之间的相似度。这里 U，V 为两个聚类点集，$|U|$，$|V|$ 分别代表点集内包含点的个数，S，T 为聚合为 U 的两个子集。以下列举几种刻画聚类点集距离的方法：

- Single：

$$d(U,V)=\min_{u\in U,v\in V} dist(u,v)$$

- Complete：

$$d(U,V)=\max_{u\in U,v\in V} dist(u,v)$$

- Average：

$$d(U,V)=\frac{1}{|U|\times|V|}\sum_{u\in U,v\in V} dist(u,v)$$

- Ward：

$$d(U,V)=\sqrt{\frac{|S|+|V|}{W}d(S,V)^2+\frac{|T|+|V|}{W}d(T,V)^2-\frac{|V|}{W}d(S,T)^2}$$

其中 *dist* 表示两点之间的距离，常使用欧式距离，即l_2-范数；Ward 算法中 $W=|S|+|T|+|V|$。可以看出前 3 种聚类计算方式是考虑两个聚类簇内每个点之间的距离，而 Ward 算法则是考虑融合过程中，新融合的聚类与其他点或者聚类的距离，由其所构成的子类距离所决定，类似一种迭代递归的思路。

以下是代码实现，这里主要实现 Ward 算法，而且为了减少距离的重复计算，将每个聚类之间的距离用字典保存，在之后的计算过程中，按照键值索引，键值为（i,j）代表第 i 个聚类簇和第 j 个聚类簇。首先初始化状态：

```
from itertools import combinations

# 生成数据
N = 1000
X, y = datasets.make_blobs(
    n_samples=N, cluster_std=[1.0, 2, 0.5], random_state=0
)

dist_dict = {}  # 记录每个聚类簇之间的距离
size_dict = {}  # 记录每个聚类簇包含点的个数

# 初始状态。
for i in range(len(X)):
    size_dict[i] = 1

for i, j in combinations(range(len(X)), 2):
    dist_dict[make_tuple(i, j)] = np.sqrt(((X[i]-X[j])* * 2).sum())
```

然后计算 Ward 距离函数。

```
def make_tuple(a, b):
    # 始终保证 a<=b
    return (min(a, b), max(a, b))

def ward_dist(dist_dict, size_dict, s, t, v):
    s_v = make_tuple(s, v)
    t_v = make_tuple(t, v)
    s_t = make_tuple(s, t)

    dist_sv = dist_dict[s_v]
    dist_tv = dist_dict[t_v]
    dist_st = dist_dict[s_t]
```

```
    size_s = size_dict[s]
    size_t = size_dict[t]
    size_v = size_dict[v]

    total_size = size_s + size_t + size_v
    return np.sqrt((size_s + size_v)/total_size * dist_sv* * 2 + \
                (size_t + size_v)/total_size * dist_tv* * 2 - \
                size_v/total_size * dist_st* * 2)
```

然后便是迭代聚类算法。预先设定待聚类个数 K，由于每次迭代必然减少一个数据点，所以当迭代 N-K 步后，就保留下了 K 个聚类簇，完成迭代。这里 output 是记录下每一次聚合过程，每一行格式为［i，j，dist，size］，代表着第 i 个和第 j 个聚类簇之间的距离为 dist，是当前所有距离中最短的，融合后的聚类簇包含 size 个点。这个矩阵也被称为联系矩阵（Linkage），可以用来后续构建层次化树状图。

```
K= 3
output = []
merged_index = []  # 已经被融合过的数据点 index
clusters = {}  # 记录原始数据点分别属于哪些聚类
for i in range(len(X)):
    clusters[i] = [i]

for i in tqdm.tqdm(range(len(X)-1)):
    # 寻找当前所有距离中最近的两个聚类簇
    key, dist = min(dist_dict.items(), key=lambda x:x[1])
    # 新融合聚类点个数
    new_size = size_dict[key[0]] + size_dict[key[1]]
    output.append([key[0], key[1], dist, new_size])

    # 新融合聚类簇的标号
    new_index = i + len(X)
    size_dict[new_index] = new_size

    if len(clusters) > K:
        # 更新原始数据点属于哪些聚类
        clusters[new_index] = clusters[key[0]] + clusters[key[1]]
        clusters.pop(key[0])
        clusters.pop(key[1])

    # 已聚合的原始数据点 index
    merged_index.append(key[0])
    merged_index.append(key[1])
    for j in range(len(X)+i):
        # 计算新的聚类簇到剩余尚未被聚合点之间的距离
```

```
        if j not in merged_index:
            d = ward_dist(dist_dict, size_dict, key[0], key[1], j)
            dist_dict[(j, new_index)] = d

    # 将已聚合的聚类簇标号排除,不再参与后续距离比较
    pop_keys = []
    for k in dist_dict.keys():
        if key[0] in k or key[1] in k:
            pop_keys.append(k)

    for k in pop_keys:
        dist_dict.pop(k)
```

图 4.7 展示的即为聚合聚类结果与原始数据点分类的对比。可以看出聚合聚类会按照数据点距离进行融合聚类。同时也可以展示出聚类过程中的层次化过程。图 4.8 展示的即为此过程，被称为树状图（Dendrogram），表示聚类过程中哪些聚类簇先后被融合在一起。为了展示方便，横轴表示最后 20 个聚类簇，其中数字代表当时聚类簇内数据点的个数。纵轴从上到下，最顶点为最终所有点聚合在一起，其两个子节点代表融合时由这两个分支融合而成，分支线长度代表当时两个子聚类簇之间的距离。树状图有时可以帮助分析一些如词语、物种、基因等继承衍生渊源关系。

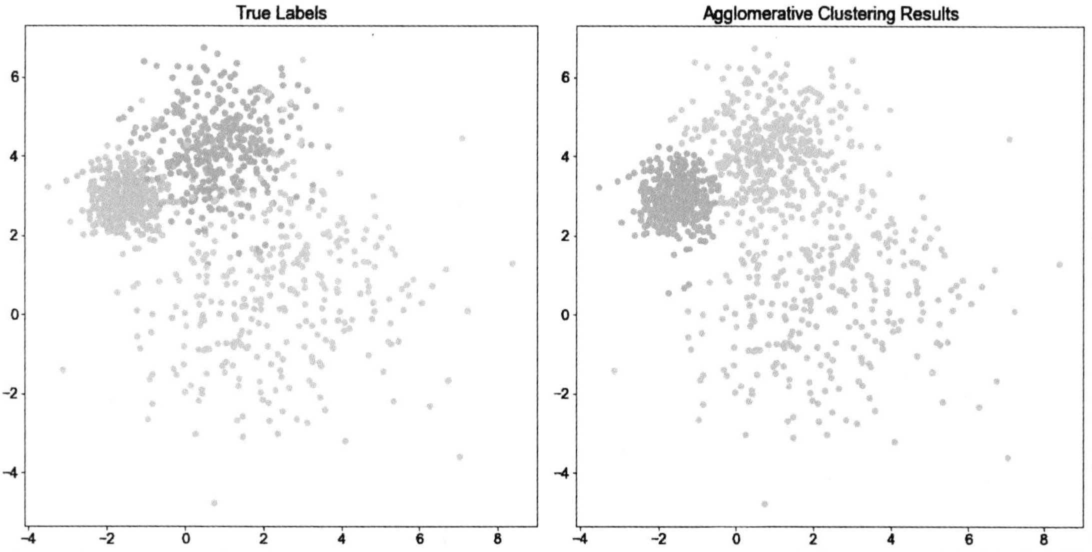

● 图 4.7　聚合聚类结果与原始数据点分类的对比

扫码查看彩图

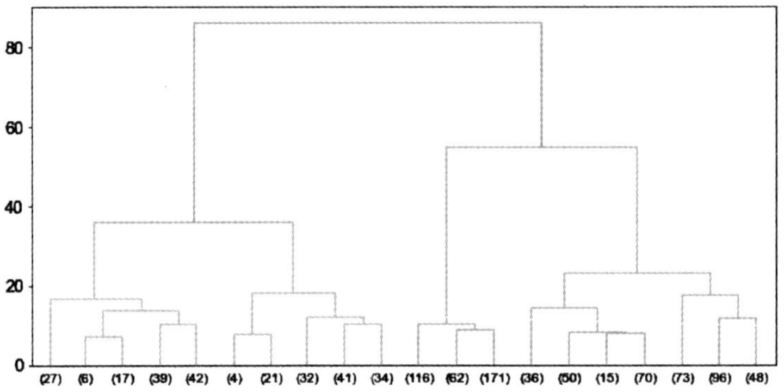

● 图 4.8　层次化聚类过程

4.2 密度估计（Density Estimation）

在 4.1 节介绍了多种聚类方法。但是聚类方法最终给出的结果往往只是每个数据点最终归类于某一个聚类群体。因此这种归类方法过于“硬性”，属于非此即彼的归属分类。有些情况下，模型给出一个数据点属于各个聚类的可能性或者概率会更加合适。这就需要利用训练数据对整体的数据分布进行估计，这类问题也被称为密度估计（Density Estimation）。这种问题转变的角度也是类似从“分类”（Classification）到“生成”（Generation）的变化。原来的聚类算法可能更关注当前数据聚类情况，而从密度估计开始，则认为数据实际是从一个隐含的分布中采样生成的。估计出参数后，不仅可以对现有的数据进行聚类分配，还可以从中生成并推广出没有出现过的样本，因此其应用前景更广泛。本节将介绍最常见的密度估计方法——高斯混合模型（Gaussian Mixture Model，GMM），以及在此求解过程中用到的期望最大法（Expectation-Maximization，EM）。

4.2.1 高斯混合模型（Gaussian Mixture Model）

GMM 模型假设数据点的分布是由多个多元高斯分布（Multivariate Gaussian Distribution）按照不同的概率加权构成的。这里先介绍多元高斯分布的概率密度函数（Probability Density Function，PDF）。对于多维数据 $\boldsymbol{x}\in\mathbb{R}^d$，多元高斯分布的 PDF 为：

$$\phi(\boldsymbol{x}|\boldsymbol{\mu},\boldsymbol{\Sigma})=\frac{1}{(2\pi)^{\frac{d}{2}}|\boldsymbol{\Sigma}|^{\frac{1}{2}}}\exp\left(-\frac{(\boldsymbol{x}-\boldsymbol{\mu})^{\mathrm{T}}\boldsymbol{\Sigma}^{-1}(\boldsymbol{x}-\boldsymbol{\mu})}{2}\right) \tag{4.21}$$

其中 $\boldsymbol{\mu}$ 和 $\boldsymbol{\Sigma}$ 为均值（Mean）向量和协方差（Covariance）矩阵。这里为了后续计算需要，介绍一下该分布对于均值和协方差求导的结果。

$$\frac{\partial\phi}{\partial\boldsymbol{\mu}}=\phi\cdot\frac{\partial}{\partial\boldsymbol{\mu}}\left(-\frac{(\boldsymbol{x}-\boldsymbol{\mu})^{\mathrm{T}}\boldsymbol{\Sigma}^{-1}(\boldsymbol{x}-\boldsymbol{\mu})}{2}\right)\\=\phi\cdot\boldsymbol{\Sigma}^{-1}(\boldsymbol{x}-\boldsymbol{\mu})\tag{4.22}$$

$$\frac{\partial\phi}{\partial\boldsymbol{\Sigma}}=\phi\cdot\frac{\partial\log\phi}{\partial\Sigma}\\=\phi\cdot\frac{\partial}{\partial\Sigma}\left(-\frac{1}{2}\log|\boldsymbol{\Sigma}|-\frac{(\boldsymbol{x}-\boldsymbol{\mu})^{\mathrm{T}}\boldsymbol{\Sigma}^{-1}(\boldsymbol{x}-\boldsymbol{\mu})}{2}\right)\\=-\frac{1}{2}\phi\cdot(\boldsymbol{\Sigma}^{-1}-(\boldsymbol{x}-\boldsymbol{\mu})(\boldsymbol{x}-\boldsymbol{\mu})^{\mathrm{T}}\boldsymbol{\Sigma}^{-2})\tag{4.23}$$

而在 GMM 模型中，则考虑包含了 K 个不同的多元高斯分布，每组均有不同的参数 $\{\boldsymbol{\mu}_i,\boldsymbol{\Sigma}_i\}_{i=1,\cdots,K}$，同时还存在一个混合概率 $\boldsymbol{\alpha}=\{\alpha_1,\cdots,\alpha_K\}$，表示在整体分布中各个多元高斯分布所占比例，其满足归一化性质，即 $\sum_{i=1}^{K}\alpha_i=1$。所以对于某个数据点 $\boldsymbol{x}$，其在 GMM 刻画的分布中的概率密度函数为：

$$p(\boldsymbol{x}\mid\boldsymbol{\Theta})=\sum_{i=1}^{K}\alpha_i\phi(\boldsymbol{x}\mid\boldsymbol{\mu}_i,\boldsymbol{\Sigma}_i)\tag{4.24}$$

其中 $\boldsymbol{\Theta}=\{\alpha_i,\boldsymbol{\mu}_i,\boldsymbol{\Sigma}_i\}_{i=1,\cdots,K}$ 为所有参数。那么关键的问题便是针对给定数据集 $\boldsymbol{X}=\{\boldsymbol{x}_1,\cdots,\boldsymbol{x}_N\}$，如何拟合估计出这些参数。这里采取最大似然估计策略，即求出参数使得如下目标最大（这里选取对数似然函数，可以方便地将连乘转换为连加）。

$$\max_{\boldsymbol{\Theta}}\log(L(\boldsymbol{\Theta}))=\sum_{i=1}^{N}\log p(\boldsymbol{x}_i\mid\boldsymbol{\Theta})\\=\sum_{i=1}^{N}\log\left(\sum_{j=1}^{K}\alpha_j\phi(\boldsymbol{x}_i\mid\boldsymbol{\mu}_j,\boldsymbol{\Sigma}_j)\right)\tag{4.25}$$

那么按照优化思路，应该建立目标函数，然后求出最优条件，即可得到估计值。对于 $\boldsymbol{\mu}_i$ 和 $\boldsymbol{\Sigma}_i$ 是无约束参数，可以对其求导，导数为 0 即为最优条件。首先对 $\boldsymbol{\mu}_i$ 求导，并带入公式 4.22 的结果。

$$\frac{\partial L}{\partial\boldsymbol{\mu}_j}=\sum_{i=1}^{N}\frac{\partial}{\partial\boldsymbol{\mu}_j}\log\left(\sum_{j=1}^{K}\alpha_j\phi(\boldsymbol{x}_i\mid\boldsymbol{\mu}_j,\boldsymbol{\Sigma}_j)\right)\\=\sum_{i=1}^{N}\frac{\alpha_j}{\sum_k\alpha_k\phi(\boldsymbol{x}_i\mid\boldsymbol{\mu}_k,\boldsymbol{\Sigma}_k)}\frac{\partial}{\partial\boldsymbol{\mu}_j}(\phi(\boldsymbol{x}_i\mid\boldsymbol{\mu}_j,\boldsymbol{\Sigma}_j))\\=\sum_{i=1}^{N}\frac{\alpha_j\phi(\boldsymbol{x}_i\mid\boldsymbol{\mu}_j,\boldsymbol{\Sigma}_j)}{\sum_k\alpha_k\phi(\boldsymbol{x}_i\mid\boldsymbol{\mu}_k,\boldsymbol{\Sigma}_k)}(\boldsymbol{\Sigma}_j^{-1}(\boldsymbol{x}_i-\boldsymbol{\mu}_j))\\:=\sum_{i=1}^{N}\gamma_{ij}\boldsymbol{\Sigma}_j^{-1}(\boldsymbol{x}_i-\boldsymbol{\mu}_j)\tag{4.26}$$

这里出现了一个困难，即我们定义的γ_{ij}中包含了所有的待优化参数，无法求出解析式表示最优条件。如果仔细分析γ_{ij}，可以发现其值相当于是计算在给定的参数$\boldsymbol{\Theta}$条件下，数据点$\boldsymbol{x}_i$属于其中第j个多元高斯分布的概率。此处可以类比 KMeans 算法中，计算出每一个点被分配于哪一个聚类中心。在 GMM 中这样的分配变成了概率形式。而且假设这种分配的概率是已知的，那么公式 4.26 中将导数置为 0，可以方便地求出最优$\boldsymbol{\mu}_j$的解析表达式。因此此处也采取类似 KMeans 的做法，进行分步求解。在假定γ_{ij}已知的情况下，则令公式 4.26 为 0，得到最优值：

$$\boldsymbol{\mu}_j^* = \frac{\sum_{i=1}^{N}\gamma_{ij}\boldsymbol{x}_i}{\sum_{i=1}^{N}\gamma_{ij}} \tag{4.27}$$

同理令目标函数对$\boldsymbol{\Sigma}_j$求导得到：

$$\begin{aligned}
\frac{\partial L}{\partial \boldsymbol{\Sigma}_j} &= \sum_{i=1}^{N} \frac{\partial}{\partial \boldsymbol{\Sigma}_j}\log\left(\sum_{j=1}^{K}\alpha_j\phi(\boldsymbol{x}_i \mid \boldsymbol{\mu}_j,\boldsymbol{\Sigma}_j)\right) \\
&= \sum_{i=1}^{N} \frac{\alpha_j}{\sum_k \alpha_k\phi(\boldsymbol{x}_i \mid \boldsymbol{\mu}_k,\boldsymbol{\Sigma}_k)}\frac{\partial}{\partial \boldsymbol{\Sigma}_j}(\phi(\boldsymbol{x}_i \mid \boldsymbol{\mu}_j,\boldsymbol{\Sigma}_j)) \\
&= -\frac{1}{2}\sum_{i=1}^{N} \frac{\alpha_j\phi(\boldsymbol{x}_i \mid \boldsymbol{\mu}_j,\boldsymbol{\Sigma}_j)}{\sum_k \alpha_k\phi(\boldsymbol{x}_i \mid \boldsymbol{\mu}_k,\boldsymbol{\Sigma}_k)}(\boldsymbol{\Sigma}_j^{-1} - (\boldsymbol{x}_i-\boldsymbol{\mu}_j)(\boldsymbol{x}_i-\boldsymbol{\mu}_j)^{\mathrm{T}}\boldsymbol{\Sigma}_j^{-2}) \\
&:= -\frac{1}{2}\sum_{i=1}^{N} \gamma_{ij}(\boldsymbol{\Sigma}_j^{-1} - (\boldsymbol{x}_i-\boldsymbol{\mu}_j)(\boldsymbol{x}_i-\boldsymbol{\mu}_j)^{\mathrm{T}}\boldsymbol{\Sigma}_j^{-2})
\end{aligned} \tag{4.28}$$

同样假设γ_{ij}已知，则最优表达式为：

$$\boldsymbol{\Sigma}_j^* = \frac{\sum_{i=1}^{N}\gamma_{ij}(\boldsymbol{x}_i-\boldsymbol{\mu}_j)(\boldsymbol{x}_i-\boldsymbol{\mu}_j)^{\mathrm{T}}}{\sum_{i=1}^{N}\gamma_{ij}} \tag{4.29}$$

最后是对于 GMM 中混合概率α的求解。由于其有归一化约束，所以根据 KKT 条件，对 Lagrange函数求导：

$$\begin{aligned}
\frac{\partial L}{\partial \alpha_j} &= \frac{\partial}{\partial \alpha_j}\left(L(\boldsymbol{\Theta}) + \lambda\left(\sum_{k=1}^{K}\alpha_k - 1\right)\right) \\
&= \sum_{i=1}^{N} \frac{\phi(\boldsymbol{x}_i \mid \boldsymbol{\mu}_j,\boldsymbol{\Sigma}_j)}{\sum_k \alpha_k\phi(\boldsymbol{x}_i \mid \boldsymbol{\mu}_k,\boldsymbol{\Sigma}_k)} + \lambda \\
&= \sum_{i=1}^{N} \frac{\gamma_{ij}}{\alpha_j} + \lambda
\end{aligned} \tag{4.30}$$

因此在γ_{ij}为已知的情况下，最优解为$\alpha_j^* = -\sum_i^N\gamma_{ij}/\lambda$，又由于归一化条件$\sum_{k=1}^{K}\alpha_k = 1$，则可知：

$$\alpha_j^* = \frac{\sum_{i=1}^{N}\gamma_{ij}}{\sum_{k=1}^{K}\sum_{i=1}^{N}\gamma_{ik}} \tag{4.31}$$

以上的推导都建立在γ_{ij}已知的情况下，那么γ_{ij}又该如何求解？其实它类似 KMeans 的问题，即如何在聚类中心未知的情况下，确定每个数据点应归属于哪个聚类中心。可以看出这个问题本身是存在逻辑循环和依赖的，二者之间相互影响，没有办法获得精确解。因此采取两步交替迭代求解的方法，即首先根据已有的参数$\boldsymbol{\Theta}_t$，确定γ_{ij}为：

$$\gamma_{ij}^t = \frac{\alpha_j^t \phi(\boldsymbol{x}_i | \boldsymbol{\mu}_j^t, \boldsymbol{\Sigma}_j^t)}{\sum_k \alpha_k^t \phi(\boldsymbol{x}_i | \boldsymbol{\mu}_k^t, \boldsymbol{\Sigma}_k^t)} \tag{4.32}$$

然后在固定γ_{ij}^t的情况下，求解最优参数$\boldsymbol{\Theta}_{t+1}$：

$$\boldsymbol{\mu}_j^{t+1} = \frac{\sum_{i=1}^N \gamma_{ij}^t \boldsymbol{x}_i}{\sum_{i=1}^N \gamma_{ij}^t}$$

$$\boldsymbol{\Sigma}_j^{t+1} = \frac{\sum_{i=1}^N \gamma_{ij}^t (\boldsymbol{x}_i - \boldsymbol{\mu}_j^{t+1})(\boldsymbol{x}_i - \boldsymbol{\mu}_j^{t+1})^{\mathrm{T}}}{\sum_{i=1}^N \gamma_{ij}^t}$$

$$\alpha_j^{t+1} = \frac{\sum_{i=1}^N \gamma_{ij}^t}{\sum_{k=1}^K \sum_{i=1}^N \gamma_{ik}^t} \tag{4.33}$$

以下为代码实现。首先实现公式 4.33 利用数据估计 GMM 参数的过程。

```
def estimate_gaussian_parameters(data, gamma):
    N = len(data)
    alpha = gamma.sum(dim=0) / N
    means = torch.mm(gamma.T, data) / gamma.sum(dim=0).unsqueeze(1)
    diffs = data.unsqueeze(1) - means.unsqueeze(0)  # (N, K, D)
    covs = torch.einsum('nkdj,nkjt->nkdt', diffs.unsqueeze(3), diffs.unsqueeze(2))  # 
(N, K, D, D)
    covs = (covs * gamma[:, :, None, None]).sum(dim=0) / gamma.sum(dim=0)[:, None, None]
    return alpha, means, covs
```

alpha 和 means 的求解实现比较简单，稍微复杂的是对于协方差 covs 的求解。这里利用了 torch.einsum 这个函数操作，即爱因斯坦求和（Einstein Summation）符号⊖。主要是计算每个数据点，对于每个聚类中心之间的$(\boldsymbol{x}_i - \boldsymbol{\mu}_j)(\boldsymbol{x}_i - \boldsymbol{\mu}_j)^{\mathrm{T}}$计算结果。最后根据$\gamma_{ij}$进行加权求和。

接下来是实现公式 4.32 中求解γ_{ij}的过程。为了计算方便，求 $\log \gamma_{ij}$。在之后的过程中，再进行 exp（log_gamma）变换得到实际值。

```
def estimate_log_gamma(data, alpha, means, covs):
    weighted_log_prob = torch.log(alpha) + estimate_log_gaussian_prob(data, means, covs)
    norm = torch.logsumexp(weighted_log_prob, dim=1)
    log_gamma = weighted_log_prob - norm.unsqueeze(1)
    return log_gamma
```

⊖ https：//pytorch.org/docs/stable/generated/torch.einsum.html

可以看到，当计算 $\log\gamma_{ij}$时，公式 4.32 里的乘除法变为加减法。而且利用了 torch.logsumexp 函数来计算 log(sum(exp(*)))操作，相比于直接实现会有更好的数值稳定性。

在计算 $\log\gamma_{ij}$时，引入了 estimate_log_gaussian_prob 函数，即 $\log\phi(\boldsymbol{x}|\boldsymbol{\mu},\boldsymbol{\Sigma})$。下面是具体实现：

```
def estimate_log_gaussian_prob(data, means, covs):
    N, D = data.shape
    covs_chol = torch.linalg.cholesky(covs)
    precision_col = torch.inverse(covs_chol).permute(0, 2, 1)
    log_det = torch.logdet(precision_col)
    diffs = data[:, None, :] - means[None, :, :]
    log_prob = torch.einsum('nkd,kdj->nkj', diffs,  precision_col)
    log_prob = (log_prob * *  2).sum(dim=2)
    return -0.5 *  (D *  torch.log(2 *  torch.Tensor([torch.pi])) + log_prob) + log_det
```

在计算时为了方便和数值稳定，这里先去求解 $\boldsymbol{\Sigma}$ 的 Cholesky 分解（Cholesky Decomposition），即求下三角矩阵 L，使得 $\boldsymbol{L}\boldsymbol{L}^{\mathrm{T}}=\boldsymbol{\Sigma}$，那么此时会有两个好处，第一是求 $\log(|\boldsymbol{\Sigma}|^{-1/2})=\log(|\boldsymbol{L}^{-1}|)=\log(tr(\boldsymbol{L}^{-1}))$。第二个是：

$$\begin{aligned}(\boldsymbol{x}-\boldsymbol{\mu})^{\mathrm{T}}\boldsymbol{\Sigma}^{-1}(\boldsymbol{x}-\boldsymbol{\mu})&=(\boldsymbol{x}-\boldsymbol{\mu})^{\mathrm{T}}(\boldsymbol{L}\boldsymbol{L}^{\mathrm{T}})^{-1}(\boldsymbol{x}-\boldsymbol{\mu})\\&=(\boldsymbol{L}^{-1}(\boldsymbol{x}-\boldsymbol{\mu}))^{\mathrm{T}}(\boldsymbol{L}^{-1}(\boldsymbol{x}-\boldsymbol{\mu}))\end{aligned}\tag{4.34}$$

因此这时的计算就变成一个向量与自己的转置相乘，相当于逐元素求平方即可。最后便是整体的算法求解：

```
# data 为事先随机生成数据
N = len(data)
K = 4  # 聚类个数
# 随机初始化 gamma
gamma = torch.rand(N, K)
gamma = gamma / gamma.sum(dim=1, keepdim=True)

TOL = 1e-3
alpha, means, covs = estimate_gaussian_parameters(data, gamma)
for i in range(500):
    log_gamma = estimate_log_gamma(data, alpha, means, covs)
    gamma = torch.exp(log_gamma)
    _alpha, _means, _covs = estimate_gaussian_parameters(data, gamma)

    # 如果参数改变量小于 TOL,则停止迭代
    if torch.allclose(alpha, _alpha, TOL) and torch.allclose(means, _means, TOL) and
torch.allclose(covs, _covs, TOL):
        print('finish @  iter %d' % i)
        break
```

```
    alpha, means, covs = _alpha, _means, _covs

# 获取每个数据点的聚类分配结果,取概率最大的分类
assign_idx = gamma.argmax(dim=1)
```

图 4.9 展示的即为 GMM 训练后的结果。其中的等高线表示 GMM 模型估计的 Negative Log Likelihood 值，不同颜色代表值大小不同，越小代表越接近于中心。红色点代表估计的每个多元高斯分布的均值。每一个聚类集团也标注为同一个颜色。可以看出 GMM 很好地将数据进行了聚类，同时也估计出了整体分布各处的概率。

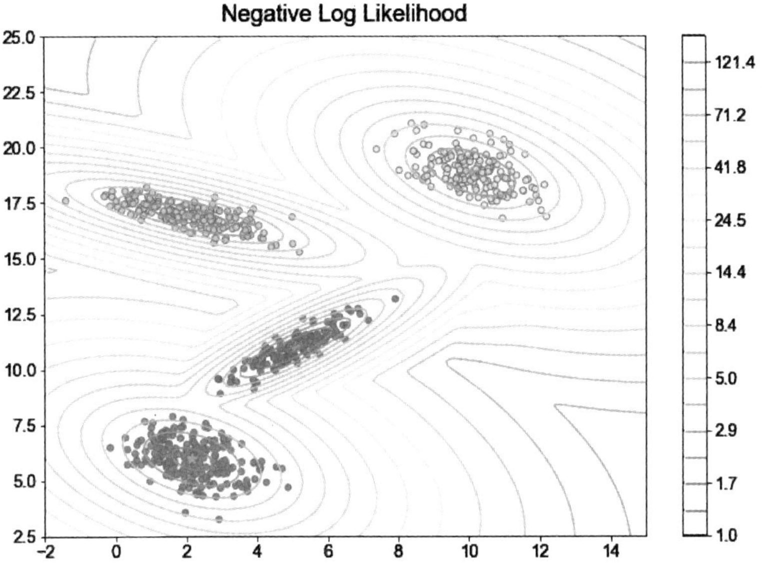

扫码查看彩图

● 图 4.9　GMM 拟合后的分布可视化图

4.2.2 期望最大化算法（Expectation Maximization，EM）

在上一小节中介绍了交替求解 GMM 参数的方法。对于这两步交替方法，也被称为期望最大化算法。其中公式 4.32 中的过程被称为 E-step，即是求期望的步骤；公式 4.33 中的过程被称为 M-step，即最大化步骤。那么为什么这样称呼这两个步骤，这种交替求解法又有什么更深层次的合理性？

需要换一个视角重新看待 GMM。这里需要引入**隐变量**（Latent Variable）概念。首先需要假设已经有一组多元高斯分布共同组成一个混合分布，然后观察到的变量（Observed Variable）是从这个分布中采样得到的。采样的过程是先根据隐变量 z 来决定属于哪一个多元高斯分布，再根

据此多元高斯分布自己的参数从中采样。隐变量 $\boldsymbol{z}=[0,1,\cdots,0]^{\mathrm{T}}\in\mathbb{R}^K$，其中第 j 个位置处为 1，其余均为 0，代表是从第 j 个聚类中采样得到，因此也被称为指示变量（Indicator Variable）。那么此时数据 $\boldsymbol{x}$ 和隐变量 $\boldsymbol{z}$ 的联合分布（Joint Distribution）为：

$$p(\boldsymbol{x},\boldsymbol{z})=\prod_{j=1}^{K}\boldsymbol{\alpha}_j^{z_j}\boldsymbol{\phi}(\boldsymbol{x}\mid\boldsymbol{\mu}_j,\boldsymbol{\Sigma}_j)^{z_j} \tag{4.35}$$

此时求解数据本身的分布则变为求边缘分布（Marginal Distribution）：

$$p(\boldsymbol{x})=\sum_{z}p(\boldsymbol{x},\boldsymbol{z}) \tag{4.36}$$

因此求解最大化数据的对数似然函数变成了：

$$\log p(D\mid\boldsymbol{\Theta})=\sum_{i=1}^{N}\log\left(\sum_{z_i}p(\boldsymbol{x}_i,\boldsymbol{z}_i)\right) \tag{4.37}$$

此时由于 $\boldsymbol{z}$ 是隐变量，里面的求和相当于要遍历所有的组合可能，这会导致指数级的复杂度，因此使求解这一分布变得困难。此时就需要引入一种近似逼近的思路，引入 $\boldsymbol{z}$ 的某一分布 $q(\boldsymbol{z})$，则有：

$$\begin{aligned}\log p(D\mid\boldsymbol{\Theta})&=\sum_{i=1}^{N}\log\left(\sum_{z_i}q(\boldsymbol{z}_i)\frac{p(\boldsymbol{x}_i,\boldsymbol{z}_i)}{q(\boldsymbol{z}_i)}\right)\\&\geqslant\sum_{i=1}^{N}q(\boldsymbol{z}_i)\left(\sum_{z_i}\log\frac{p(\boldsymbol{x}_i,\boldsymbol{z}_i)}{q(\boldsymbol{z}_i)}\right)\\&=\sum_{i=1}^{N}\sum_{z_i}q(\boldsymbol{z}_i)\log\frac{p(\boldsymbol{x}_i,\boldsymbol{z}_i)}{q(\boldsymbol{z}_i)}=L(\boldsymbol{\Theta},q(\boldsymbol{Z}))\end{aligned} \tag{4.38}$$

其中在第二个不等式处使用了 **Jensen 不等式**，由于 log 函数为凸函数，因此具有性质：

$$\log(\mathbb{E}_{p(x)}[x])\geqslant\mathbb{E}_{p(x)}[\log(x)] \tag{4.39}$$

同时将 $L(\boldsymbol{\Theta},q(\boldsymbol{Z}))$ 称为 Evidence Lower Bound（ELBO），它是估计数据的似然函数的下界。因此原始的最大似然问题转化为最大化下界 $L(\boldsymbol{\Theta},q(\boldsymbol{Z}))$。那么针对其中包含的两组参数，如何去优化呢？首先看 $q(\boldsymbol{Z})$，这里其实是一个函数，需要寻找到一个最优的分布，使得下界逼近 $\log p(D)$，那么回想一下在刚才不等式推导过程中，如何才能取到等号呢？根据 Jensen 不等式性质可知，只有当 $x=\mathbb{E}[x]$ 时才能取到，即说明为常数值。这就要求最优的 $q(\boldsymbol{Z})$ 需要满足：

$$\frac{p(\boldsymbol{x}_i,\boldsymbol{z}_i)}{q(\boldsymbol{z}_i)}=C \tag{4.40}$$

再根据 $\sum_{z_i}q(\boldsymbol{z}_i)=1$ 的归一化性质，可得到：

$$q^*(\boldsymbol{z}_i)=\frac{p(\boldsymbol{x}_i,\boldsymbol{z}_i)}{\sum_{z_i}p(\boldsymbol{x}_i,\boldsymbol{z}_i)}=\frac{p(\boldsymbol{x}_i,\boldsymbol{z}_i)}{p(\boldsymbol{x}_i)}=p(\boldsymbol{z}_i\mid\boldsymbol{x}_i) \tag{4.41}$$

因此最优的 $q^*(\boldsymbol{z}_i)$ 是在当前数据和参数下的隐变量后验概率。回顾上一小节中求解 $\boldsymbol{\gamma}_{ij}$ 的公式 4.32，可以看出 $\boldsymbol{\gamma}_{ij}$ 正是隐变量 z_{ij}，其表达式也正是后验概率 $p(z_{ij}\mid\boldsymbol{x}_i)$。而对于参数 $\boldsymbol{\Theta}$ 的求解也是

在固定隐变量后验概率下，去最大化下界。这也是EM 算法中两步迭代所对应的含义。有关更多的 ELBO 的性质介绍，会在后面的章节中进一步探讨。

4.3 降维与嵌入（Dimension Reduction & Embedding）

我们常听见维度灾难（Curse of Dimensionality）这个说法，指的是数据处理复杂度和模型准确度会随着数据维度的增加而快速恶化。另一方面，我们也会意识到，高维数据往往存在着大量冗余信息。其内蕴维度（Intrinsic Dimension）可能很低，也就是说，数据大多分布于一个流形（Manifold）之上，因此在进行机器学习建模时，可以先对数据进行降维（Dimension Reduction）和嵌入（Embedding）操作。主要思想是将高维数据映射到低维空间中，同时还保持一定的连续性和相似度，以便于进行直观、方便的数据分析，同时也可以视为某种数据变换，方便后续算法模型在低维数据上进行训练，降低复杂度。降维在某种程度上强调线性变换，我们将在后面介绍最常见的降维算法主成分分析。而嵌入则放松了线性的约束，强调高维与低维在局部的相似度一致即可。之后将介绍局部线性嵌入（Locally Linear Embedding，LLE）和随机邻居嵌入（t-SNE）两种嵌入算法。

4.3.1 主成分分析（Principal Component Analysis， PCA）

主成分分析算法可以说是最常见且被广泛应用的降维方法。其核心思想早在 20 世纪初就已被提出。整体算法流程也非常简单。通过寻找到数据协方差矩阵的特征值和特征向量，将数据投影到特征值最大的向量基上，即完成了高维到低维的投影。

具体来说，一组数据 $\boldsymbol{X}=[\boldsymbol{x}_1,\cdots,\boldsymbol{x}_N]\in\mathbb{R}^{D\times N}$，假设其已经是减去均值后的数据，即 $\sum_i \boldsymbol{x}_i=0$，则其协方差矩阵为：

$$\boldsymbol{S}=\frac{1}{N}\sum_{i=1}^{N}\boldsymbol{x}_i\boldsymbol{x}_i^{\mathrm{T}} \tag{4.42}$$

PCA 算法则是求 $\boldsymbol{S}$ 的特征值，以及对应特征向量。假设要将数据降维至$\mathbb{R}^d$，那么选取特征值最大的前 d 个特征向量作为基向量，设其为$\boldsymbol{U}_d=[\boldsymbol{\mu}_1,\cdots,\boldsymbol{\mu}_d]\in\mathbb{R}^{D\times d}$，则 $\boldsymbol{Y}=\boldsymbol{U}_d^{\mathrm{T}}\boldsymbol{X}$ 即为降维后的特征。

那么如何理解这一算法流程呢？主要有两种角度，首先是从最大方差（Maximum Variance）角度，也就是追求降维后的数据实现最大方差。假设打算降维至 $d=1$ 空间，则该空间存在一个基向量 $\boldsymbol{\mu}_1$，且满足正交性 $\boldsymbol{\mu}_1^{\mathrm{T}}\boldsymbol{\mu}_1=1$。则降维后的数据为$y_i=\boldsymbol{\mu}_1^{\mathrm{T}}\boldsymbol{x}_i$，因此降维后的数据方差为：

$$\mathrm{var}(y)=\frac{1}{N}\sum_{i=1}^{N}(\boldsymbol{\mu}_1^{\mathrm{T}}(\boldsymbol{x}_i-\bar{\boldsymbol{x}}))^2=\boldsymbol{\mu}_1^{\mathrm{T}}\boldsymbol{S}\boldsymbol{\mu}_1 \tag{4.43}$$

所以优化问题即为在$\boldsymbol{\mu}_1^{\mathrm{T}}\boldsymbol{\mu}_1=1$约束使得 $var(y)$ 最大。则建立 Lagrangian 量为 $L=\boldsymbol{\mu}_1^{\mathrm{T}}\boldsymbol{S}\boldsymbol{\mu}_1-\lambda(\boldsymbol{\mu}_1^{\mathrm{T}}\boldsymbol{\mu}_1-1)$。在求导后可得最优条件为 $\boldsymbol{S}\boldsymbol{\mu}_1=\lambda\boldsymbol{\mu}_1$，说明最优的$\boldsymbol{\mu}_1$为协方差矩阵的特征向量。此时 $\mathrm{var}(y)=\boldsymbol{\mu}_1^{\mathrm{T}}\boldsymbol{S}\boldsymbol{\mu}_1=\lambda$，因此为了最大化方差，需要选取特征值最大的特征向量。以上是只针对一维映射，针对多维映射时，可以按照归纳法推断出，后续的基向量为特征值降序排列的特征向量。

另一种角度是最小误差（Minimum Error）角度，也就是利用低维基向量可以重构原始数据，那么 PCA 算法实现的是最小化重构误差。由于输入维度为 D，则可知一组完备正交（Complete Orthonormal）基为$\{\boldsymbol{\mu}_1,\cdots,\boldsymbol{\mu}_D\}$，则原始数据点可以被其线性组合表示为：

$$\boldsymbol{x}_i=\sum_{j=1}^{D}(\boldsymbol{x}_i^{\mathrm{T}}\boldsymbol{\mu}_j)\boldsymbol{\mu}_j \tag{4.44}$$

那么一个低维近似方式为选取其中 d 个基向量，调节各自系数，剩余的基向量前固定同样系数，即：

$$\hat{\boldsymbol{x}}_i=\sum_{j=1}^{d}z_{ij}\boldsymbol{\mu}_j+\sum_{j=d+1}^{D}b_j\boldsymbol{\mu}_j \tag{4.45}$$

则此时的目标就是求解出一组系数，以及基向量，使得近似误差：

$$J=\frac{1}{N}\sum_{i=1}^{N}\|\boldsymbol{x}_i-\hat{\boldsymbol{x}}_i\|_2^2 \tag{4.46}$$

则代入公式 4.44，并且利用基向量的正交性可以得到最优解为：

$$z_{ij}=\boldsymbol{x}_i^{\mathrm{T}}\boldsymbol{\mu}_j,b_j=\bar{\boldsymbol{x}}^{\mathrm{T}}\boldsymbol{\mu}_j \tag{4.47}$$

此时最小误差为：

$$\begin{aligned}J&=\frac{1}{N}\sum_{i=1}^{N}\|\boldsymbol{x}_i-\hat{\boldsymbol{x}}_i\|_2^2\\&=\frac{1}{N}\sum_{i=1}^{N}\sum_{j=d+1}^{D}(\boldsymbol{x}_i^{\mathrm{T}}\boldsymbol{\mu}_j-\bar{\boldsymbol{x}}^{\mathrm{T}}\boldsymbol{\mu}_j)^2\\&=\sum_{j=d+1}^{D}\boldsymbol{\mu}_j^{\mathrm{T}}\boldsymbol{S}\boldsymbol{\mu}_j\end{aligned} \tag{4.48}$$

此时问题变为在正交基的约束下，寻找 $D-d$ 个基向量，使得上式误差总和最小。这个问题实际上与最大化方差是一致的。如果建立 Lagrangian 并求导可以看出 $\boldsymbol{\mu}_j$为 $\boldsymbol{S}$ 的特征向量，且上式误差总和为对应特征值总和。所以为了最小化重构误差，应该挑选特征值最小的 $D-d$ 个特征向量，而剩下的 d 个特征值最大的特征向量即是降维子空间。以上便是两种理解 PCA 算法的角度。

在代码实现上比较简单，求出数据的协方差矩阵后，求得特征向量即可。这里可以进行人脸图片数据㊀的 PCA 分解降维。图 4.10 展示的即为一些裁剪后人脸图片的样本，都将人脸主要部

㊀ http://conradsanderson.id.au/lfwcrop/

分选择在居中位置，大小为 64×64 灰度图。在实验中将其展平为 4096 维度的向量，视作单独样本维度。

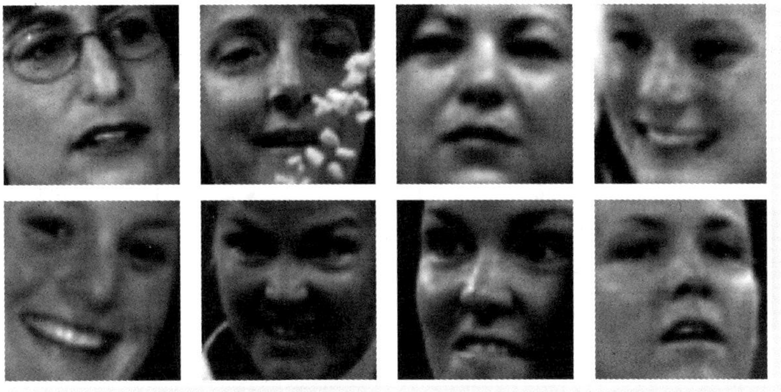

• 图 4.10　裁剪后人脸图片的样本

以下代码为 PCA 算法流程。

```
import torch
data = torch.from_numpy(all_images) # 所有图片 N x D 矩阵
N, D = data.shape
data = data - data.mean(dim=0, keepdims=True)  # 减去均值居中
S = 1/N *  data.T.mm(data)
eigvalues, eigvectors = torch.linalg.eigh(S)  # 计算特征值与特征向量
eigvalues, idx = eigvalues.sort(descending=True) # 按特征值降序排列
eigvectors = eigvectors[:, idx]
```

图 4.11a）展示的就是特征值最大的前 8 个向量转换为 64×64 灰度图的结果。可以看出大多也呈现人脸图像，并且捕捉到了不同形态角度的人脸，因此也被称为特征脸（Eigenface）；

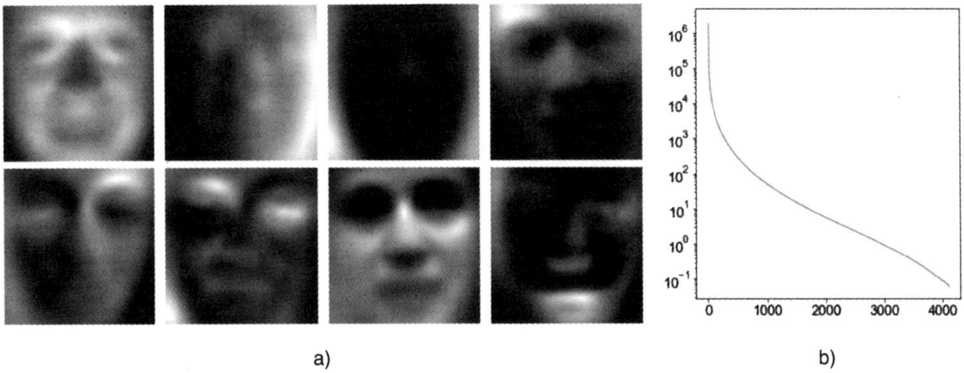

• 图 4.11　a）特征值最大的前 8 个特征脸、b）特征值排列

图4.11b展示的是特征值从大到小排列，并且纵轴尺度以对数形式展示。可以看出特征差别非常巨大，并且只有头部少部分特征值较大，其余很小。这说明了整体人脸特征只需要少数重要的特征向量即可重构，也说明了人脸图片特征存在冗余性。

图4.12展示的即是选取前 M 个特征向量（主成分）重构的图片情况。可以看出随着主成分数量的增加，重构图像逐渐精细，接近于原始图像，这也正是 PCA 最小误差角度的直观解释。

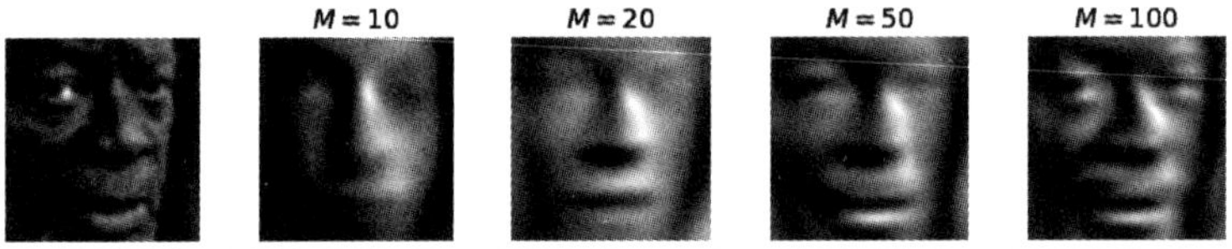

● 图4.12 不同数量主成分重构人脸情况

4.3.2 局部线性嵌入（Locally Linear Embedding，LLE）

上一小节中介绍的 PCA 降维本质上是一种线性降维嵌入。本小节将介绍另一种非线性嵌入方法，称为局部线性嵌入。其核心思想来源于**流形学习**（Manifold Learning），也就是假设原始数据可以在局部区域被线性化表示。那么整体的数据就可以局部划分成多个子集，每一部分可以近似线性拟合，从而表示整体情况。这其实就抛弃了整体线性化的假设，因此产生了非线性变换。而嵌入的思想就是高维数据的这种局部线性近似关系，在低维表示上也依然成立。相当于先提取出高维数据的局部关系结构，然后在低维空间上固定这种约束，再去优化嵌入表示，从而完成降维过程。这种思想在后续其他嵌入算法中也被广泛应用。

具体来说，LLE 算法整体分为三步。首先利用近邻（K-Nearest Neighbors）算法找到每个样本点在最近的 K 个数据点。然后利用这些近邻点去重构样本，最小化重构误差，从而求解出局部的线性约束关系。最后是在低维嵌入空间中，固定线性约束关系，去优化嵌入表示，从而完成非线性嵌入。

对于数据点$\boldsymbol{x}_i \in \mathbb{R}^D$，其 K 个最近邻样本为$\boldsymbol{X}_i = [\boldsymbol{x}_{i1}, \cdots, \boldsymbol{x}_{iK}] \in \mathbb{R}^{D\times K}$，其由$\boldsymbol{w}_i = [w_{i1}, \cdots, w_{iK}]^{\mathrm{T}} \in \mathbb{R}^K$权重线性加权进行拟合。所有的权重为 $\boldsymbol{W} = [\boldsymbol{w}_1, \cdots, \boldsymbol{w}_N]^{\mathrm{T}} \in \mathbb{R}^{N\times K}$。则求解 $\boldsymbol{W}$ 的优化问题为：

$$\begin{gathered}\min_{\boldsymbol{W}} \sum_{i=1}^{N} \| \boldsymbol{x}_i - \boldsymbol{X}_i \boldsymbol{w}_i \|_2^2 \\ \text{s.t. } \mathbf{1}^{\mathrm{T}} \boldsymbol{w}_i = 1 \quad \forall i = 1, \cdots, N\end{gathered} \tag{4.49}$$

其中公式4.49中的约束条件是对每个样本权重加和为1，其中的优化目标可进一步化简为：

$$\begin{aligned}\| \boldsymbol{x}_i-\boldsymbol{X}_i\boldsymbol{w}_i \|_2^2 &= \| (\boldsymbol{x}_i\mathbf{1}^{\mathrm{T}}-\boldsymbol{X}_i)\boldsymbol{w}_i \|_2^2 \\ &= \boldsymbol{w}_i^{\mathrm{T}}(\boldsymbol{x}_i\mathbf{1}^{\mathrm{T}}-\boldsymbol{X}_i)^{\mathrm{T}}(\boldsymbol{x}_i\mathbf{1}^{\mathrm{T}}-\boldsymbol{X}_i)\boldsymbol{w}_i \\ &:= \boldsymbol{w}_i^{\mathrm{T}}\boldsymbol{G}_i\boldsymbol{w}_i\end{aligned}$$

其中定义$\boldsymbol{G}_i \in \mathbb{R}^{K\times K}$为该数据点处的 Gram 矩阵。由于公式 4. 49 中为带约束优化，则其 Lagrangian 为：

$$L = \sum_{i=1}^{N} \boldsymbol{w}_i^{\mathrm{T}} \boldsymbol{G}_i \boldsymbol{w}_i - \sum_{i=1}^{N} \lambda_i(\mathbf{1}^{\mathrm{T}} \boldsymbol{w}_i - 1) \tag{4.50}$$

故最优条件为：

$$\frac{\partial L}{\partial \boldsymbol{w}_i} = 2\boldsymbol{G}_i\boldsymbol{w}_i-\lambda_i\mathbf{1}=0, \frac{\partial L}{\partial \lambda_i} = \mathbf{1}^{\mathrm{T}}\boldsymbol{w}_i-1=0 \tag{4.51}$$

因此最优解为：

$$\boldsymbol{w}_i^* = \frac{\lambda_i}{2}\boldsymbol{G}_i^{-1}\mathbf{1} = \frac{\boldsymbol{G}_i^{-1}\mathbf{1}}{\mathbf{1}^{\mathrm{T}}\boldsymbol{G}_i^{-1}\mathbf{1}} \tag{4.52}$$

在实际计算中，为了防止$\boldsymbol{G}_i$奇异，令$\boldsymbol{G}_i=\boldsymbol{G}_i+\epsilon\boldsymbol{I}$，即在对角线添加$\epsilon$，同时也是相当于引入正则项。

最后便是根据求解出的$\boldsymbol{w}_i^*$，求解低维嵌入$\boldsymbol{y}_i \in \mathbb{R}^d$。其优化目标与公式 4. 49 类似：

$$\begin{aligned}&\min_{\boldsymbol{y}_i} \sum_{i=1}^{N} \| \boldsymbol{y}_i - \sum_{j=1}^{N} w'_{ij}\boldsymbol{y}_j \|_2^2 \\ &\text{s. t. } \frac{1}{N}\sum_{i=1}^{N} \boldsymbol{y}_i\boldsymbol{y}_i^{\mathrm{T}} = \boldsymbol{I}\end{aligned} \tag{4.53}$$

其中的约束是保证低维嵌入互相正交，w'_{ij}定义为当$\boldsymbol{x}_j$属于数据点$\boldsymbol{x}_i$的最近邻居时，则$w'_{ij} = w_{ij}^*$，否则为 0。设$\boldsymbol{Y}=[\boldsymbol{y}_1,\cdots,\boldsymbol{y}_N]^{\mathrm{T}} \in \mathbb{R}^{N\times d}$，则公式 4. 53 中的目标函数可以简化为：

$$\begin{aligned}\sum_{i=1}^{N} \| \boldsymbol{y}_i - \sum_{j=1}^{N} w'_{ij}\boldsymbol{y}_j \|_2^2 &= \| \boldsymbol{Y}^{\mathrm{T}}\boldsymbol{I} - \boldsymbol{Y}^{\mathrm{T}}\boldsymbol{W}^{\mathrm{T}} \|_F^2 \\ &= \| \boldsymbol{Y}^{\mathrm{T}}(\boldsymbol{I}-\boldsymbol{W})^{\mathrm{T}} \|_F^2 \\ &= tr((\boldsymbol{I}-\boldsymbol{W})\boldsymbol{Y}\boldsymbol{Y}^{\mathrm{T}}(\boldsymbol{I}-\boldsymbol{W})^{\mathrm{T}}) \\ &= tr(\boldsymbol{Y}^{\mathrm{T}}(\boldsymbol{I}-\boldsymbol{W})^{\mathrm{T}}(\boldsymbol{I}-\boldsymbol{W})\boldsymbol{Y}) \\ &:= tr(\boldsymbol{Y}^{\mathrm{T}}\boldsymbol{M}\boldsymbol{Y})\end{aligned}$$

其中可以看出$\boldsymbol{L}=\boldsymbol{I}-\boldsymbol{W}$正是在 4. 1. 2 小节中介绍过的图的拉普拉斯矩阵。此处的求解问题也与谱聚类中的优化问题类似（参考公式 4. 16），因此可知$\boldsymbol{Y}$应该为$\boldsymbol{M}$的特征向量，且其对应的特征值为非零的最小 d 个。还应注意，$\boldsymbol{M}$有一个平凡的特征向量为$\mathbf{1} \in \mathbb{R}^N$，其对应特征值为 0，因此在筛选时排除。

接下来便是代码实现，首先生成数据，此处生成一个经典的 S 形三维数据：

```
from sklearn import datasets
n_points = 5000
X, color = datasets.make_s_curve(n_points, random_state=0)
```

其可视化后的结果如图 4.13 所示，颜色代表着某种属性，可以看出该数据内蕴含着一个流形，且距离相近的点拥有相似属性。

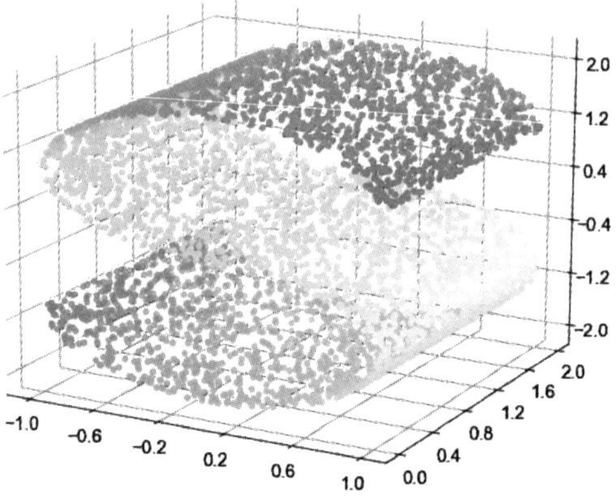

扫码查看彩图

● 图 4.13　S 形三维数据可视化

接下来便是第一步寻找 k 近邻数据：

```
import torch
data = torch.from_numpy(X)
N, D = data.shape
K = 10             # 近邻个数
d = 2              # 嵌入维度
eps = 1e-4

dist = torch.cdist(data, data)
_, neighbors_idx = dist.topk(K+1, 1, largest=False)
neighbors_idx = neighbors_idx[:, 1:]  # 排除掉自身指标
neighbors = data[neighbors_idx, :]
```

然后是第二步，根据公式 4.52 求解 $\boldsymbol{W}^*$：

```
G= data.unsqueeze(1).repeat(1, K, 1) - neighbors  # x_i - X_i
G = torch.bmm(G, G.permute(0, 2, 1))     # Gram 矩阵
G = G + torch.eye(K).unsqueeze(0).repeat(N, 1, 1) * eps
weights = torch.linalg.solve(G, torch.ones(N, K, dtype=G.dtype))  # G^{-1}* 1
weights = weights / weights.sum(dim=1, keepdims=True)  # 归一化
weights = torch.scatter(
    torch.zeros(N, N, dtype=weights.dtype), 1, neighbors_idx, weights
```

```
)  # 从 NxK 变为 NxN,近邻的位置非 0,其余为 0
```

最后是求解 Embedding,这里使用 torch.linalg.eigh 求解对称正定矩阵的特征值和特征向量:

```
L= torch.eye(N, dtype=weights.dtype) - weights # Laplacian 矩阵
M = L.T.mm(L)
eigvalue, eigvector = torch.linalg.eigh(M)
embedding = eigvector[:, 1:1+d] # eigvalue 已经从小到大排列,排除第一个 0 特征值
```

最后二维散点图可视化 Embedding 结果展示在图 4.14 中，可以看出在二维平面内属性颜色的变化保持着很好的连续性，类似于将 S 形数据平滑展开，说明嵌入维持了局部结构。以上介绍的是标准版本的 LLE 算法全部内容。

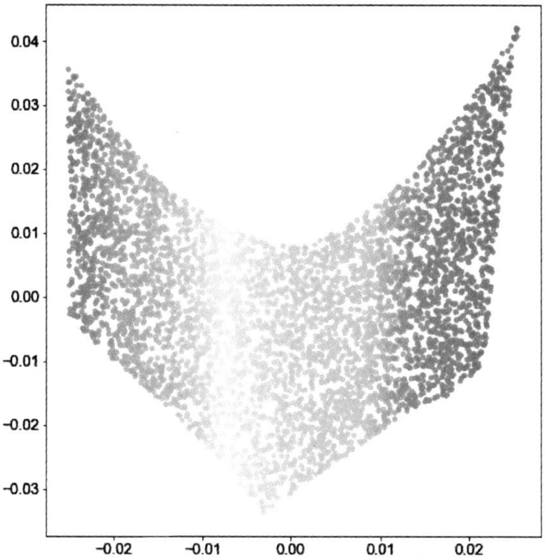

扫码查看彩图

● 图 4.14　通过 LLE 算法得到的二维散点图可视化 Embedding 结果

4.3.3　随机邻居嵌入算法（t-SNE）

在数据分析中，有时候需要可视化（Visualization）方式对数据进行一些直观展示，以便于对数据有一个大致的直观理解。本小节就将介绍一种重要且常见的算法 t-SNE。其中 SNE 代表的是 Stochastic Neighbor Embedding，即随机邻居嵌入算法，其核心思想就是要优化出一组低维的嵌入表示，使得高维原始数据之间距离的相似性，在低维嵌入中依然保持，从而便于利用低维嵌入进行直观展示，反应部分高维数据特性。t-SNE 则是对该算法的改进，由 Laurens van der Maaten 和 Hinton 在最后的参考文献［14］中提出，引入 Student-t 分布改进原始 SNE 算法的“拥挤问题”（Crowding Problem），成为当前最为流行的一种数据可视化方法。

首先介绍 SNE 算法的核心思想。该算法首先将高维数据之间的距离转换成某种条件概率（Conditional Probability），用来刻画出数据之间的相似性。也就是说，对于每一个数据点 i，它会计算所有其他数据点 j 到该点的距离$d_{j|i}$，这个距离会被转换成概率$p_{j|i}$。在 SNE 算法中，该概率计算方法为：

$$p_{j|i}=\frac{\exp\left(-\frac{\|\boldsymbol{x}_i-\boldsymbol{x}_j\|^2}{2\sigma_i^2}\right)}{\sum_{k\neq i}\exp\left(-\frac{\|\boldsymbol{x}_i-\boldsymbol{x}_k\|^2}{2\sigma_i^2}\right)} \tag{4.54}$$

这里使用了高斯分布将距离转换为条件概率形式。其中的 σ 用来控制方差，之后会介绍如何设定。注意这里只计算不同点之间的距离，同一点无论是距离还是条件概率$p_{i|i}=0$。而对于想要将其映射为低维嵌入的数据点来说，一个自然的想法便是，低维数据点之间的距离以及相似度也应该与高维数据一致。因此可以用同样的方法计算出低维嵌入数据点的条件概率$q_{j|i}$：

$$q_{j|i}=\frac{\exp(-\|\boldsymbol{y}_i-\boldsymbol{y}_j\|^2)}{\sum_{k\neq i}\exp(-\|\boldsymbol{y}_i-\boldsymbol{y}_k\|^2)} \tag{4.55}$$

公式 4.54 中还遗留一个问题，其中的σ_i如何确定？这里采取了一个搜索算法。SNE 算法要求每一个数据点 i 的方差σ_i设定应该满足其“混乱度”（Perplexity）达到某一个预定值。混乱度公式定义为：

$$Perp(P_i)=2^{H(P_i)} \tag{4.56}$$

其中 $H(P_i)$为**香农熵**（Shannon Entropy）：

$$H(P_i)=-\sum_j p_{j|i}\log_2 p_{j|i} \tag{4.57}$$

香农熵用来衡量一个概率分布的均匀程度，如果该分布接近于均匀分布，则熵越大。而混乱度可以理解为有效的邻居数量。SNE 算法对每一个点都要求有相同的混乱度，实际就是让其调节各自的σ_i，使得在各自的高斯分布衡量下，有大致相近的近邻数量。在实现中，采取二分搜索策略（Binary Search），不断调整σ_i达到目标值。

那么如何去优化低维数据的嵌入，使得与高维数据相似呢？其实有了两个概率之后，问题也就成了优化这两个条件概率分布近似度。在衡量分布之间的相似性时，常用的度量方法即为 Kullback-Leibler Divergence，也被称为 **KL 散度**，其表达式为：

$$\begin{aligned}L&=\sum_i D_{KL}(P_i\|Q_i)\\&=\sum_i\sum_j p_{j|i}\log\frac{p_{j|i}}{q_{j|i}}\end{aligned} \tag{4.58}$$

KL 散度的性质是恒为非负，即$D_{KL}(P_i\|Q_i)\geqslant 0$，这是因为 log 函数为凸函数，根据 Jensen 不

等式性质可得：

$$
\begin{aligned}
\sum_j p_j \log \frac{p_j}{q_j} &= -\sum_j p_j \log \frac{q_j}{p_j} \\
&\geqslant -\log \sum_j p_j \frac{q_j}{p_j} \\
&\geqslant -\log \sum_j q_j = 0
\end{aligned} \tag{4.59}
$$

因此可以优化两个分布之间的KL散度，使得其逼近为0，从而使得两个条件分布接近相似，实现高维数据到低维的映射。优化方法也很简单，有了目标函数为KL散度，则可以对低维嵌入数据进行求导，然后进行随机梯度下降更新即可。以上便是SNE算法的核心内容。

t-SNE也继承了以上的思路，不过在两处进行了调整改进。首先是对于条件概率$p_{j|i}$的计算。在公式4.54中我们注意到，归一化分母是针对每个数据点i的所有距离求和，这便会造成$p_{j|i} \neq p_{i|j}$的不对称现象。改进方法是在求完条件概率$p_{j|i}$之后，再对称平均$p_{ij} = (p_{j|i}+p_{i|j})/2n$，这里的$n$为数据点总数，这样可以保证$\sum_{i,j} p_{ij} = 1$。而对于低维嵌入的概率分布计算则变为：

$$
q_{ij} = \frac{\exp(-\|\boldsymbol{y}_i-\boldsymbol{y}_j\|^2)}{\sum_{k\neq l}\exp(-\|\boldsymbol{y}_l-\boldsymbol{y}_k\|^2)} \tag{4.60}
$$

这里归一化分母为所有数据点之间的距离求和，而非只是针对数据点i的距离求和。这样的对称化带来的好处是，对低维嵌入求梯度时非常简单。

$$
\frac{\partial L}{\partial \boldsymbol{y}_i} = 4\sum_j (p_{ij} - q_{ij})(\boldsymbol{y}_i - \boldsymbol{y}_j)
$$

另一个改进是对于低维嵌入的概率q_{ij}计算时，用Student-t分布来代替高斯分布形式，这也是t-SNE名称的由来。此时公式4.60的计算方式则变为：

$$
q_{ij} = \frac{(1+\|\boldsymbol{y}_i-\boldsymbol{y}_j\|^2)^{-1}}{\sum_{k\neq l}(1+\|\boldsymbol{y}_k-\boldsymbol{y}_l\|^2)^{-1}} \tag{4.61}
$$

由于Student-t分布具有长尾性质，可以使得相邻较远的点映射成为的概率差异更大，更加区分不同点之间的距离。以上便是t-SNE的核心内容。

在实现中分为两大部分，一部分是相似度概率矩阵p_{ij}和q_{ij}的计算，另一部分是进行梯度下降优化。此处以UCI手写数字数据集样本为例[⊖]。

```python
from sklearn.datasets import load_digits
import torch

EPS = 1e-10
INF = 1e10
```

⊖ https://archive.ics.uci.edu/ml/datasets/Optical+Recognition+of+Handwritten+Digits

```
digits = load_digits()
X = torch.from_numpy(digits.data).float()
X = (X - X.mean(dim=0)) / (X.std(dim=0) + EPS)
```

图 4.15 展示的为手写数字部分样本，原始数据是灰度图像，数值范围为［0，255］，这里对其进行了标准化处理。

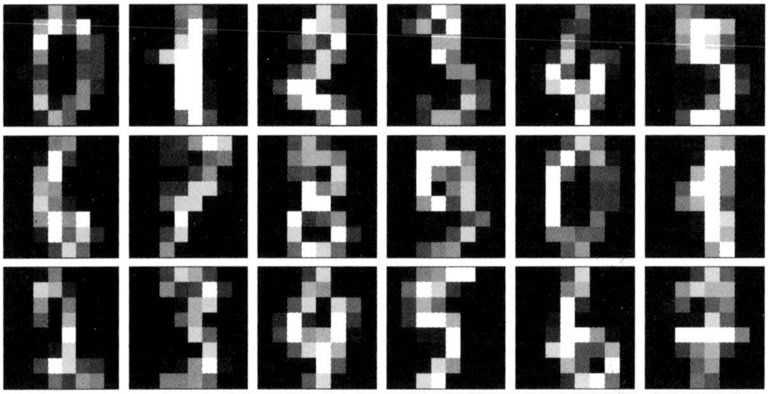

● 图 4.15　手写数字样本图片

接下来便是计算相似度概率的代码：

```
def pairwise_distance(X):
    # 计算 X 中任意两行数据之间的距离
    square_X = (X * * 2).sum(dim=1)
    pdist = square_X.unsqueeze(1) + square_X.unsqueeze(0) - 2* torch.mm(X, X.T)
    return pdist

def conditional_p(pdist, beta):
    # 对角线上元素 p_ii 置为 0
    pdist = pdist + torch.eye(len(pdist)) * INF
    exp_dist = torch.exp(-pdist* beta)
    cond_p = exp_dist / (exp_dist.sum(dim=1, keepdims=True) + EPS)
    return cond_p

def calc_perplexity(pdist, beta):
    # 这里用 beta 代替 sigma,将除法变为乘法
    cond_p = conditional_p(pdist, beta)
    entropy = torch.nansum(-cond_p * torch.log2(cond_p), dim=1)
```

```
    perplexity = torch.pow(2, entropy)
    return perplexity
def binary_search_perplexity(pdist, target_perplexity):
    beta_min = torch.ones(len(pdist), 1) * 1e-3
    beta_max = torch.ones(len(pdist), 1) * 100

    n_steps = 100
    tolerance = 1e-4
    for i in range(n_steps):
        beta = (beta_min + beta_max) / 2
        perp = calc_perplexity(pdist, beta)
        mask_0 = abs(perp - target_perplexity) <= tolerance
        if torch.all(mask_0):
            # 如果全部接近预设的混乱度,则退出
            break
        mask_1 = perp > target_perplexity + tolerance
        mask_2 = perp < target_perplexity - tolerance
        # 针对是否超过还是小于混乱度,调整 beta
        beta_min[mask_1] = beta[mask_1]
        beta_max[mask_2] = beta[mask_2]

    return beta
```

接下来计算手写数字数据集的相似度矩阵：

```
N= len(X)
pdist = pairwise_distance(X)
beta = binary_search_perplexity(pdist, 50)
cond_p = conditional_p(pdist, beta)
# 将条件概率对称化
p = (cond_p + cond_p.T) / 2
p = torch.clamp(p / (p.sum() + EPS), min=EPS)
```

然后便是计算低维嵌入的相似度矩阵和优化的部分。这里使用 PyTorch 自带的反向求导功能，因此无须手动计算梯度更新，使用可微分张量和优化器即可。

```
def calculate_q(X_embedded):
    N = len(X_embedded)
    qdist = pairwise_distance(X_embedded)
    qdist = 1 / (qdist + 1)
    # 对角线上元素 q_ii=0
    mask = torch.ones(N) - torch.eye(N)
```

```
    qdist = qdist * mask
    q = torch.clamp(qdist / (qdist.sum() + EPS), min=EPS)
    return q

# 低维嵌入的向量维度,选择平面二维向量
n_components = 2
X_embedded = nn.Parameter(1e-4 * torch.randn(N, n_components))
```

这里在具体进行优化时，t-SNE 算法原论文介绍了几个技巧。首先是“早期扩张”（Early Exaggeration），即将高维数据的相似度矩阵在优化初期放大一定倍数，避免数值过小，反向求导梯度过小。其次 SGD 优化器也是在早期的动量设置较小，使得梯度更新贡献更大。而在经过一定轮次后，相似度矩阵恢复原来值，同时动量设置变大。以下代码即为优化过程：

```
early_exaggeration= 12
p = p * early_exaggeration

init_momentum = 0.5
final_momentum = 0.8

# 此处学习率设置遵循 sklearn 中的'auto'计算方式
lr = max(N / early_exaggeration / 4, 50)
optimizer = torch.optim.SGD([X_embedded], lr=lr, momentum=init_momentum)
n_iter = 1000
early_exploration_iter = 250

for i in range(n_iter):
    if i == early_exploration_iter:
        # 度过早期探索阶段后,恢复 p 矩阵,增大动量
        p = p / early_exaggeration
        optimizer.param_groups[0]['momentum'] = final_momentum
    optimizer.zero_grad()
    q = calculate_q(X_embedded)
    # KL 散度计算公式
    loss = torch.sum(p* torch.log(p/q))
    loss.backward()
    optimizer.step()
```

图 4.16 展示的即为以上参数设置下，最终求解出的 X_embedded 的二维可视化散点图。原始数据映射为每一个点，并且不同颜色代表原始手写数字的类别，即 0~9 的某个数字。可以看出经过 t-SNE 优化，低维嵌入呈现出同一类别聚集形态，不同类别相互分离，说明了 t-SNE 算法的有效性。

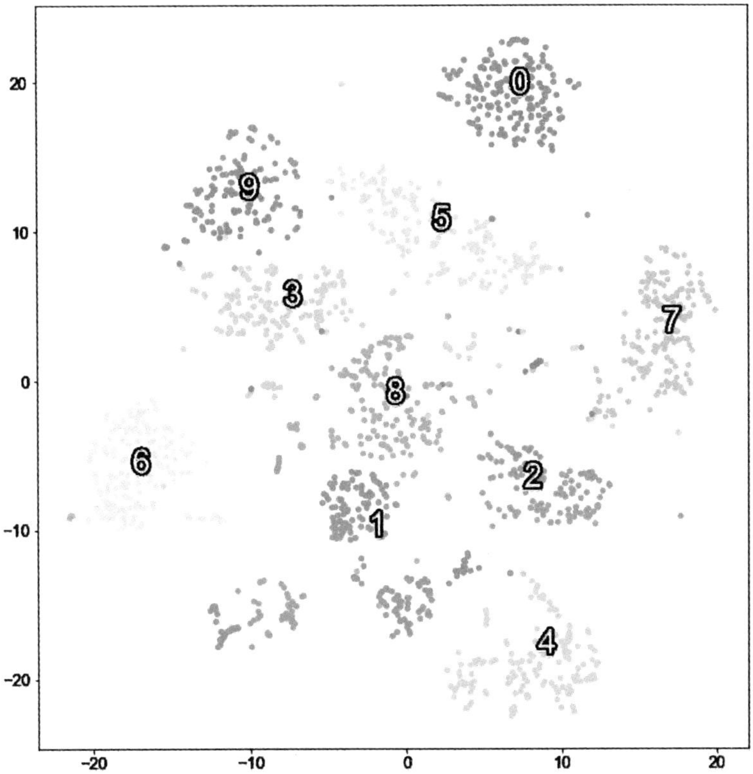

扫码查看彩图

● 图 4.16　最终求解出的 X_embedded 的二维可视化散点图

4.4 实战：无监督方法实现异常检测（Anomaly Detection）

本章主要介绍了各种无监督学习方法。而在本章最后一节将探索无监督学习方法的一项重要应用：异常检测。异常检测主要的目标是根据已有的数据，寻找到特征异于绝大部分样本的异常点（Outlier），因此也被称为 Outlier Detection。而异常检测与普通的监督学习最主要的区别在于，第一是异常样本无明确的标签，因为常见的都是正常样本，在异常发生之前，没有见过异常样本特征，所以有时无法预先进行标注；第二是即使可以标注，异常样本出现的频率也很低，导致正样本不足，无法有效训练。因此异常检测的主要做法是在特征层面，拟合出绝大部分非异常点（Inlier）的分布区域或者聚类簇，然后判断每个样本离这些最有可能的区域的远近，如果一个样本离绝大部分样本点较远，则很有可能该点即为一个异常点，从而完成检测。本节将介绍三种利用无监督方法实现的异常检测方法。

4.4.1 异常检测问题与应用

异常检测主要指寻找到数据中不符合预期的样本。不符合预期可以理解为与绝大部分正常样本的行为模式或者特征有较大差异。但如何刻画异常样本却较为困难。在不同的应用场景中异常样本可能有着不一样的要求。异常检测主要应用于金融中的欺诈检测、系统网络中的故障检测、医疗中的异常病例等。正是因为其出现的情况较少，而且对于每个领域有着不同的异常要求，异常检测问题通常很难有一个明确的优化目标定义。如果从简单直观来说，即是考虑数据样本分布情况，假设样本中存在着相似性，构成多个聚类群体，如图 4.17 所示。可以看出绝大部分样本聚类于 N_1，N_2 两个群体，而 o_1，o_2，o_3 样本群则较远，且形成的样本群也较小，可以认为其为异常点。但是现实数据中往往缺少这样比较好的数据聚类性质，所以对于异常样本的检测也较为困难。

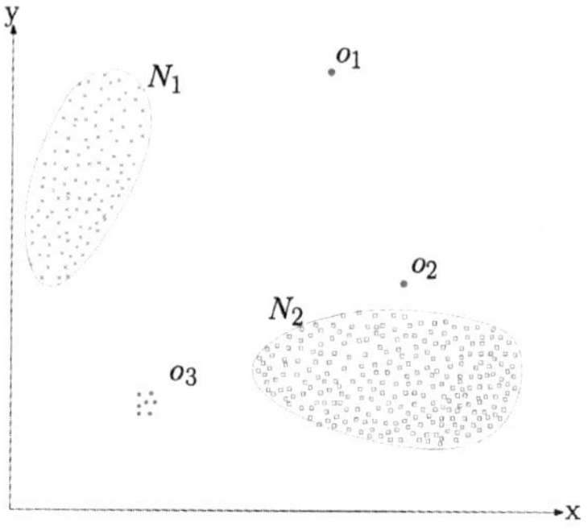

● 图 4.17　异常样本示意图
（引用自最后的参考文献［15］）

异常检测问题的通常方法是计算某种“分数”，来对所有样本打分排序。可以规定打分越高越是正常样本，反之则为异常样本。这里需要界定一个阈值（Threshold），用来明确区分出异常样本。所以需要训练数据集中预先提供异常样本比例（Outlier Fraction）。假设训练数据集中已知有 10% 为异常样本，则根据打分排序，寻找到 10% 分位对应的分数，则高于此阈值的均为正常样本，低于此阈值的均为异常样本，从而完成检测。

那么每种不同的检测方法区别就在于如何计算分数。本质上就是在计算某种距离，也就是每个样本距离聚类中心，或者最有可能的正常样本分布区域的最近距离。如果这个距离过大，则对应分数较低，从而说明可能是异常点。接下来介绍三种无监督学习方法，用来计算检测分数，分别是基于 PCA 的异常检测方法，基于 Mahalanobis 距离的异常检测方法和基于聚类的局部异常因子检测方法。

4.4.2 实现基于 PCA 的异常检测方法

基于 PCA 的异常检测方法较为直观简单。在之前的 PCA 介绍中已经知道，PCA 最后得到的主成分可以最小重构误差，因此可以认为，对于绝大部分正常样本，都应该很好地被主成分所重构。而对于异常样本，则主成分无法完全解释重构，会有较大的重构误差。因此可以衡量样本到每个主成分向量之间的距离，并通过特征值加权聚合得到检测分数。

具体来说，对于已有的训练样本 $\boldsymbol{X} \in \mathbb{R}^{N \times d}$，已经通过 PCA 分解得到所有主成分向量 $\boldsymbol{P}=[\boldsymbol{p}_1$，

$\cdots,\boldsymbol{p}_d]$，对于一个待检测样本$\boldsymbol{x}_i$，可以计算如下分数：

$$s(\boldsymbol{x}_i)=\sum_{j=1}^{d}\frac{\|\boldsymbol{x}_i-\boldsymbol{p}_j\|_2}{\boldsymbol{\lambda}_j} \tag{4.62}$$

该分数为样本到每个主成分向量的距离，并以特征值$\boldsymbol{\lambda}_j^{-1}$加权。因此对于正常样本，该分数较小，而对于异常样本则离主成分较远，该分数较大。如果取负值，则用来进行异常样本检测，分数越大代表越为正常样本。

以下为具体实现。这里将算法封装为一个类，包含 fit 和 predict 两个类方法。其中 fit 方法根据训练数据拟合参数，并确定出检测阈值（Threshold）；而 predict 方法则根据待检测输入计算分数，并根据阈值划分出正常样本和异常样本。初始化类时，需要传入参数 contamination，代表训练样本中的异常样本比例。

```
class PCA:
    def _init_(self, contamination):
        self.contamination = contamination

    def fit(self, data):
        # 计算 PCA 分解
        self.mean = data.mean(dim=0, keepdims=True)
        data = data - self.mean
        N = len(data)
        covariance = 1/N *  data.T.mm(data)
        self.eigval, self.eigvec = torch.linalg.eigh(covariance)
        # 计算到分数
        dist = torch.cdist(data, self.eigvec)
        score = dist / self.eigval[None, :]
        score = -score.sum(dim=1)
        # 确定阈值
        self.threshold = torch.quantile(score, self.contamination)

    def predict(self, data):
        data = data - self.mean
        dist = torch.cdist(data, self.eigvec)
        score = dist / self.eigval[None, :]
        score = -score.sum(dim=1)
        pred = (score > self.threshold).long()
        return score, pred
```

这里利用 PyOD⊖开源异常检测库生成实验数据。其中也包含了很多异常检测算法的实现，可以方便学习使用。

⊖ https://github.com/yzhao062/pyod

```
from pyod.utils.data import generate_data, get_outliers_inliers

# 生成随机数据
X_train, Y_train = generate_data(n_train=200,train_only=True, n_features=2, random_
state=1)

# 异常样本比例
outlier_fraction = 0.1

# 划分出正常样本和异常样本
x_outliers, x_inliers = get_outliers_inliers(X_train,Y_train)

n_inliers = len(x_inliers)
n_outliers = len(x_outliers)

data = torch.from_numpy(X_train)
clf = PCA(outlier_fraction)
clf.fit(data)
score, pred = clf.predict(data)
```

检测结果展示在图 4.18 中。其中白色点为真实的正常样本点，黑色点为真实的异常样本点。红色线为决策边界（Decision Boundary），其内部的橘红色区域为根据阈值确定的正常样本区域，所有在此区域内的样本都被预测为正常样本。由浅色至深蓝的区域表示的是模型对整个样本空间的打分情况，可以看出从样本聚类中心开始分数逐渐降低，代表了越远离样本聚类中心，越有可能为异常样本点。PCA 的检测结果将大部分的真实正常样本点划分正确，说明了其有效性。

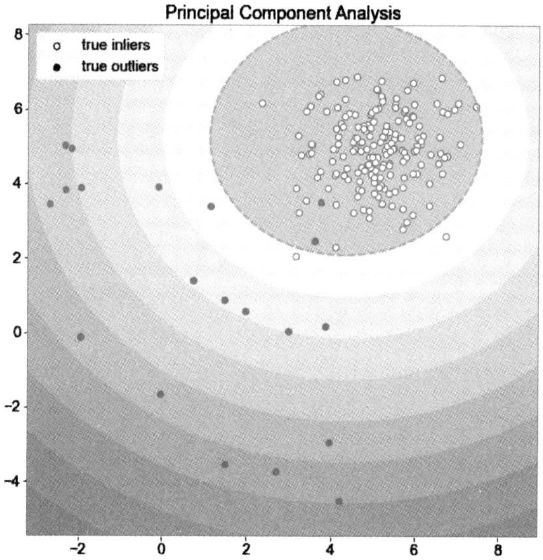

扫码查看彩图

图 4.18　基于 PCA 的异常检测结果

4.4.3 实现基于 Mahalanobis 距离的异常检测方法

在衡量样本之间的距离时，往往使用欧式距离 $\|x-y\|$ 来表示。但是当样本特征各个维度并非相同尺度时，这种衡量方式是不准确的，会造成某些尺度过大的特征贡献过多。一种更合理的方式是对于原始特征进行选择缩放变换，使得各尺度独立且归一化，再进行欧式距离运算。Mahalanobis距离即是考虑了这一情况。定义 Mahalanobis 距离为：

$$M(\boldsymbol{x},\boldsymbol{y})=\sqrt{(\boldsymbol{x}-\boldsymbol{y})^{\mathrm{T}}\boldsymbol{S}^{-1}(\boldsymbol{x}-\boldsymbol{y})} \tag{4.63}$$

其中 $\boldsymbol{S}$ 为样本集估计出的协方差矩阵。如何理解这一表示呢？加入协方差矩阵为单位矩阵，则 Mahalanobis 距离退化为标准的欧式距离。如果协方差矩阵为对角矩阵，则 Mahalanobis 距离将每个维度除以标准差，再计算欧式距离。假如 $\boldsymbol{y}$ 为样本的均值中心，则回顾 4.2.1 小节的内容可以知道，这正是多元高斯分布中的指数项，表示的是距离聚类中心的距离，从而可以换算出高斯分布的概率密度。

可以利用 Mahalanobis 距离对异常样本进行检测。假设样本已经中心化，即已经减去均值，则对于待检测样本$\boldsymbol{x}_i$：

$$s(\boldsymbol{x}_i)=\sqrt{\boldsymbol{x}_i^{\mathrm{T}}\boldsymbol{S}^{-1}\boldsymbol{x}_i} \tag{4.64}$$

该分数衡量的即是样本距离聚类中心的 Mahalanobis 距离，如果越大说明距离越远，则有可能是离群点，即异常样本点。可以取负值表示检测分数。

以下为代码实现，依然是实现一个类，包含 fit 和 predict 方法：

```
class Mahalanobis():
    def _init_(self, contamination):
        self.contamination = contamination

    def fit(self, data):
        self.mean = data.mean(dim=0, keepdims=True)
        data = data - self.mean
        N = len(data)
        # 估算样本协方差
        covariance = 1/N * data.T.mm(data)
        # 求协方差的逆
        self.precision = torch.linalg.pinv(covariance, hermitian=True)
        # 计算 Mahalanobis 距离
        score = -torch.sqrt((data.mm(self.precision) * data).sum(dim=1))
        self.threshold = torch.quantile(score, self.contamination)

    def predict(self, data):
        data = data - self.mean
```

```
        score = -torch.sqrt((data.mm(self.precision) * data).sum(dim=1))
        pred = (score > self.threshold).long()
        return score, pred
```

图 4.19 展示的为同样的数据，基于 Mahalanobis 距离的异常检测结果。可以看出类似于 PCA 算法的决策边界，都是呈现椭圆形。同样也可以将大部分真实正常样本区分出来。

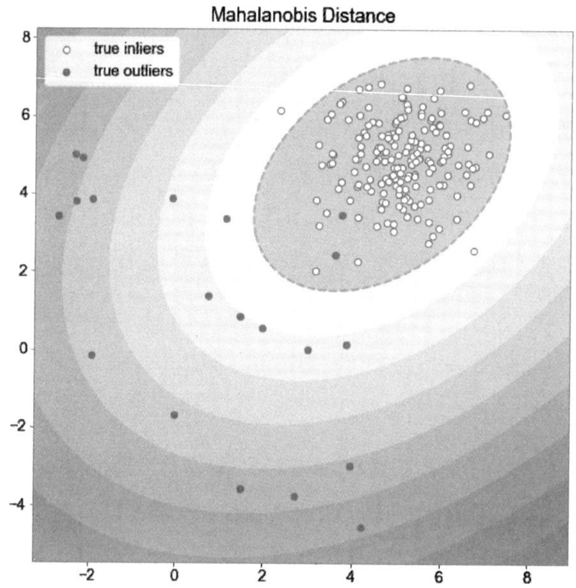

扫码查看彩图

● 图 4.19　基于 Mahalanobis 距离的异常检测结果

4.4.4 实现基于聚类的局部异常因子检测方法

接下来介绍基于聚类的局部异常因子（CBLOF）[16] 算法。其核心思想也是根据距离远近来衡量是否为异常样本。但是这里的距离并不是认为样本只有一个聚类中心。CBLOF 认为数据中可以存在多个聚类中心，由聚类算法生成。然后每个样本去计算距离大聚类簇（Large Cluster）的远近。这里的大聚类簇认为包含了更多的样本。也就是说，只有包含众多样本的大聚类簇才被认为是正常样本的区域，而其中最近的距离，代表了该样本离正常样本的最近程度，从而以此来判断是否为异常样本。

那么如何定义什么是大聚类簇，CBLOF 给出了如下的区分方法。假设数据被划分为 k 个聚类 $C=\{C_1,\cdots,C_k\}$，并且按照每个聚类内部的样本数量从大到小排列，即 $|C_1|\geqslant|C_2|\geqslant\cdots\geqslant|C_k|$，同时设定两个参数 α 和 β，并且定义 b 为大聚类和小聚类区分的边界指标，则需满足如下条件：

$$(|C_1|+|C_2|+\cdots+|C_b|) \geqslant |D| \times \alpha$$
$$|C_b|/|C_{b+1}| \geqslant \beta \tag{4.65}$$

其中$|D|=|C_1|+|C_2|+\cdots+|C_k|$。这两个条件中第一个条件要求，前 b 个最大的聚类包含样本数占总样本数比例至少为 α，第二个条件要求$|C_b|$要是$|C_{b+1}|$的 β 倍数。如果发现有多个指标满足此条件，则选择最前面的；但有时这两个条件无法同时满足，则以满足第一个条件最前面的指标作为划分。

在确定好大聚类和小聚类后，则计算每个样本到各个大聚类中心的距离，并取最小值作为该样本的分数。这里原论文中对大、小聚类的样本计算距离时做了区分，主要是本身原属于大聚类的样本，计算距离时只计算距离自己归属的聚类中心的距离。而实际上，在聚类时采样 KMeans 算法，可以保证归属后该距离也是所有聚类中心最近的距离。可以统一计算，不做区分。

以下为代码实现，这里额外增加 n_clusters、iters、alpha、beta 4 个参数，分别代表聚类个数、KMeans 算法迭代次数，以及上文所述的 α，β。

```
class CBLOF():
    def _init_(self, contamination,
               n_clusters=8, iters=100,
               alpha=0.9, beta=8):
        self.contamination = contamination
        self.n_clusters = n_clusters
        self.alpha = alpha
        self.beta = beta
        self.iters = iters

    def _kmeans(self, data):
        # KMeans 算法过程
        N, D = data.shape
        centers = data[:self.n_clusters].clone()
        for i in range(self.iters):
            distances = (torch.cdist(data, centers))* * 2
            assign_idx = distances.argmin(dim=1, keepdims=True)
            centers.zero_()
            centers = torch.scatter_add(centers, 0, assign_idx.repeat(1, D), data)
            counts = torch.zeros(self.n_clusters, 1)
            counts = torch.scatter_add(counts, 0, assign_idx, torch.ones(N, 1))
            centers = centers / (counts + 1e-10)
        distances = (torch.cdist(data, centers))* * 2
        assign_idx = distances.argmin(dim=1, keepdims=True)
        return centers, assign_idx

    def fit(self, data):
```

```python
        self.centers, labels = self._kmeans(data)

        # 统计每个聚类包含的样本数
        self.cluster_sizes = torch.bincount(labels.squeeze())
        total_num = self.cluster_sizes.sum()
        sorted_cluster_sizes, sorted_idx = torch.sort(self.cluster_sizes, descending=True)

        # 计算分界点
        alpha_list = torch.cumsum(sorted_cluster_sizes, dim=0) / total_num
        beta_list = sorted_cluster_sizes[:-1] / sorted_cluster_sizes[1:]
        separate_list = (alpha_list[:-1]>=self.alpha) & (beta_list>=self.beta)

        if len(torch.where(separate_list==True)[0]) > 0:
            # 取第一个分界点
            separate_idx = torch.where(separate_list==True)[0][0]
        else:
            # 取满足 alpha 条件的分界点
            separate_idx = torch.where(alpha_list>=self.alpha)[0][0]

        # 确定大聚类的聚类中心
        self.large_centers = self.centers[sorted_idx[:separate_idx+1]]

        # 计算最近距离
        score = -torch.cdist(data, self.large_centers).min(dim=1)[0]
        self.threshold = torch.quantile(score, self.contamination)

    def predict(self, data):
        score = -torch.cdist(data, self.large_centers).min(dim=1)[0]
        pred = (score > self.threshold).long()
        return score, pred
```

图 4.20 展示的为基于 CBLOF 方法的检测结果。可以看出与 PCA 和 Mahalanobis 距离算法的不同之处在于，其决策边界不再是椭圆形，而是多个半圆形扩展，因为在聚类过程中可能将右上角的真实正常样本划分为多个聚类，但是由于其均为大聚类群，所以计算距离时还是以此向外扩展，也将大部分正常样本区分出来，也说明了有效性。但是在面对多模态（Multimodal）数据时，PCA 和 Mahalanobis 方法会存在问题，因为其本质上都是认为只存在一个聚类中心，再进行距离测量。而 CBLOF 方法则有可能更好地适应这种情况。但是它的问题在于如何设定最佳聚类个数，以及划分大聚类时的超参数设定。

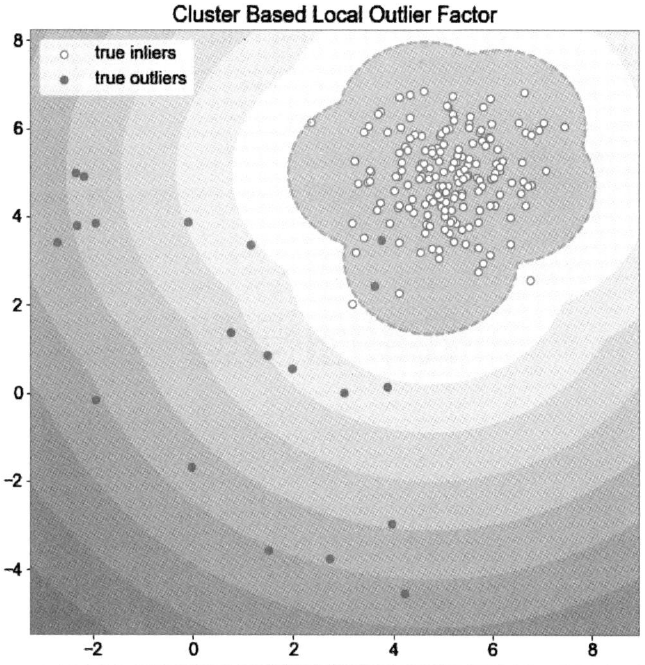

图 4.20 基于 CBLOF 方法的检测结果

扫码查看彩图

第5章

概率图模型

这一章将学习概率图模型（Probabilistic Graphical Models，PGM）。概率图模型是对于随机变量间复杂关系的一种直观展示，通过节点代表随机变量，通过边代表变量之间的相互概率联系。我们将了解两大类网络，即有向图的贝叶斯网络和无向图的马尔可夫随机场。我们还将深入学习一类特定的链式概率图模型——隐马尔可夫模型，学习推断和参数求解。而对于复杂概率图模型，其后验分布推断往往是困难的。这里先介绍重要的方法变分推断，去近似拟合复杂后验分布。然后介绍基于采样的估计方法——马尔可夫链蒙特卡罗采样法。本章的内容所涉及的公式推导较多，但是还是会简明扼要地进行展示，重点在于理解其内在含义与实际应用方法。

5.1 有向图：贝叶斯网络（Bayesian Network）

这一节初步介绍概率图中一类经典的结构：贝叶斯网络。即概率图中每个节点之间以有向边进行联系，代表了条件概率关系。这一节主要介绍概率图中的基本概念，如联合概率的分解、条件独立性、d-分割条件等。这里只做初步的介绍，想要了解更多深入的内容，可以参考经典文献［17］继续学习。

5.1.1 有向图的概率分解

在概率图中，存在节点和边。其中每一个节点代表一个随机变量，而节点之间的边代表概率关系。在有向图（Directed Graph）中边会具有指向性，从父节点（Parent Node）指向子节点（Children Node）。在概率图中，这种指向的边往往意味着某种条件概率的影响。例如对于具有3个节点的概率图，其中节点之间的关系为 $a\rightarrow b$、$a\rightarrow c$ 和 $b\rightarrow c$，也就是节点 a 是 b、c 的父节点，

b 是 c 的父节点。则整体概率图中各个变量的联合概率分布（Joint Distribution），可以按照条件概率的乘积法则（Product Rule）进行分解（Factorization）。

$$p(a,b,c)=p(c|a,b)p(b|c)p(c) \tag{5.1}$$

而对于一个一般的有向概率图，其所有变量的联合分布概率可以表示为：

$$p(x_1,\cdots,x_N)=\prod_{n=1}^{N}p(x_n \mid pa_n) \tag{5.2}$$

其中pa_n代表的是节点x_n的所有父节点集合，也就是整体的联合分布，分解为一个个条件概率的乘积。但是要注意以上成立的条件是图中不存在环（Cycle），也就是不会出现某个节点的子节点又成为自己的父节点，导致出现循环依赖。因此这种图也被称为有向无环图（Directed Acyclic Graph，DAG）。

5.1.2 条件独立性（Conditional Independence）

在复杂的概率图中，如果能够将图中各个变量的依赖关系进行拆分，则有助于简化计算。这种拆分依赖的便是条件独立性。例如以 3 个变量为例，加入 $p(a|b,c)=p(a|c)$，则称 a 和 b 在 c 的条件下独立。因为有 $p(a,b|c)=p(a|b,c)p(b|c)=p(a|c)p(b|c)$，可以看出如果 c 为固定值或是已经被观测到（observed），$p(a,b)$ 的分布就是二者各自分布的乘积，即是独立变量的性质。此时可以使用记号 $a\perp b|c$，来表示这种条件独立性。

那么如何从概率图的结构中识别出条件独立性呢？这里总结经典的三种图形结构。

- $c\to a$，$c\to b$，此时有条件独立性 $a\perp b|c$。
- $a\to c\to b$，此时有条件独立性 $a\perp b|c$。
- $a\to c$，$b\to c$，此时 $a\perp b|\varnothing$，但是 $a\not\perp b|c$。

其中前两种图形中，c 作为连接 a，b 通路上的一点，当其被观测到时，a，b 满足条件独立性。而在第三种图形中，初始条件 a，b 就已经独立了，但是在观测到 c 后，二者之间产生了影响，反而不满足条件独立性了。因为可以认为观测到的结果是二者共同的影响，而其中任何一个变量的确定，都会影响另外一个变量的概率判断，这也被称为 Explain Away 现象，因为二者受到观测结果的约束。

而在一个更大的概率图中，判断两个节点或者是两个节点的集合之间的条件独立性，则是将以上结论进行推广，被称为 D-分割条件（D-Separation）。其中考虑节点集合 A 与 B 之间所有的节点连接路径。我们称此路径是被集合 C 阻碍的（Blocked）需要满足如下条件：

- 对于此路径上某个节点，满足上述三种图形结构中的前两种（即头对尾和尾对尾），并且此节点属于集合 C。
- 对于此路径上某个节点，满足上述图形结构中的第三种（即头对头），而此节点及其任意子节点均不属于集合 C。

那么此时称 A 和 B 被集合 C 以 d-分割开来，也就是在给定集合 C 中所有节点已观测到的情况下，二者条件独立 $A \perp B | C$。这样有助于对复杂图结构进行分解，在条件独立下联合概率分布可以拆分成每一个子集部分的条件概率乘积。由此可以考虑最极端的情况，即在有向图中，打算将一个节点分离出来，将其表示为其他所有节点的条件概率时，需要包括最少的节点集合。该节点的父节点以及子节点都需要包含在其中，同时由于 Explain Away 的现象存在，其子节点的共同父节点（Co-parent）也需要包含在其中。这些节点共同构成了所谓的马尔可夫毯（Markov Blanket），也就是该节点对于其他所有节点的条件概率，可以仅表示为这些节点集合的条件概率。

5.2 无向图：马尔可夫随机场（Markov Random Field，MRF）

在这一节将介绍另一种概率图模型，即马尔可夫随机场。MRF 主要区别于上一节的贝叶斯网络在于其为无向图模型（Undirected Graphical Model）。也就是图中的节点之间没有指向关系，只有连接关系。此时的概率图模型的概率分解，图中节点之间的独立性均有所不同。无向图解除了节点之间的顺序关系，也使得其建模概率方式更加自由。我们将引入势函数概念刻画 MRF 的概率表示，并在最后利用 MRF 应用于图像去噪这一问题中。

5.2.1 无向图的概率分解

在无向图中，由于节点之间的连接没有了方向性，判断条件独立性则相对容易一些。类似之前的定义，考虑节点集 A，B，C 满足条件独立性为 $A \perp B | C$，则 C 应该包括所有连接 A 与 B 之间的路径上至少一个节点。也就是 C 需要完全阻挡二者之间的连接路径，此时可以在给定 C 的条件下，A 与 B 满足独立性。事实上这和有向图网络的判断条件一致，唯一的区别在于少了 Explain Away 的影响。因此在无向图中的一个节点，其马尔可夫毯只包含其周围的邻居节点，而不再包含所谓的“Co-parent”节点。

因此无向图的概率分解，可以按照连接关系进行分割，每一个分割的节点集内部两两之间均有边连接，这在图论中也被称为“团”（Clique）。而最大团（Max Clique）则指的是不能再额外增加点进入已有团中，否则无法构成团的当前点集。MRF 的概率分解可以表示为多个定义在最大团点集上的势函数（Potential Function）乘积：

$$p(\boldsymbol{x}) = \frac{1}{Z}\prod_{C} \psi_C(\boldsymbol{x}_C) \tag{5.3}$$

其中 C 为每一个最大团，ψ_C 为定义在此团上的势函数，Z 称为配分函数（Partition Function），也就是归一化因子，表示为 $Z = \sum_{x}\prod_{C} \psi_C(\boldsymbol{x}_C)$。这里的势函数不一定需要满足一个概率分布，只要是满足非负性即可。因此 MRF 的概率表示可以有很多种，因为我们可以将任意函数经过指数化表示为非负函数，即：

$$\psi_C(\boldsymbol{x}_C)=\exp(-E(\boldsymbol{x}_C)) \tag{5.4}$$

此时 $E(\boldsymbol{x}_C)$ 也被称为能量函数（Energy Function），总体概率分布也被称为玻尔兹曼分布（Boltzmann Distribution）。这时可以按照统计物理学来理解图模型。假设图中每个节点代表一个粒子状态，则一些相互有关联的局部粒子会互相影响，在场中产生势能。那么整个粒子群各个状态出现的概率与总能量高低相关，能量越低越稳定，出现的概率也就越大。

5.2.2 具体应用：图像去噪（Image Denoising）

此处介绍 MRF 的一个简单应用，即图像去噪。其问题是给定一个噪声图片，使其去除噪声恢复为原来的图像。这里 MRF 为图像中各个像素点之间，以及恢复图像和噪声图像相似点之间进行了建模。这里假设图像的像素为二值化的，即只有 $\{-1, +1\}$。y_i 代表观测到的噪声图像像素点，x_i 为需要恢复的真实图像像素点，为未观测到的隐变量。这里可以根据局部关系建模图像像素点之间的能量函数为：

$$E(\boldsymbol{x},\boldsymbol{y})=h\sum_i x_i-\beta\sum_{\{i,j\}} x_i x_j-\eta\sum_i x_i y_i \tag{5.5}$$

其中第一项代表对原始图像的先验，即其中±1 分布的偏好。第二项是每个像素点与周围邻居节点的相互影响，即相邻的像素点的值应当接近。第三项是原始图像与噪声图像相似点之间的关系，因为即使是噪声图像，也只是一部分相似点被随机扰动，绝大多数情况下，二者应当一致。那么整个去噪过程也就是去寻找在此能量函数建模 MRF 下的最大概率对应的 $\boldsymbol{x}$ 的状态，也就是寻找能量最低的“构型”（Configuration）。最简单的方法就是遍历，每一次考察 x_i 处于±1 两种状态下整体能量的高低时，选取能量低的值。这种方法虽然无法达到全局最优，但也可以在实践中收敛到不错的效果。以下为代码实现：

```python
import numpy as np
from skimage.io import imread
from itertools import product
import torch

# 读取原始图像并二值化
img = imread("img.png", as_gray=True)
img = np.round(img)

# 随机选取 20%像素反转
mask = np.random.uniform(size=img.shape) < 0.2
noisy_img = img.copy()
```

```python
noisy_img[mask] = np.abs(noisy_img[mask]-1)

def find_neighbors(x, i, j):
    # 寻找每个邻居像素的坐标
    h, w = x.shape
    coords = []
    if i > 0:
        coords.append([i-1, j])
    if j > 0:
        coords.append([i, j-1])
    if i < h - 1:
        coords.append([i+1, j])
    if j < w - 1:
        coords.append([i, j+1])

    return torch.Tensor(coords).long()

y = torch.from_numpy(noisy_img) * 2 - 1
x = y.clone()
height, width = y.shape

h = 0
beta = 1.0
eta = 2.0

for k in range(10):
    for i, j in product(range(height), range(width)):
        coords = find_neighbors(x, i, j)
        neigh_energy = beta *  (x[coords[:, 0], coords[:, 1]]).sum()

        # 这里+1/-1 对整体能量的影响在于邻居能量,不仅以自己为中心计算一次
        # 其他邻居在计算自己的邻居能量时也计算一次
        # 所以二者的能量变化量为 2 倍差距
        pos_energy = h - eta *  y[i, j] - 2 *  neigh_energy
        neg_energy = -h + eta *  y[i, j] + 2 *  neigh_energy

        if pos_energy < neg_energy:
            x[i, j] = 1
        else:
            x[i, j] = -1
```

最后在经过多次遍历后，会进入收敛状态，得到去噪图像。图 5.1 展示的即为原始图像、噪声图像和利用 MRF 去噪后的图像。可以看出去噪后图像恢复了大部分原始像素值，说明了利用 MRF 建模的有效性。

● 图 5.1　MRF 建模图像去噪后的结果

5.3 隐马尔可夫模型（Hidden Markov Model，HMM）

本节将介绍一种重要的结构化概率图模型：隐马尔可夫模型（Hidden Markov Model）。相比于之前介绍过的一般性概率图模型，HMM 做了极大的简化，隐变量之间只构成一个链式关系。而每一时刻的观测变量只依赖当前隐变量的状态。这种简化后的模型可以较为方便地进行隐变量后验分布推导。联系第 4 章介绍过的高斯混合模型，隐马尔可夫模型可以看作是包含了状态转移（State Transition）的混合模型。每一个数据点所属的其中某一个混合高斯分布的概率依赖于前一状态的转移。因此结合之前第 4 章所介绍过的内容，可以较为容易地理解 HMM 的后验分布推导过程。

5.3.1 隐马尔可夫模型介绍

马尔可夫模型（Markov Model）指的是对于一系列随机变量$\{x_i\}$，其联合概率分布满足如下分解形式：

$$
\begin{aligned}
p(\boldsymbol{x}_1,\cdots,\boldsymbol{x}_N) &= \prod_{n=1}^{N} p(\boldsymbol{x}_n \mid \boldsymbol{x}_1,\cdots,\boldsymbol{x}_{n-1}) \\
&= p(\boldsymbol{x}_1)\prod_{n=2}^{N} p(\boldsymbol{x}_n \mid \boldsymbol{x}_{n-1})
\end{aligned}
\tag{5.6}
$$

也就是每一时刻的随机变量条件概率只依赖于前一时刻的状态，即条件概率 $p(\boldsymbol{x}_n|\boldsymbol{x}_1,\cdots,\boldsymbol{x}_{n-1})=p(\boldsymbol{x}_n|\boldsymbol{x}_{n-1})$。这也被称为一阶马尔可夫模型（First-Order Markov Model）。而隐马尔可夫模型则是指，一系列可观测到的变量$\boldsymbol{x}_i$都对应于一个隐变量$\boldsymbol{z}_i$，其中$\boldsymbol{z}_i$满足一阶马尔可夫性，而每一时刻$\boldsymbol{x}_i$只依赖于$\boldsymbol{z}_i$的状态。则总体联合概率可以写为：

$$
p(\boldsymbol{x}_1,\cdots,\boldsymbol{x}_n,\boldsymbol{z}_1,\boldsymbol{z}_N) = p(\boldsymbol{z}_1)\prod_{n=1}^{N} p(\boldsymbol{z}_n \mid \boldsymbol{z}_{n-1})\prod_{n=1}^{N} p(\boldsymbol{x}_n \mid \boldsymbol{z}_n)
\tag{5.7}
$$

其概率图可以表示为如图 5.2 所示。这里可以理解$\boldsymbol{z}_i$为离散指示变量，代表从 K 个状态选择一种，其表示形式可以选择为 *one-hot* 编码。

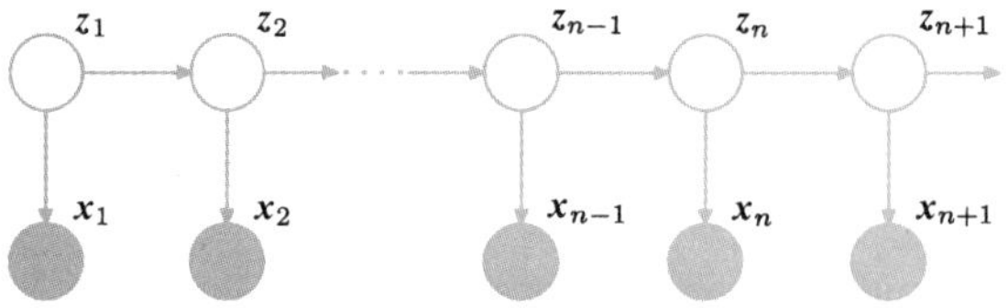

图 5.2 HMM 概率图表示，引用自参考文献 [6]

此时所有的条件概率 $p(z_n|z_{n-1})$ 可以构成一个转移概率（Transition Probability）矩阵 $\boldsymbol{A}$，其中 $A_{jk}=p(z_{nk}=1|z_{n-1,j}=1)$ 代表第 $n-1$ 时刻从状态 j 转移至第 n 时刻状态 k 的概率，则由归一性可知 $\sum_k A_{jk}=1$。因此相邻两时刻隐状态的条件概率为：

$$p(\boldsymbol{z}_n \mid \boldsymbol{z}_{n-1}) = \prod_{k=1}^{K}\prod_{j=1}^{K} A_{jk}^{z_{n-1,j},z_{nk}} \tag{5.8}$$

而在初始时刻 $p(\boldsymbol{z}_1)$ 设有一个初始概率（Initial Probability）$\boldsymbol{\pi}$，则可以表示为：

$$p(\boldsymbol{z}_1 \mid \boldsymbol{\pi}) = \prod_{k=1}^{K} \pi_k^{z_{1k}} \tag{5.9}$$

最后定义 $p(\boldsymbol{x}_n|z_n,\boldsymbol{\phi})$ 为发射概率（Emission Probability），$\boldsymbol{\phi}$ 为该概率分布的参数，即在状态 z_n 下，观测变量的概率分布。此处概率分布可以随意选择，可以选择 Bernoulli 分布或多项分布，从而输出类别型变量，也可以选择为高斯分布输出连续型变量。以多元高斯分布为例，则类似的 GMM 形式有：

$$p(\boldsymbol{x}_n \mid z_n,\boldsymbol{\phi}) = \prod_{k=1}^{K} p(\boldsymbol{x}_n \mid \phi_k)^{z_{nk}} = \prod_{k=1}^{K} (N(\boldsymbol{x}_n \mid \boldsymbol{\mu}_k,\boldsymbol{\Sigma}_k))^{z_{nk}} \tag{5.10}$$

因此在构建好 HMM 后，给定观测变量数据 $\{\boldsymbol{x}_n\}$，我们的任务便是如何推导出模型中的参数，其中包括隐变量的初始概率 $\boldsymbol{\pi}$ 和转移概率 $\boldsymbol{A}$，以及输出概率的参数 $\boldsymbol{\phi}=\{\boldsymbol{\mu}_k,\boldsymbol{\Sigma}_k\}$。这里还是类似在求解 GMM 时的处理思路，采取期望最大化法（Expectation-Maximization，EM），交替学习隐变量后验分布，和估计最优模型参数。其中分为期望步（E）和最大化步（M），分别为：

- E-step：在给定模型参数的情况下，求隐变量后验分布 $p(\boldsymbol{Z}|\boldsymbol{X},\boldsymbol{\theta})$。
- M-step：在给定后验分布的情况下，通过最大似然估计，求出新的最优模型参数。

$$\begin{aligned}\boldsymbol{\theta}^{\text{new}} &= \operatorname{argmax}_{\boldsymbol{\theta}} Q(\boldsymbol{\theta},\boldsymbol{\theta}^{\text{old}}) \\ &= \operatorname{argmax}_{\boldsymbol{\theta}} \mathbb{E}_{p(\boldsymbol{Z}|\boldsymbol{X},\boldsymbol{\theta}^{\text{old}})}[\log p(\boldsymbol{X},\boldsymbol{Z}|\boldsymbol{\theta})]\end{aligned}$$

这里可以先看 HMM 的似然函数，并在假设已知隐变量后验分布的条件下，求出最大化模型参数。这里引入两个记号，用来标记单个隐变量的后验分布，及相邻两个隐变量的联合后验分布：

$$\gamma(\boldsymbol{z}_n) = p(\boldsymbol{z}_n|\boldsymbol{X},\boldsymbol{\theta}^{\text{old}})$$

$$\xi(z_{n-1},z_n)=p(z_{n-1},z_n|\boldsymbol{X},\boldsymbol{\theta}^{\text{old}}) \tag{5.11}$$

此时的对数似然函数为：

$$\begin{aligned}Q(\boldsymbol{\theta},\boldsymbol{\theta}^{\text{old}}) = &\sum_{k=1}^{K}\log \pi_k\gamma(z_{1k}) + \sum_{n=2}^{N}\sum_{j=1}^{K}\sum_{k=1}^{K}\xi(z_{n-1,j},z_{n,k})\log A_{jk} \\ &+ \sum_{n=1}^{N}\sum_{k=1}^{K}\log p(\boldsymbol{x}_n \mid \phi_k)\gamma(z_{nk})\end{aligned} \tag{5.12}$$

此处利用 Lagrange 乘子法，将概率归一化约束加入目标函数中，并求导为 0，得到模型参数的最优值表示为（类似推导可以参考 GMM 模型中的介绍）：

$$\begin{aligned}\pi_k &= \frac{\gamma(z_{1k})}{\sum_{j=1}^{K}\gamma(z_{1j})} \\ A_{jk} &= \frac{\sum_{n=2}^{N}\xi(z_{n-1,k},z_{nk})}{\sum_{l=1}^{K}\sum_{n=2}^{N}\xi(z_{n-1,k},z_{nl})} \\ \boldsymbol{\mu}_k &= \frac{\sum_{n=1}^{N}\gamma(z_{nk})\boldsymbol{x}_n}{\sum_{n=1}^{N}\gamma(z_{nk})} \\ \boldsymbol{\Sigma}_k &= \frac{\sum_{n=1}^{N}\gamma(z_{nk})(\boldsymbol{x}_n-\boldsymbol{\mu}_k)(\boldsymbol{x}_n-\boldsymbol{\mu}_k)^{\text{T}}}{\sum_{n=1}^{N}\gamma(z_{nk})}\end{aligned} \tag{5.13}$$

可以看出对于高斯分布参数的估计与 GMM 推导一致，都是根据分配概率加权求和即可。对于转移概率和初始概率的求解，也是按照其定义归一化后的结果。因此 M-step 的求解较为简单，更为复杂的是下一小节介绍的 E-step 推导过程。

5.3.2 前向后向算法（Forward-Backward Algorithm）

上一小节主要介绍了 M-step 的推导，这一小节主要介绍求后验分布 $\gamma(z_n)$ 和 $\xi(z_{n-1},z_n)$ 的方法。这里利用了隐变量是马尔可夫链（Markov Chain）的性质，即后验分布的概率可以迭代顺序求解，从而避免了指数级的复杂度。其算法即为前向后向算法。这里首先观察到：

$$\gamma(z_n)=p(z_n|\boldsymbol{X})=\frac{p(\boldsymbol{X}|z_n)p(z_n)}{p(\boldsymbol{X})} \tag{5.14}$$

同时根据马尔可夫链的条件独立性质，我们有：

$$p(\boldsymbol{X}|z_n)=p(\boldsymbol{x}_1,\cdots,\boldsymbol{x}_n|z_n)p(\boldsymbol{x}_{n+1},\cdots,\boldsymbol{x}_N|z_n) \tag{5.15}$$

则公式 5.14 可以重新写为：

$$\begin{aligned}\gamma(z_n) &= \frac{p(\boldsymbol{x}_1,\cdots,\boldsymbol{x}_n,z_n)p(\boldsymbol{x}_{n+1},\cdots,\boldsymbol{x}_N|z_n)}{p(\boldsymbol{X})} \\ &= \frac{\alpha(z_n)\beta(z_n)}{p(\boldsymbol{X})}\end{aligned}$$

$$\alpha(z_n)=p(\boldsymbol{x}_1,\cdots,\boldsymbol{x}_n,z_n)$$
$$\beta(z_n)=p(\boldsymbol{x}_{n+1},\cdots,\boldsymbol{x}_N|z_n) \tag{5.16}$$

即新引入两个定义变量为 $\alpha(z_n)$ 和 $\beta(z_n)$。其中 $\alpha(z_n)$ 表示截至第 n 时刻 z_n 和所有观测变量的联合概率分布，$\beta(z_n)$ 则表示未来所有观测值基于当前 z_n 的条件概率。这样定义的好处在于，可以通过马尔可夫链存在的条件独立性，迭代式地建立起相邻两个隐变量对应的 α，β 函数值的关系。即有如下递推关系：

$$\alpha(z_n)=p(\boldsymbol{x}_n \mid z_n)\sum_{z_{n-1}}\alpha(z_{n-1})p(z_n \mid z_{n-1})$$
$$\beta(z_n)=\sum_{z_{n+1}}\beta(z_{n+1})p(\boldsymbol{x}_{n+1} \mid z_{n+1})p(z_{n+1} \mid z_n) \tag{5.17}$$

由此可以看出，前向即从 $1\to N$，可以依次递推出 $\alpha(z_n)$，而后向即从 $N\to 1$，可以依次递推出 $\beta(z_n)$。其中初始状态值为：

$$\alpha(z_1)=p(z_1)p(\boldsymbol{x}_1 \mid z_1)=\prod_{k=1}^{K}\{\pi_k p(\boldsymbol{x}_1 \mid \phi_k)\}^{z_{1k}}$$
$$p(z_N \mid \boldsymbol{X})=\frac{\alpha(z_N)\beta(z_N)}{p(\boldsymbol{X})}=\frac{p(\boldsymbol{X},z_N)\beta(z_N)}{p(\boldsymbol{X})} \tag{5.18}$$
$$\Rightarrow\beta(z_N)=1$$

此处 $\alpha(z_n)$ 也被称为前向消息（Forward Message），$\beta(z_n)$ 称为后向消息（Backward Message）。同时 $\xi(z_{n-1},z_n)$ 也可以被前向后向消息表示为：

$$\xi(z_{n-1},z_n)=\frac{\alpha(z_{n-1})p(\boldsymbol{x}_n|z_n)p(z_{n-1}|z_n)\beta(z_n)}{p(\boldsymbol{X})} \tag{5.19}$$

因此可以利用前向后向算法，方便推算出隐变量后验分布及相邻状态联合分布，从而完成 E-step 的估计求解。

5.3.3 放缩提升运算稳定性

然而在实际的计算处理中，上述的 $\alpha(z_n)$，$\beta(z_n)$ 值都会非常小，因为二者是很多概率的连乘积形式，所以会导致数值下溢出（Underflow）。为了实际运算的稳定性，需要将数值进行放缩。这里注意到 $\alpha(z_n)$ 定义为 z_n 和到目前为止所有观测变量的联合概率分布，那么实际上可以考虑其相对比例，即重新定义：

$$\hat{\alpha}(z_n)=p(z_n|\boldsymbol{x}_1,\cdots,\boldsymbol{x}_n)=\frac{\alpha(z_n)}{p(\boldsymbol{x}_1,\cdots,\boldsymbol{x}_n)} \tag{5.20}$$

此时前向消息定义为条件概率，并且有 $\sum\hat{\alpha}(z_n)=1$，即该条件概率是定义在 K 个状态上的一个概率分布。此时再引入：

$$c_n = p(\boldsymbol{x}_n | \boldsymbol{x}_1, \cdots, \boldsymbol{x}_{n-1}) \tag{5.21}$$

即观测变量之间的条件概率，$\hat{\alpha}(z_n)$也可以有类似的前向递推关系：

$$c_n \hat{\alpha}(z_n) = p(\boldsymbol{x}_n \mid z_n) \sum_{z_{n-1}} \hat{\alpha}(z_{n-1}) p(z_n \mid z_{n-1})$$

$$p(\boldsymbol{X}) = p(\boldsymbol{x}_1, \cdots, \boldsymbol{x}_N) = \prod_{n=1}^{N} c_n \tag{5.22}$$

这里由于我们知道$\hat{\alpha}(z_n)$满足概率归一化性质，因此c_n即为公式5.22中的右侧归一化系数。类似的我们定义放缩后的$\hat{\beta}(z_n)$为：

$$\hat{\beta}(z_n) = \frac{\beta(z_n)}{\prod_{m=n+1}^{N} c_m} \tag{5.23}$$

则类似的后向递推关系为：

$$c_{n+1} \hat{\beta}(z_n) = \sum_{z_{n+1}} \hat{\beta}(z_{n+1}) p(\boldsymbol{x}_{n+1} \mid z_{n+1}) p(z_{n+1} \mid z_n) \tag{5.24}$$

此时的后验概率分布可以重新写为：

$$\gamma(z_n) = \hat{\alpha}(z_n) \hat{\beta}(z_n)$$

$$\xi(z_{n-1}, z_n) = \hat{\alpha}(z_{n-1}) p(\boldsymbol{x}_n \mid z_n) p(z_n \mid z_{n-1}) \hat{\beta}(z_n) / c_n \tag{5.25}$$

5.3.4 代码实现

这里首先生成HMM所用的数据。假设隐变量有3个状态，然后每个状态对应一个多元高斯分布，则数据每次是按照转移概率确定状态后，从其中的一个混合高斯分布中采样产生样本。

```python
import torch

def draw(n, K, means, covs, initial_prob, transition_prob):
    # 预先产生多个高斯分布
    dists = []
    for k in range(K):
        dists.append(torch.distributions.MultivariateNormal(means[k], covs[k]))

    # 每一次采样一个状态,并根据转移概率确定下一个状态
    seq = []
    hid = np.random.choice(K, p=initial_prob.numpy())
    for _ in range(n):
        seq.append(dists[hid].sample())
        hid = np.random.choice(K, p=transition_prob[hid].numpy())
    return torch.stack(seq)
```

图5.3展示的即为生成的混合高斯分布数据，其中每条线代表了状态转移之间的过程。可以看出从二维数据上来看与GMM模型类似，区别只在于其中的采样顺序存在马尔可夫过程。

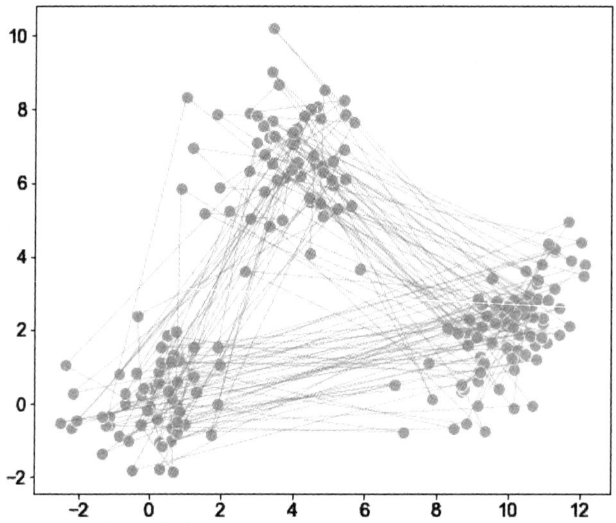

扫码查看彩图

● 图 5.3　生成的混合高斯分布数据

接下来便是实现部分，这里先实现前向后向的 E-step：

```
class HMM:
    def _init_(self, K, dtype=torch.double):
        self.K = K
        self.dtype = dtype
        self._initial_prob()
        self._transition_prob()

    # 初始化 pi
    def _initial_prob(self):
        pi = torch.rand(self.K, dtype=self.dtype)
        self.initial_prob = pi / pi.sum()

    # 初始化 A
    def _transition_prob(self):
        A = torch.rand(self.K, self.K, dtype=self.dtype)
        self.transition_prob = A / A.sum(dim=1, keepdims=True)

    def fit(self, X, iters=10):
        # EM 交替迭代
        log_likelihood = [1e6]
        for i in range(iters):
            # E-step
            gamma, xi, c_list = self.expect(X)
```

```
            # M-step
            self.maximize(X, gamma, xi)
            # 计算当前 log p(X),如果下降收敛,则说明优化顺利
            ll = torch.log(c_list).sum()
            print(ll.item())

    def expect(self, X):
        # 先计算 p(x|z)
        pxz_list = torch.exp(self.log_pxz(X))

        # 前向计算 alpha,同时记录归一化系数 c
        alpha0 = self.initial_prob * pxz_list[0]
        alpha_list = [alpha0 / alpha0.sum()]
        c_list = [alpha0.sum()]

        for pxz in pxz_list[1:]:
            alpha = torch.matmul(alpha_list[-1], self.transition_prob) * pxz
            alpha_list.append(alpha/alpha.sum())
            c_list.append(alpha.sum())

        # 后向计算 beta
        beta_list = [torch.ones(self.K, dtype=self.dtype)]
        for i in range(len(pxz_list)-1, 0, -1):
            c = c_list[i]
            pxz = pxz_list[i]
            beta = torch.matmul(self.transition_prob, pxz * beta_list[-1]) / c
            beta_list.append(beta)
        # 注意需要反转与 alpha 对齐
        beta_list = beta_list[::-1]

        alpha_list = torch.stack(alpha_list)
        c_list = torch.Tensor(c_list)
        beta_list = torch.stack(beta_list)
        # 计算 gamma,xi
        gamma = alpha_list * beta_list
        xi = self.transition_prob * pxz_list[1:, None, :] * beta_list[1:, None, :] *
alpha_list[:-1, :, None] / c_list[1:, None, None]
        return gamma, xi, c_list
```

然后可以继承 HMM，得到输出概率为多元高斯分布的 GaussianHMM：

```
class GaussianHMM(HMM):
    def _init_(self, K, ndim, means=None, covs=None):
        super(GaussianHMM, self)._init_(K)
        self.means = means
```

```
        self.covs = covs
        # 初始化参数 phi
        if means is None:
            self.means = torch.zeros(K, ndim, dtype=self.dtype)
        if covs is None:
            self.covs = torch.stack([torch.eye(ndim)]* K).to(self.dtype)

    def log_pxz(self, X):
        # 计算多元高斯分布的对数似然
        # 可以参考第 4 章 GMM 的实现
        N, D = X.shape
        covs_chol = torch.linalg.cholesky(self.covs)
        precision_col = torch.inverse(covs_chol).permute(0, 2, 1)
        log_det = torch.logdet(precision_col)
        diffs = X[:, None, :] - self.means[None, :, :]
        log_prob = torch.einsum('nkd,kdj->nkj', diffs,  precision_col)
        log_prob = (log_prob * * 2).sum(dim=2)
        log_prob = -0.5 *  (D * torch.log(2 * torch.Tensor([torch.pi])) + log_prob) + log_det
        return log_prob

    def maximize(self, X, gamma, xi):
        # M-step
        # 更新 pi 和 A
        self.initial_prob = gamma[0] / gamma[0].sum()
        self.transition_prob = xi.sum(dim=0)/ xi.sum(dim=0).sum(dim=1, keepdims=True)
        # 更新均值和协方差
        self.means = torch.matmul(gamma.T, X) / gamma.sum(dim=0)[:, None]
        diffs = X[:, None, :] - self.means[None, :, :]
        covs = torch.einsum('nkdj,nkjt->nkdt', diffs.unsqueeze(3), diffs.unsqueeze(2))
# (N, K, D, D)
        self.covs = (covs *  gamma[:, :, None, None]).sum(dim=0) / gamma.sum(dim=0)[:,
None, None]
```

然后可以初始化模型，并拟合生成数据：

```
m=GaussianHMM(K=3, ndim=2)
m.fit(X)
```

而想要获取到每个数据点对应的最大概率隐状态，即最大后验概率解（MAP），可以进行E-step推断：

```
gamma, xi, _ = m.expect(seq)
categories = gamma.argmax(dim=1)
```

图 5.4 展示的即为 GaussianHMM 推断出的后验隐状态，可以看出 HMM 模型成功将三类数据聚类分开，推断出了正确的最大后验概率。其实以上的实现可以替换输出概率为离散多项分布，

感兴趣的读者可以探索实现。

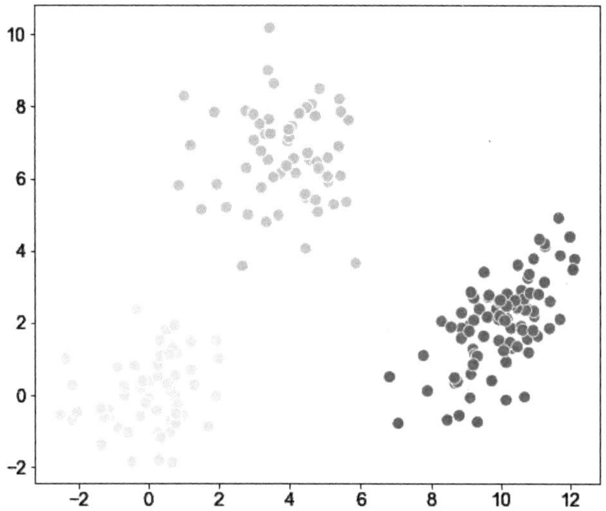

扫码查看彩图

● 图 5.4 GaussianHMM 推断出的最大后验隐状态

5.4 变分推断（Variational Inference，VI）

本节将介绍一种重要的估计后验分布的方法：变分推断。当概率图模型较为复杂时，后验分布的求解往往无法得到闭式解。此时一种思路是利用某种带有参数的分布函数族去近似，从而近似得到隐变量的后验分布概率。在近似时相当于求解某种函数上的逼近，因此用到了变分法的原理。而逼近的准则是证据下界（Evidence Lower Bound，ELBO）。可以推导出，最大化 ELBO 的过程即为最小化变分概率分布与真实后验分布的 KL 散度。而随着如 PyTorch 等包含自动微分（Automatic Differentiation）框架的普及，利用梯度下降求解参数的方法越来越成为多数算法的主流。那么黑盒变分推断（Black - Box Variational Inference，BBVI）和自动微分变分推断（Automatic Differentiation Variational Inference，ADVI）则将 VI 进一步拓展，无须复杂的公式推导，即可完成后验参数的求解。本节将逐步进行讲解，并在最后利用变分推断方法，求解第 3 章中曾探讨过的贝叶斯线性回归模型。

5.4.1 后验分布优化与 ELBO

假设观测到数据为 $\boldsymbol{x}$，隐变量为 $\boldsymbol{z}$，则根据贝叶斯法则，后验概率分布：

$$p(z \mid \boldsymbol{x})=\frac{p(\boldsymbol{x} \mid z)p(z)}{p(\boldsymbol{x})}=\frac{p(\boldsymbol{x} \mid z)p(z)}{\int p(\boldsymbol{x},z)\mathrm{d}z} \tag{5.26}$$

其中 $p(\boldsymbol{x}|z)$ 被称为似然函数，表示隐变量生成观测数据的概率分布，$p(z)$ 代表先验分布，是嵌入模型中的外部知识，或者代表了我们对于该模型的设计偏好。这里难以处理的地方是分母的计算，涉及复杂分布的积分，有时无法求解。那么如何求解后验分布呢？变分推断的思路是用另外一种参数化的分布 $q_\theta(z)$，去逼近真实后验分布，从而将此问题转换为优化问题求解。优化目标即是缩小参数化分布 $q(z)$ 与后验分布的某种距离，在概率分布中，常使用 KL 散度进行衡量，即：

$$q^*(z)=\arg\min_\theta \mathbb{KL}(q_\theta(z) \parallel p(z|\boldsymbol{x})) \tag{5.27}$$

根据 KL 散度定义，上式目标可以展开为：

$$\begin{aligned}\mathbb{KL}(q(z) \parallel p(z|\boldsymbol{x}))&=\mathbb{E}[\log q(z)]-\mathbb{E}[\log p(z|\boldsymbol{x})]\\&=\mathbb{E}[\log q(z)]-\mathbb{E}[\log p(\boldsymbol{x},z)]+\log p(\boldsymbol{x})\end{aligned} \tag{5.28}$$

这里引入记号：

$$\mathrm{ELBO}(q)=\mathbb{E}[\log p(\boldsymbol{x},z)]-\mathbb{E}[\log q(z)] \tag{5.29}$$

此公式称为证据下界（Evidence Lower Bound，ELBO）。因为根据 KL 散度的非负性，总有 $\mathrm{ELBO}(q)\leqslant \log p(\boldsymbol{x})$，其中 $\log p(\boldsymbol{x})$ 代表了观测到事实的对数概率，因此也被称为证据下界。这个下界的好处是，由于 $\log p(\boldsymbol{x})$ 对于观测到的事实，总为固定值，因此不断的最大化 ELBO，实际上就是在最小化参数化分布与真实后验分布之间的 KL 散度，也就达到了求解真实后验分布的目的。ELBO 可以进一步拆分并表示如下：

$$\begin{aligned}\mathrm{ELBO}(q)&=\mathbb{E}[\log p(z)]+\mathbb{E}[\log p(\boldsymbol{x}|z)]-\mathbb{E}[q(z)]\\&=\mathbb{E}[\log p(\boldsymbol{x}|z)]-\mathbb{KL}(q(z) \parallel p(z))\end{aligned} \tag{5.30}$$

可以看出 ELBO 第一部分为最大化似然概率，第二部分为最小化参数化分布与先验分布之间的 KL 散度。因此可以看出，求解后验分布的过程既要最佳解释拟合当前数据，同时又要靠近先验假设，相当于监督学习中的正则项，约束了参数化分布的探索空间。

那么有了优化目标 ELBO 之后，又该如何去具体求解参数化分布呢？这里介绍一种方法，称为平均场理论（Mean-Field Theory），它是指在包含多个隐变量的情况下，多个隐变量的联合参数分布 $q(\boldsymbol{Z})$ 可以用每个变量的单独分布近似，即建模为 $q(\boldsymbol{Z})=\prod_i q(z_i)$。平均场理论来源于物理学，即在建模复杂粒子相互影响时，将其简化为分解的独立分布，从而方便求解。在这种近似情况下，每一个单独分布的求解过程，则是固定其他变量，只去求解该分布最大化 ELBO，即：

$$\begin{aligned}\mathrm{ELBO}(q_j)&=\int\prod_i q_i(\log p(\boldsymbol{X},\boldsymbol{Z})-\sum_i \log q(z_i))\mathrm{d}\boldsymbol{Z}\\&=\int q_j \log \tilde{p}(\boldsymbol{X},z_j)\mathrm{d}z_j-\int q_j \log q(z_j)\mathrm{d}z_j+\mathrm{const}\end{aligned} \tag{5.31}$$

其中 $\log\tilde{p}(\boldsymbol{X},z_j)=\mathbb{E}_{i\neq j}[\log p(\boldsymbol{X},\boldsymbol{Z})]+\text{const}$。可以看出实际上优化目标是 $q(z_j)$ 与 $\log\tilde{p}(\boldsymbol{X},z_j)$ 之间的 KL 散度，只有二者相等时得到极值。因此最优解为：

$$\log q_j^*(z_j)=\mathbb{E}_{i\neq j}[\log p(\boldsymbol{X},\boldsymbol{Z})]+\text{const} \tag{5.32}$$

也就是说每个最优的变分分布，是将观测变量和除此之外的隐变量联合分布的全部边缘化（Marginalization）最后得到的分布值。因此可以轮流迭代更新每个独立的参数化后验分布。

此处以变分线性回归（Variational Linear Regression）为例来说明求解方法。在第 3 章中介绍过贝叶斯线性回归，其中对于权重参数设置了高斯分布的假设，但是其方差设置为固定值。这里将此参数也看作是从先验分布中采样得到，从而需要利用变分推断进行后验分布求解。

具体来说线性回归模型表示如下：

$$\begin{aligned}
p(\boldsymbol{y}\mid\boldsymbol{w})&=\prod_{n=1}^{N}N(y_n\mid\boldsymbol{w}^{\mathrm{T}}\phi_n,\beta^{-1})\\
p(\boldsymbol{w}\mid\alpha)&=N(\boldsymbol{w}\mid\boldsymbol{0},\alpha^{-1}\boldsymbol{I})\\
p(\alpha)&=\mathrm{Gam}(\alpha\mid a_0,b_0)
\end{aligned} \tag{5.33}$$

此处 $\boldsymbol{\varphi}_n$ 代表输入特征，这里可以视为某种特征扩展变换。Gam 代表 Gamma 分布，选取此分布是可以使得求解 α 的后验分布时，依然是 Gamma 分布形式，因此也称这样的先验分布为共轭先验分布（Conjugate Prior Distribution）。此时根据平均场理论，估计后验分布的形式为 $q(\boldsymbol{w},\alpha)=q(\boldsymbol{w})q(\alpha)$。其中每个独立分布为整体数据联合分布的边缘化分布，因此可以推导如下[⊖]：

$$\begin{aligned}
q^*(\alpha)&=\mathrm{Gam}(a_N,b_N)\\
a_N&=a_0+\frac{M}{2}\\
b_N&=b_0+\frac{1}{2}(\boldsymbol{m}_N^{\mathrm{T}}\boldsymbol{m}_N+\mathrm{tr}(\boldsymbol{S}_N))\\
q^*(\boldsymbol{w})&=N(\boldsymbol{m}_N,\boldsymbol{S}_N)\\
\boldsymbol{m}_N&=\beta\boldsymbol{S}_N\boldsymbol{\Phi}^{\mathrm{T}}\boldsymbol{y}\\
\boldsymbol{S}_N&=\left(\frac{a_N}{b_N}\boldsymbol{I}+\boldsymbol{\beta}\boldsymbol{\Phi}^{\mathrm{T}}\boldsymbol{\Phi}\right)^{-1}
\end{aligned} \tag{5.34}$$

在变分推断下，$\boldsymbol{w}$ 的后验分布为高斯分布形式，则预测时的分布依然为高斯分布，其表示为

⊖ 具体推导过程见参考文献［6］10.3 节

$$p(y \mid \boldsymbol{x},\boldsymbol{y}) \approx \int p(y \mid \boldsymbol{x},\boldsymbol{w})q(\boldsymbol{w})\mathrm{d}\boldsymbol{w}$$

$$= \int N(\boldsymbol{w}^{\mathrm{T}}\boldsymbol{\phi}(\boldsymbol{x}),\beta^{-1})N(\boldsymbol{m}_N,\boldsymbol{S}_N)\mathrm{d}\boldsymbol{w}$$

$$= N(\boldsymbol{m}_N^{\mathrm{T}}\boldsymbol{\phi}(\boldsymbol{x}),\frac{1}{\beta} + \boldsymbol{\phi}(\boldsymbol{x})^{\mathrm{T}}\boldsymbol{S}_N\boldsymbol{\phi}(\boldsymbol{x}))$$

代码实现如下：

```
class VariationalLinearRegression:
    def _init_(self, beta=1, a0=1, b0=1, iters=100):
        self.beta = beta
        self.a0 = a0
        self.b0 = b0
        self.iters = iters

    def fit(self, X, y):
        XtX = torch.matmul(X.T, X)
        M = X.shape[1]
        # 初始 Gamma 分布参数
        self.a = self.a0 + M / 2
        self.b = self.b0
        for _ in range(self.iters):
            prev_b = self.b
            # 计算 precision 矩阵
            w_prec = self.beta * XtX
            w_prec[np.diag_indices(M)] += self.a / self.b
            # 求逆得到协方差
            self.w_var = w_prec.inverse()
            self.w_mean = self.beta * torch.matmul(self.w_var.mm(X.T), y)
            # 更新 b_N
            self.b = self.b0 + 0.5 * (self.w_mean ** 2).sum() + self.w_var.trace()
            # 停止准则
            if (prev_b - self.b).abs() < 1e-3:
                break

    def predict(self, X):
        # 预测的均值
        y = torch.matmul(X, self.w_mean)
        # 预测的方差
        y_var = 1 / self.beta + (torch.matmul(X, self.w_var) * X).sum(dim=1)
        y_std = torch.sqrt(y_var)
        return y, y_std
```

图 5.5 展示的即为采用多项式特征作为输入特征变换，利用变分线性回归模型拟合后的预测效果。其中红色线为预测均值，阴影部分为一个标准差范围。可以看出变分线性回归可以很好地

拟合数据分布。

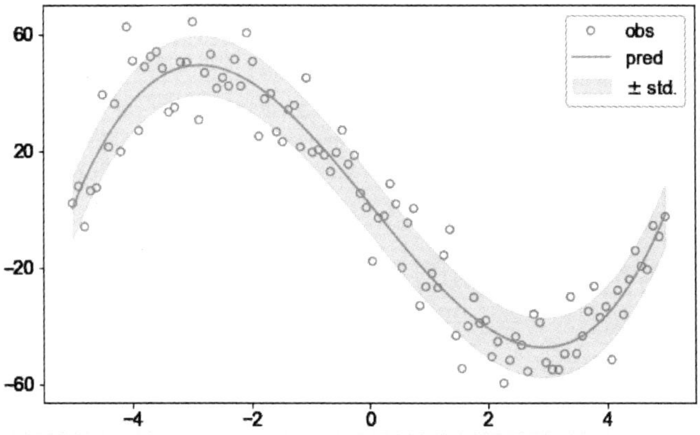

● 图 5.5 变分线性回归预测结果

5.4.2 黑盒变分推断算法（Black-Box Variational Inference，BBVI）

在上一小节中，利用平均场近似推导出了变分后验分布的形式，类似于坐标梯度上升（Coordinate Ascent），交替进行优化。但是在某些情形下，平均场近似分布无法推导出闭式解，那么此时如何去优化呢？一种想法是，直接通过对 ELBO 求导，得到变分分布参数的梯度，然后利用梯度下降算法求解即可。这种思路可以避免复杂的后验分布推导形式，因此被称为黑盒变分推断算法。

具体来说，即是求：

$$\begin{aligned}\nabla_\phi \mathrm{ELBO}(q(\boldsymbol{x};\phi)) &= \nabla_\phi \mathbb{E}_q[\log p(\boldsymbol{x},z) - \log q(z;\phi)] \\ &= \nabla_\phi \int q(z;\phi)(\log p(\boldsymbol{x},z) - \log q(z;\phi))\mathrm{d}z \\ &= \int \nabla_\phi q(z;\phi)(\log p(\boldsymbol{x},z) - \log q(z;\phi))\mathrm{d}z \\ &\quad + \int q(z;\phi)(\nabla_\phi \log p(\boldsymbol{x},z) - \nabla_\phi \log q(z;\phi))\mathrm{d}z\end{aligned} \tag{5.35}$$

其中已知以下变换结果：

$$\begin{gathered}\nabla_\phi \log p(\boldsymbol{x},z) = 0 \\ q(z;\phi)\ \nabla_\phi \log q(z;\phi) = \nabla_\phi q(z;\phi) \\ \int q(z;\phi)\ \nabla_\phi \log q(z;\phi)\mathrm{d}z = \nabla_\phi \int q(z;\phi)\mathrm{d}z = 0\end{gathered} \tag{5.36}$$

因此将公式 5.36 代入公式 5.35 中，可以简化得到：

$$\begin{aligned}\nabla_{\phi}\text{ELBO}(q(z;\phi)) &= \int q(z;\phi)\ \nabla_{\phi}\log q(z;\phi)(\log p(\boldsymbol{x},z) - \log q(z;\phi))\mathrm{d}z \\ &= \mathbb{E}_q[\nabla_{\phi}\log q(z;\phi)(\log p(\boldsymbol{x},z) - \log q(z;\phi))] \\ &\approx \frac{1}{N}\sum_{i=1}^{N}\nabla_{\phi}\log q(z_i;\phi)(\log p(\boldsymbol{x},z_i) - \log q(z_i;\phi))\end{aligned} \tag{5.37}$$

这里可以采用采样的方式，从变分后验分布中采样样本z_i，然后用经验平均值来近似期望值，从而完成 ELBO 对于变分参数的求导。

但是以上的优化只是求出了梯度，而对于有些随机变量，其定义域不是全空间，比如对于 Gamma 分布的随机变量，其均为正数。因此为了处理方便，需要将变量进行变换，变换到无约束的实数空间中。假设存在这样的变换 T，可以将某一个带有约束的随机变量映射为无约束的实数空间，即 $T(z)=\boldsymbol{\xi}$，则根据概率密度变化规则有：

$$p(\boldsymbol{x},\boldsymbol{\xi})=p(\boldsymbol{x},T^{-1}(\boldsymbol{\xi}))|\det J_{T^{-1}}(\boldsymbol{\xi})| \tag{5.38}$$

其中 $\det J_{T^{-1}}(\boldsymbol{\xi})$ 为变换的雅可比矩阵的行列式，表示概率空间体积的变换比例，此时 ELBO 则改写为：

$$L(\phi)=\mathbb{E}_{q(\boldsymbol{\xi};\phi)}[\log p(\boldsymbol{x},T^{-1}(\boldsymbol{\xi}))+\log|\det J_{T^{-1}}(\boldsymbol{\xi})|-\log q(\boldsymbol{\xi};\phi)] \tag{5.39}$$

在转换到无约束的变量后，可以选择最常用的高斯分布作为变分近似进行拟合。而此时可以利用标准高斯分布，重参数化一般高斯分布。例如想要对一般多元分布 $\boldsymbol{\xi}\sim N(\boldsymbol{\mu},\boldsymbol{\Sigma})$ 进行参数学习，可以先从标准多元高斯分布中采样 $\boldsymbol{\eta}\sim N(\boldsymbol{0},\boldsymbol{I})$，然后进行变换 $\boldsymbol{\xi}=\boldsymbol{L}\boldsymbol{\eta}+\boldsymbol{\mu}$，这样在对参数求导时，因为随机性已经与参数分离，便可以直接进行自动求导计算。因此这种变分推断方法也被称为自动微分变分推断（Automatic Differentiation Variational Inference，ADVI）。

以下还以变分线性回归作为例子，展示如何利用 ADVI 进行求解。在上一小节中，为了求解方便，对于 $\boldsymbol{w}\sim N(\boldsymbol{0},\boldsymbol{\alpha}^{-1}\boldsymbol{I})$ 中的 α 设定了 Gamma 先验分布，从而共轭的变分后验分布也选择了 Gamma 分布。这里通过变换将其转换为无约束的实数空间，而采用高斯分布作为变分后验分布。变换的方式是采取 softplus 函数，即$T^{-1}(\xi)=\log(1+\exp(\xi))$，这样可以使得任意实数均转换为正数。而其雅可比行列式则为 $\det J_{T^{-1}}=\exp(\xi)/(1+\exp(\xi))$。可以利用 PyTorch 中的 torch.distributions 模块完成对于随机变量的自动求导。

```
def softplus(x):
    return torch.log(1 + torch.exp(x))


def jacobian(x):
    return torch.exp(x) / (1 + torch.exp(x))


def elbo(X, y, n_sample, a0=1, b0=1, beta=0.01):
    # a_mu, a_sigma: alpha 变分后验分布参数
    # mu, L: w 变分后验分布参数
```

```
    # 从后验分布中采样 alpha,rsample 可保证求导
    q_alpha = dist.Normal(a_mu, softplus(a_sigma))
    alpha = q_alpha.rsample([n_sample])

    # LL^T 计算协方差矩阵,再从中采样 w
    S = L.mm(L.T)
    q_w = dist.MultivariateNormal(mu, S)
    w = q_w.rsample([n_sample])

    # MC 采样近似计算 E[log q(z)]
    log_qz = q_alpha.log_prob(alpha).mean() + q_w.log_prob(w).mean()

    # 计算 E[log p(x, z)]
    log_pxz = 0
    for i in range(n_sample):
        # 利用先验分布计算 log p(z), log p(x|z)
        p_alpha = dist.Gamma(a0, b0)
        alpha_T = softplus(alpha[i])

        p_w = dist.MultivariateNormal(torch.zeros(4), 1/alpha_T* torch.eye(4))

        p_y = dist.Normal(0, 1/beta)
        diff = y - torch.matmul(w[i], X.T).squeeze()
        # 注意此处 alpha_T 有变换,需要增加 jacobian 行列式
        log_pxz += p_alpha.log_prob(alpha_T) + torch.log(jacobian(alpha[i])) + \
            p_w.log_prob(w[i]) + p_y.log_prob(diff).sum()
    log_pxz = log_pxz / n_sample

    # 计算 ELBO
    elbo = log_pxz - log_qz
    return elbo

# 初始化待优化参数和优化器
mu = torch.randn(4).requires_grad_()
L = torch.randn(4, 4).requires_grad_()
a_mu = torch.randn(1).requires_grad_()
a_sigma = torch.randn(1).requires_grad_()
optimizer = torch.optim.Adam([mu, L, a_mu, a_sigma], lr=0.1)

# 利用梯度下降求解参数
loss_list = []
for i in tqdm.tqdm(range(1000)):
    optimizer.zero_grad()
    loss = -elbo(X, y, n_sample=10, beta=0.01)
    loss.backward()
    optimizer.step()
    loss_list.append(loss.item())
```

图 5.6 展示了优化过程中 ELBO 的变化情况，说明了在不断提高上界，变分后验分布在靠近真实后验分布。图 5.7 展示了利用 ADVI 优化后的模型预测结果，以及标准差范围。可以看出也成功拟合了训练数据。

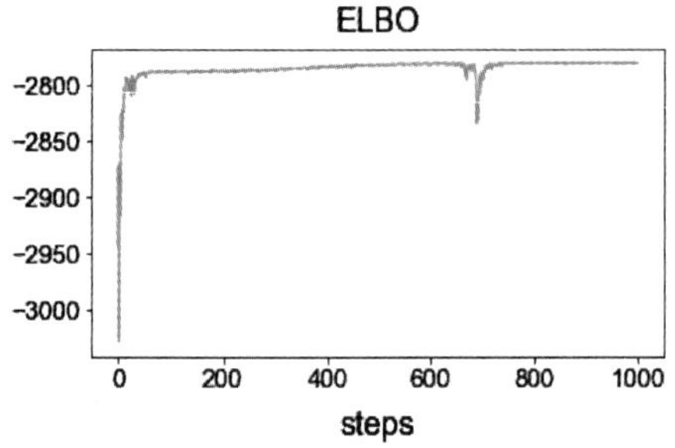

• 图 5.6　优化过程中 ELBO 的变化情况

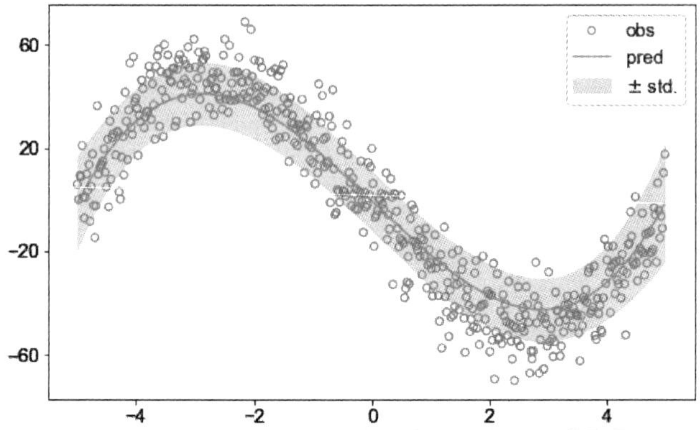

• 图 5.7　利用 ADVI 优化后的模型预测结果，以及标准差范围

最后利用转换后的 α 后验分布采样，再利用 softplus 转换到原始范围，观测与利用平均场近似求得的后验分布之间的差异。图 5.8 展示了采样样本分布和平均场近似分布的结果。可以看出二者之间相近，说明了即使不利用 Gamma 分布作为共轭变分分布，也可以同样求得后验，并且这种方法可以针对更复杂的场景，更具有广泛应用。

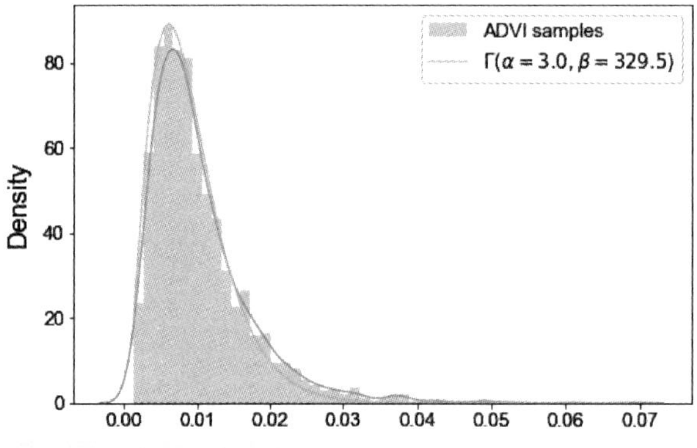

扫码查看彩图

• 图 5.8　采样样本分布和平均场近似分布的结果

5.5 蒙特卡罗采样 (Monte Carlo Sampling)

在之前的介绍中，在求解后验分布时常常需要对复杂的分布求期望，实际上即积分操作。此

时往往无法计算出闭式解。此时可以采取采样模拟的思路，即按照后验分布的概率比例大小，采样数据，然后用采样后的数据点近似估计积分期望值，即：

$$\mathbb{E}[f] = \int f(z)p(z)\mathrm{d}z \approx \frac{1}{L}\sum_{l=1}^{L} f(z^{(l)}) \tag{5.40}$$

这种近似计算方法也被称为蒙特卡罗采样。此时则需要我们较为准确地从分布 $p(z)$ 中采样数据点。如果 $p(z)$ 是有显式表达式的分布，或者是某种概率图组合而成的节点分布，则直接采样，或者是按照概率图关系原始采样（Ancestral Sampling，也被称为祖先采样）得到。但是更多情况下是复杂分布 $p(z)$ 只能知道其相对比例，即 $p(z) = \tilde{p}(z)/\mathbf{Z}$，其中 $\mathbf{Z}$ 为概率归一化系数，$\tilde{p}(z)$ 则是相对可以直接计算的。此时需要开发多种采样算法去解决。接下来将介绍拒绝采样方法，并且引入马尔可夫链采取更具依赖性的采样方法。

5.5.1 拒绝采样（Rejection Sampling）

首先介绍较为简单的拒绝采样方法。其思路比较直观，即先从一个较为简单的提议分布（Proposal Distribution）$q(z)$ 中采样，然后计算其是否落入待采样分布的范围内，并以一定的概率进行保留和拒绝，最终得到按照原始分布概率采样的样本。具体来说，待采样分布为 $p(z) = \tilde{p}(z)/\mathbf{Z}$，$\tilde{p}$ 可直接计算，$\mathbf{Z}$ 无法求解。此时选取 $k \geqslant 0$，使得在概率定义的支撑集（Support）上均有 $kq(z) \geqslant \tilde{p}$。则从 $q(z)$ 中采样一点 z_0，然后以 $\tilde{p}(z_0)/kq(z_0)$ 的概率选择是否接受（Accept）。这样最终采样出的点将符合 $p(z)$ 分布，此时每一个点采样出的概率为：

$$p(\text{accept}) = \int \frac{\tilde{p}(z)}{kq(z)} q(z)\mathrm{d}z = \frac{1}{k}\int \tilde{p}(z)\mathrm{d}z \tag{5.41}$$

接下来举例说明。假设 $\tilde{p}(z)$ 有如下分布形式，$q(z)$ 选择标准正态分布：

```
def p(z):
    return torch.exp(-z* * 2/2) *  (torch.sin(6* z) + torch.cos(z)* * 2 + 1)
```

当 $k=5$ 时，二者关系如图 5.9 所示，其中阴影部分即为采样点落入拒绝的区域。

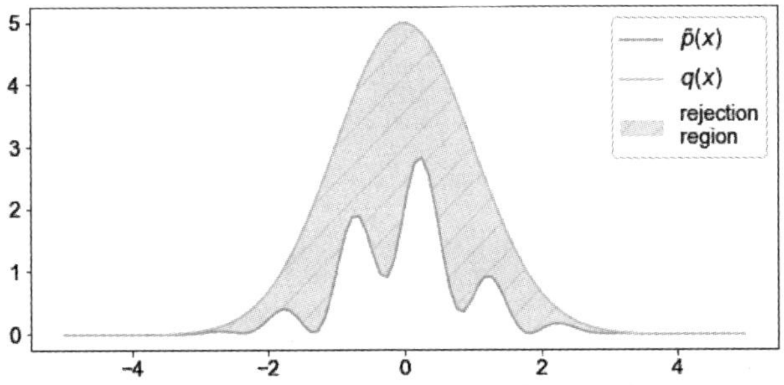

图 5.9　拒绝采样示意图

则拒绝采样可实现如下：

```
def rejection_sampling(p_func, q_dist, k, N):
    samples = []
    while len(samples) < N:
        # 从提议分布中采样
        sample = q_dist.sample()
        # 计算 q(z)
        q_pdf = torch.exp(q_dist.log_prob(sample))
        # 计算接受概率
        accept_prob = p_func(sample) / (k * q_pdf)
        # 按照此概率选择是否保留样本
        if torch.rand(1) < accept_prob:
            samples.append(sample)
    return torch.Tensor(samples)
```

此时以标准正态分布为提议分布，则采样后的样本所估计出的经验概率分布（Empirical Distribution）如图 5.10 所示，可以看出在采样次数足够多时，会逐渐逼近原始分布。但这种方法需要大量的采样次数，因为会由于全局设置 k 参数，导致在某些区域拒绝概率过大。

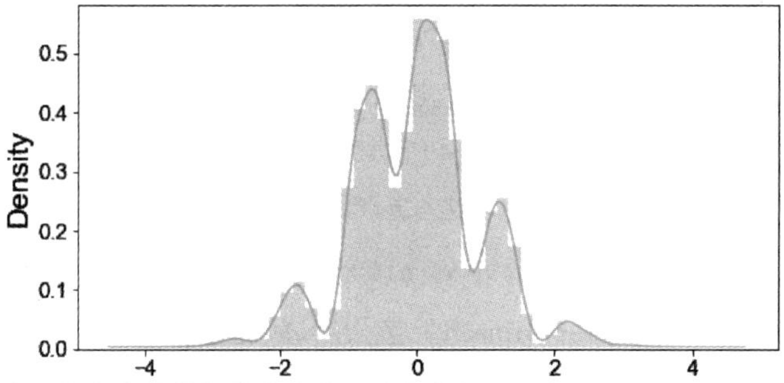

图 5.10　拒绝采样后得到样本的经验概率分布

5.5.2　马尔可夫链蒙特卡罗（Markov Chain Monte Carlo）

上一小节介绍过拒绝采样的问题在于全局设置了参数 k，导致在原始分布较低的区域拒绝概率过大，需要采样的次数过多。那么如何改进采样效率呢？此时可以考虑局部相对的提议分布，即每次采样时，是依赖于前一次的采样样本，在其周围进行采样，这样会有更大概率避免被拒绝。

那么如何将上述想法严谨化呢？这里需要借助于马尔可夫链的性质来建模此过程。一个马尔可夫链为一系列随机变量z_1，…，z_n，其中某一个样本的条件分布只依赖于前一个样本，即$p(z_n|\mathbf{Z})=p(z_n|z_{n-1})$。之前也介绍过，此概率为转移概率 $T(z,z')$。那么在给定初始概率 $\pi(z)$之后，各个时刻随机变量则以此转移概率逐个采样生成。而在采样足够多的次数后，有些情况下$p(z)$的整体概率分布

趋于稳定，即此时达到平稳概率（Equilibrium Probability）$p^*(z)$，即：

$$p^*(z)=\sum_{z'}T(z,z')\,p^*(z') \tag{5.42}$$

那么一个充分条件可以使得满足如下性质的概率分布为该马尔可夫链的稳态分布，即需要满足细致平衡条件（Detailed Balance）：

$$p^*(z)\boldsymbol{T}(z,z')=p^*(z')\boldsymbol{T}(z',z) \tag{5.43}$$

因为此时有：

$$\begin{aligned}\sum_{z'}p^*(z')\boldsymbol{T}(z',z)&=\sum_{z'}p^*(z)\boldsymbol{T}(z,z')\\&=p^*(z)\sum_{z'}p(z'\mid z)\\&=p^*(z)\end{aligned} \tag{5.44}$$

即符合了平稳概率的定义。那么如何利用马尔可夫链的这一性质去帮助我们实现概率采样呢？其实就是设计转移概率的形式，使得其满足细致平衡条件，则按照此转移概率进行采样后，最终得到的平稳概率即为待采样的目标分布。这便是马尔可夫链蒙特卡罗（Markov Chain Monte Carlo，MCMC）采样方法。

这里介绍最经典的 Metropolis-Hastings（MH）算法。其设计的转移概率即提议分布为 $q(z'|z)$，是依赖于每一个采样点的条件分布，并且按照以下接受概率保留采样样本：

$$A(z',z)=\min\left(1,\frac{\tilde{p}(z')q(z|z')}{\tilde{p}(z)q(z'|z)}\right) \tag{5.45}$$

在此条件下的转移方式，最终的稳态分布即为 $\tilde{p}(z)$。而当提议分布为对称分布，即 $q(z'|z)=q(z|z')$，此时也被称为 Metropolis 采样算法，接受概率化简为：

$$A(z',z)=\min\left(1,\frac{\tilde{p}(z')}{\tilde{p}(z)}\right) \tag{5.46}$$

此处用一个标准的二维正态分布作为提议分布，对一个混合分布进行采样。由于其满足对称性，可以采用 Metropolis 采样接受概率。该混合分布为：

```
def p(x):
    # 第一个多元高斯分布
    m1 = torch.Tensor([1.0, 0.0])
    c1 = torch.Tensor(
    [[1, 0.1],
    [0.1, 1.5]]
    )
    d1 = torch.distributions.MultivariateNormal(m1, c1)

    # 第二个多元高斯分布
```

```
    m2 = torch.Tensor([-1, -3])
    c2 = torch.Tensor(
    [[1, -0.2],
    [-0.2, 1]]
    )
    d2 = torch.distributions.MultivariateNormal(m2, c2)

    # 混合分布
    return 0.5 * torch.exp(d1.log_prob(x))+ 0.5 * torch.exp(d2.log_prob(x))
```

则采样方法可实现如下：

```
def MH(p_func, x0, N):
    samples = []
    x = x0
    for i in range(N):
        # 按照标准正态采样
        x_next = torch.distributions.MultivariateNormal(loc=x, covariance_matrix=
torch.eye(2)).sample()
        # 计算接受概率
        ratio = p_func(x_next) / p_func(x0)
        accept_prob = torch.clamp(ratio, max=1)
        # 即使被拒绝,也保留上次的样本作为采样
        if torch.rand(1) < accept_prob:
            x = x_next

        samples.append(x)
    return torch.stack(samples)
```

图 5.11 展示的即为采样结果。左侧等势线描绘的是真实分布情况，白色点为采样样本。可

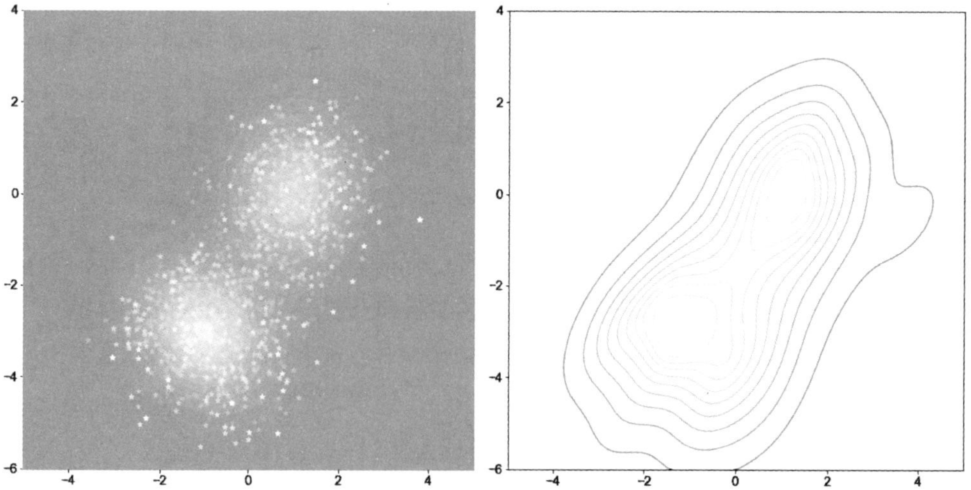

扫码查看彩图

● 图 5.11　MH 算法采样得到的采样结果及估计的经验概率分布

以看出采样的样本区域符合概率高低的分布。右侧为根据采样样本估计出的经验分布，在一定程度上与原始分布接近。MCMC 由于接受概率更高，因此可以更高效地采样。

5.5.3 吉布斯采样（Gibbs Sampling）

这一小节将介绍吉布斯采样，其可以视为一种特殊的 MH 算法。Gibbs Sampling 采样算法流程较为简单，如果想要从联合概率分布 $p(\boldsymbol{z})=p(z_1,\cdots,z_n)$ 中采样样本，则每次采样时，只选取其中一个变量z_i进行采样，固定其余所有的变量$\boldsymbol{z}_{\setminus i}$，其采样的概率即为条件概率$p(\boldsymbol{z}_i|\boldsymbol{z}_{\setminus i})$。依次循环采样每一个变量，从而完成样本点采样。

Gibbs Sampling 采样算法可以看作是接受概率恒为 1 的 MH 算法。其提议分布为 $q(\boldsymbol{z}'|\boldsymbol{z})=p(\boldsymbol{z}'_i|\boldsymbol{z}_{\setminus i})$，注意这里除了变量$z_i$外，其余不变，故 $\boldsymbol{z}'_{\setminus i}=\boldsymbol{z}_{\setminus i}$，因此其接受概率为：

$$
\begin{aligned}
A(\boldsymbol{z}',\boldsymbol{z}) &= \frac{p(\boldsymbol{z}')q(\boldsymbol{z}|\boldsymbol{z}')}{p(\boldsymbol{z})q(\boldsymbol{z}'|\boldsymbol{z})} \\
&= \frac{p(\boldsymbol{z}'_i|\boldsymbol{z}'_{\setminus i})p(\boldsymbol{z}'_{\setminus i})q(z_i|\boldsymbol{z}'_{\setminus i})}{p(z_i|\boldsymbol{z}_{\setminus i})p(\boldsymbol{z}_{\setminus i})q(\boldsymbol{z}'_i|\boldsymbol{z}_{\setminus i})}=1
\end{aligned}
\tag{5.47}
$$

因此 Gibbs Sampling 采样算法无须拒绝，每次采样均是可被接受的样本。但是 Gibbs Sampling 采样算法对于条件概率具有要求，即要求条件概率容易从中直接采样，这也限制了其一些使用场景。

假设需要从 $p(x,y)\sim\exp\left(-\frac{1}{2}(x^2+xy+y^2)\right)$ 这样一个联合分布中采样，那么固定任意一个变量，另一个变量都服从高斯分布，其可以写为 $p(x|y)\sim\exp\left(-\frac{1}{2}\left(x+\frac{1}{2}y\right)^2\right)\sim N\left(-\frac{1}{2}y,1\right)$，因此可以交替进行 Gibbs Sampling 采样，具体如下：

```
def gibbs(N):
    samples = [torch.ones(2)]
    for i in range(N):
        x, y = samples[-1]
        # 采样 x
        mu = -0.5 * y
        x = torch.distributions.Normal(mu, 1).sample()
        samples.append(torch.Tensor([x, y]))
        # 采样 y
        mu = -0.5 * x
        y = torch.distributions.Normal(mu, 1).sample()
        samples.append(torch.Tensor([x, y]))

    return torch.stack(samples)
```

图 5.12 左侧展示的为 Gibbs Sampling 采样算法的样本点和真实分布的等势图，右侧是根据采样点统计出的二维分布直方图和真实分布的等势图，可以看出二者之间相重合，说明的确从真实分布中进行了采样。

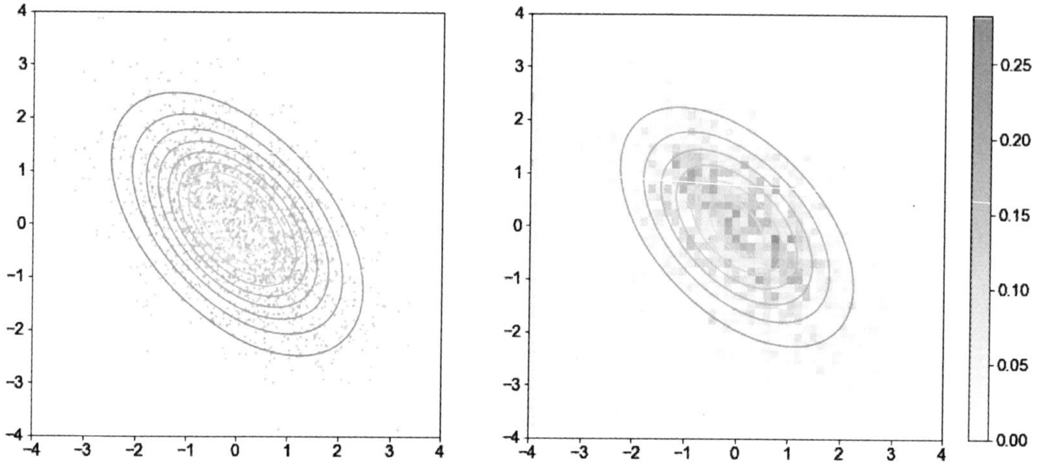

● 图 5.12　Gibbs Sampling 采样算法的样本点与真实分布的等势图

扫码查看彩图

5.5.4 哈密顿蒙特卡罗采样（Hamiltonian Monte Carlo，HMC）

在介绍采样方法的章节最后，介绍一下稍微复杂一些的哈密顿蒙特卡罗采样方法。在之前介绍过的 MCMC 采样方法中，提议分布是一个基于当前采样点的条件分布，往往都是在当前采样点周围的采样。所以造成的采样点实际上是在进行随机游走（Random Walk），前后采样点相似性太强。能否改进 MCMC 采样策略呢？HMC 则换一种思路进行采样。该算法利用了经典力学中的哈密顿量，来对采样点进行某种动力学演化。在这种演化过程中，采样点可以离当前点有较远的距离，同时由于其守恒性质，又能够保证有较高的接受概率，从而使得采样点更加均匀分散，同时采样效率也有保证。

我们要解决的问题还是从一个概率分布$\pi_Q(q)=\dfrac{1}{Z}\tilde{\pi}_Q(q)$中采样变量 q，其中 Z 为归一化因子，$\tilde{\pi}_Q(q)$容易直接进行计算。同时定义 $U(q)=-\log\tilde{\pi}_Q(q)$，并且还要求 $\partial U/\partial q$ 容易求解。这样π_Q就可以表示为$\pi_Q\sim e^{-U(q)}$，即按照玻尔兹曼分布。这里按照经典力学的理解，$U(q)$代表了势能项。同时引入辅助变量（Auxiliary Variable）p，表示“动量”（Momentum），对应的 q 可以理解为经典力学中的位置。对于 p，其服从分布$\pi_P(p)\sim e^{-K(p)}$，其中 $K(p)$表示动能，并且满足 $K(p)=K(-p)$。则此时对于整个系统其哈密顿量 $H(q,p)=K(p)+U(q)$，同时 q，p 二者之间的联合分布满足$\pi_{Q,P}(q,p)=\pi_Q(q)\pi_P(p)\propto exp(-H(q,p))$。所以每一个$(q,p)$由$H(q,p)$唯一决定其概率密度。

建立起哈密顿量的好处在于，可以借鉴许多经典力学里的结论。首先由于动量和位置之间的关系，可以得到哈密顿方程：

$$\frac{\mathrm{d}q}{\mathrm{d}t}=\frac{\partial H}{\partial p},\frac{\mathrm{d}p}{\mathrm{d}t}=-\frac{\partial H}{\partial q} \tag{5.48}$$

可以推导出 $\mathrm{d}H/\mathrm{d}t=0$，即能量守恒定律。这对于采样问题来说，给定一个初始采样点(q_0,p_0)，则沿着哈密顿方程进行动力学演化，演化的各个时刻不同点(q_t,p_t)均有相同的哈密顿量，第二个结论是刘维尔定理（Liouville's Theorem），即所有(q,p)构成的相空间（Phase Space），考察其变化速率，则得到流速场（Flow Field）。该流速场刻画了每一个位置处(q,p)的变化方向和大小。刘维尔定理指出，该流速场散度（Divergence）为 0，即设想相空间中一部分区域，随着哈密顿方程不断演化，其(q,p)会不断变化扩展，但是总体体积是不变的。这意味着概率密度也不会变化。这实际上可以很好地保证每次沿着哈密顿方程演化后，得到的采样点，依然保持相同概率，从而接受概率更高。

那么如何模拟哈密顿方程的演化情况？这里采取经典数值分析算法 Leapfrog，对连续微分方程进行离散化并逐步迭代。其表示为：

$$\begin{aligned}p(t+\epsilon/2)&=p(t)-\frac{\epsilon}{2}\frac{\partial U}{\partial q}(q(t))\\q(t+\epsilon)&=q(t)+\epsilon p(t+\epsilon/2)\\p(t+\epsilon)&=p(t+\epsilon/2)-\frac{\epsilon}{2}\frac{\partial U}{\partial q}(q(t+\epsilon))\end{aligned} \tag{5.49}$$

其思想是在更新下一步状态时，动量先更新一半的步长，然后更新位置，再用新的位置更新剩余一半步长的动量，从而完成演化。这里以一个例子展示 Leapfrog 算法的结果。定义$\pi_Q(q)$服从 Gamma 分布，$\pi_P(p)$服从高斯分布，则有：

$$\begin{aligned}U(q)&=-\log(\tilde{\pi}_Q(q))\\&=-\log(q^{\alpha-1}\exp(-\beta q))\\&=\beta q-(\alpha-1)\log q\end{aligned}$$

$$K(q)=-\log(\tilde{\pi}_P(p))=\frac{1}{2}p^2$$

因此 Leapfrog 算法可以实现为：

```
alpha, beta= 9, 2
def E(q):
    return beta * q - (alpha - 1) * torch.log(q)  # gamma

def dE(q):
```

```
    # dE / dq
    return -(alpha - 1) / q + beta  # gamma

def leapfrog(q, p, dE, nsteps=200, eps=1e-3):
    steps = [[q, p]]
    for _ in range(nsteps):
        p = p - eps / 2 * dE(q)
        q = q + eps * p
        p = p - eps / 2 * dE(q)
        steps.append([q, p])
    steps = torch.Tensor(steps)
    return steps

steps = leapfrog(1, 1, dE, 15000)
```

图 5.13 展示的即为从红色初始点按照 Leapfrog 算法迭代后，在相空间中的轨迹。可以看出相空间内的轨迹闭合，轨迹上的哈密顿量均相同，并且也表示出了流速场方向，每一处均与轨迹相切。

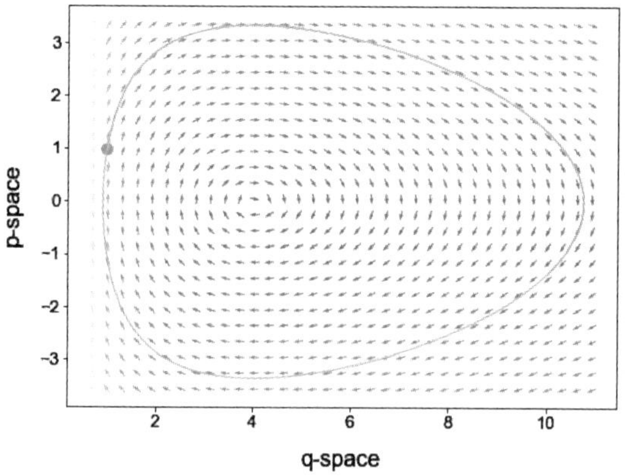

● 图 5.13 Leapfrog 算法演化路径在相空间中的表示

因此利用 Leapfrog 算法，可以代替之前随机游走的提议分布，进行 MCMC 采样。即在每一处通过 Leapfrog 算法演化生成下一个采样点，然后按照 Metroplis 接受概率计算是否接受样本，其接受概率为：

$$A(q^*,p^*)=\min(1,\exp(H(q,p)-H(q^*,p^*))) \tag{5.50}$$

证明按照此方式可以保持符合细致平衡条件，其平衡状态分布即为待采样的分布。由于在演化过程中哈密顿量 H 保持不变，以上演化只会在有限的状态上进行遍历，因此在采样过程中，需要每次重新从 $\pi_p(p)$ 中采样新的 p 变量，开始下一步演化采样，可以达到各态遍历性。

以下为 HMC 代码实现。这里要采样的目标分布即为 Gamma 分布：

```
def H(q, p):
    # 计算哈密顿量
    return E(q) + p ** 2 / 2

q, p = 1, 1 # 初始采样点
eps = 1e-1  # epsilon
```

```
n_samples = 1000
all_steps = []
q_samples = []

for ix in range(n_samples):
    # 每次步长 L=25 进行演化
    steps = leapfrog(q, p, dE, 25, eps)
    # 得到当前点和采样点
    current, proposed = steps[[0, -1]]

    # 计算接受概率
    m_criterion = min(1, torch.exp(H(* current) - H(* proposed)))
    # 按照 Metroplis 算法进行判断
    u = torch.rand(1)
    if m_criterion > u:
        q, _ = proposed
        q_samples.append(q)
        all_steps.append(steps)
    # 重新采样 p,进行下一次演化
    p = torch.randn(1)
```

图 5.14 展示的即为按照 HMC 采样算法生成的采样点的经验分布，与真实 Gamma 分布的比较。可以看出二者概率密度函数相符合，说明了采样的正确性。

图 5.15 展示的为 HMC 算法部分 Leapfrog 演化轨迹在相空间中的展示。其中每个红色点为每次 Leapfrog 演化后得到的采样点。所有红色点即为最终的采样样本。可以看出每次演化轨迹均沿着相空间中的流速场方向进行演化，同时由于每次重新采样动量变量，不同轨迹位于不同的哈密顿量能级，从而可以充分遍历各态。

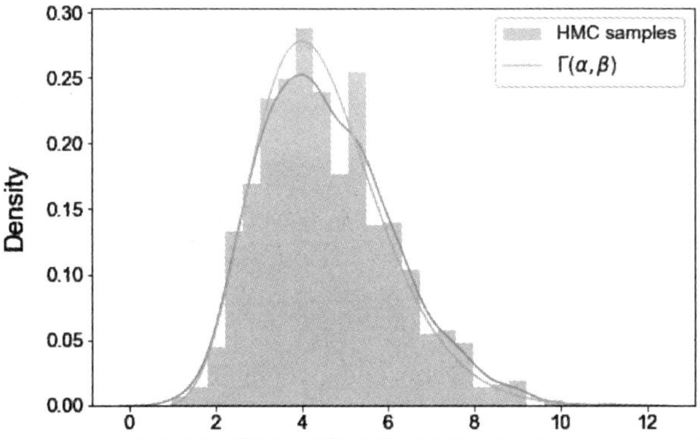

● 图 5.14　按照 HMC 采样算法生成的采样点的经验分布和真实 Gamma 分布的比较

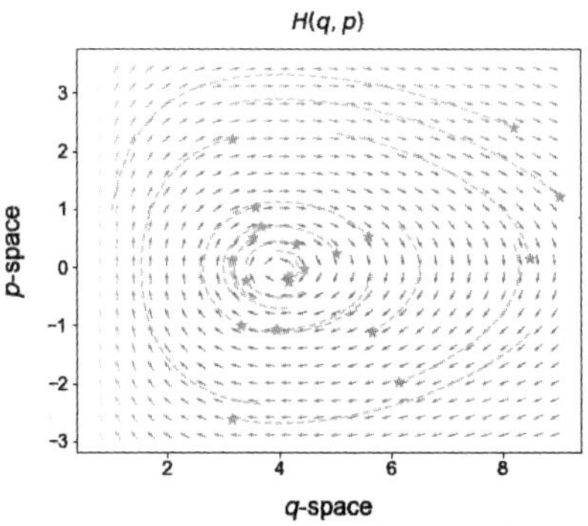

扫码查看彩图

● 图 5.15　HMC 算法部分 Leapfrog 演化轨迹在相空间中的展示

5.6 实战：变分高斯混合模型（Variational Gaussian Mixture Model）

在本章最后，将探讨利用变分推断求解带有贝叶斯先验的高斯混合模型。在第 4 章中，曾经介绍过高斯混合模型（GMM）的求解方法。在当时，是利用最大似然推导，并且利用期望最大化算法（EM）对其进行求解。在本次实战中，将进一步扩展该模型的设定。首先从贝叶斯概率图模型的角度出发，对于混合模型中的诸多参数增加先验。然后在此先验条件下，利用变分推断进行后验分布求解。在此过程中，会涉及较多的公式推导。我们会简明扼要地展示结果，避免陷入烦琐的推导之中。更多详细过程可以阅读参考文献［6］中第 10 章的内容。最后利用 PyTorch 实现完整的推断算法，并且可以和普通 GMM 比较，展示 Variational GMM 的强大能力。

5.6.1 扩展 GMM：贝叶斯高斯混合模型（Bayesian Gaussian Mixture Model）

假设 $N \in \mathbb{N}$代表数据点个数，$D \in \mathbb{N}$代表观测到的数据特征维度，则观测到已有数据为x_0，x_1，…，$x_{N-1} \in \mathbb{R}^D$。假设认为该数据是从混合高斯分布中采样而得到的。设共有 $K \in \mathbb{N}$个多元高斯分布。则在第 4 章中，定义了这组数据的似然函数为：

$$p(X \mid \mu, \Lambda, \pi) = \prod_{n=0}^{N-1} \prod_{k=0}^{K-1} \pi_k N(x_n \mid \mu_k, \Lambda_k^{-1}) \tag{5.51}$$

μ_k，Λ_k为每个高斯分布的均值以及精度矩阵（协方差均值的逆），π_k为每个高斯分布的混合比例。则上式按照最大似然估计对每个参数求导，即可得到最优条件。为了求解方便，引入变量 Z，其中$\sum_{k=0}^{K-1} z_{n,k} = 1$，代表每个数据点归属于各个高斯分布的比例。由于此变量 Z 与其他参数互相耦合，所以解决方法是交替更新，从而理解为 E-step 和 M-step，即在给定参数下求解每个数据点的归属，和在已知每个数据点归属情况下的最大化参数。

而贝叶斯高斯混合模型，则对于以上参数部分增加了先验分布并进行扩展。首先对于 Z 变量，认为其是一个从多项分布中生成出来的隐变量：

$$p(\pi) = \mathrm{Dir}(\pi \mid \alpha_0)$$

$$p(Z \mid \pi) = \prod_{n=0}^{N-1} \prod_{k=0}^{K-1} \pi_k^{z_{n,k}} \tag{5.52}$$

其中 π 仍然为原始混合比例，而$z_{n,k} \in \{0,1\}$变成了 one-hot 向量形式，也就是从以 π 为参数的多项分布中采样得到。而对于 π 则引入了 Dirichlet 分布作为先验。Dirichlet 分布可以视为对于各种离散概率的一种分布，其参数α_0控制着集中度（Concentration），如果α_0较大，则产生的概率 π 较为均匀；如果较小，则产生的概率将集中于少数几个元素上。Dirichlet 分布与多项分布形成共轭分布，方便后验分布求解。

对于每个高斯分布的参数，引入了如下先验：

$$p(\Lambda)=\prod_{k=0}^{K-1}W(\Lambda_k\mid W_0,\nu_0)$$

$$p(\mu\mid\Lambda)=\prod_{k=0}^{K-1}N(\mu_k\mid m_0,(\beta_0\Lambda_k)^{-1})\tag{5.53}$$

其中引入了 Wishart 分布 $W(\Lambda|W_0,\nu_0)$，为高斯分布协方差矩阵的共轭分布。当多元高斯分布退化为一元高斯分布时，Wishart 分布也就是 Gamma 分布。因此总体上，贝叶斯视角下的 GMM 模型其联合概率分布为：

$$p(X,Z,\pi,\mu,\Lambda)=p(X|Z,\mu,\Lambda,\pi)p(Z|\pi)p(\pi)p(\mu|\Lambda)p(\Lambda)\tag{5.54}$$

5.6.2 变分推断近似

为了求解以上隐变量及参数的后验分布 $p(Z,\pi,\mu,\Lambda|X)$，采取变分推断的方法，引入变分后验分布 $q(Z,\pi,\mu,\Lambda)$ 进行近似。同时采取平均场近似策略，即将其分解为：

$$q(Z,\pi,\mu,\Lambda)=q(Z)q(\pi)\prod_{k=0}^{K-1}q(\mu_k,\Lambda_k)\tag{5.55}$$

则按照之前的结论可知，在平均场近似条件下，后验分布的形式即为对联合分布中的其他变量进行积分后的结果，例如 $\log q^*(Z)=\mathbb{E}_{\pi,\mu,\Lambda}[\log p(x,Z,\pi,\mu,\Lambda)]+\text{const}$。首先对于变量 Z，其最优近似为：

$$\log q^*(Z)=\sum_{n=0}^{N-1}\sum_{k=0}^{K-1}z_{nk}\log\rho_{nk}+\text{const}\tag{5.56}$$

由于z_{nk}满足归一化条件，可以看出$q^*(Z)$是服从以r_{nk}为参数的多项分布，其中 $r_{nk}=\rho_{nk}/\sum_j\rho_{nj}$。实际上这里的$r_{nk}$即是在第 4 章推导中的$\gamma_{nk}$，代表的是每个数据点归属于各个分布的情况，也被称为 Membership 或者 Responsibility。而ρ_{nk}的表达式则为：

$$\log\rho_{nk}=\mathbb{E}[\log\pi_k]+\frac{1}{2}\mathbb{E}[\log|\Lambda_k|]-\frac{D}{2}\log(2\pi)$$

$$-\frac{1}{2}\mathbb{E}_{\mu_k,\Lambda_k}[(x_n-\mu_k)^{\mathrm{T}}\Lambda_k(x_n-\mu_k)]$$

$$\mathbb{E}[\log\pi_k]=\psi(\alpha_k)-\psi(\hat{\alpha})$$

$$\hat{\alpha}=\sum_{k=0}^{K-1}\alpha_k$$

$$\psi(a)=\frac{\mathrm{d}}{\mathrm{d}a}\log\Gamma(a)\text{(Digamma Function)}$$

$$\mathbb{E}[\log|\Lambda_k|]=\sum_{i=0}^{D-1}\psi\left(\frac{\nu_k-i}{2}\right)+D\log 2+\log(|W_k|)$$

$$\mathbb{E}_{\mu_k,\Lambda_k}[(x_n-\mu_k)^{\mathrm{T}}\Lambda_k(x_n-\mu_k)]= \\ D\beta_k^{-1}+\nu_k(x_n-m_k)^{\mathrm{T}}W_k(x_n-m_k) \tag{5.57}$$

这里 α, β, ν, m, W 等均为其他变量变分后验分布的参数。即假设:

$$q(\pi)=Dir(\pi|\alpha) \\ q(\mu_k,\Lambda_k)=N(\mu_k|m_k,(\beta_k\Lambda_k)^{-1})W(\Lambda_k|W_k,\nu_k) \tag{5.58}$$

而以上这些参数，则同样按照平均场近似的结论，可以求得最优参数为:

$$\alpha_k=\alpha_0+N_k,\beta_k=\beta_0+N_k,\nu_k=\nu_0+N_k \\ m_k=\frac{1}{\beta_k}(\beta_0m_0+N_k\bar{x}_k) \\ W_k^{-1}=W_0^{-1}+N_kS_k+\frac{\beta_0N_k}{\beta_0+N_k}(\bar{x}_k-m_0)(\bar{x}_k-m_0)^{\mathrm{T}} \\ N_k=\sum_{n=0}^{N-1}r_{n,k},\bar{x}_k=\frac{1}{N_k}\sum_{n=0}^{N-1}r_{n,k}x_n \\ S_k=\frac{1}{N_k}\sum_{n=0}^{N-1}r_{n,k}(x_n-\bar{x}_k)(x_n-\bar{x}_k)^{\mathrm{T}} \tag{5.59}$$

可以注意到类似于最大似然估计中的 GMM 求解，上式也在最后利用r_{nk}估计出经验均值$\bar{x}_k$和协方差矩阵S_k。只不过由于各个参数拥有了先验分布，因此最后的更新结果类似于某种平滑(Smoothing)，通过加权先验参数和经验估计值来得到更新。

此时即出现了在第 4 章推导中同样的问题，r_{nk}的求解需要依赖于α_k，β_k，ν_k，m_k，W_k的参数值，而这些参数值又依赖于r_{nk}的结果。因此需要利用 EM 算法，进行交替更新。由于这里是引入变分推断而产生的，因此也被称为变分 EM（Variational EM）。

最后在估计完参数后进行预测时，实际上就是混合多个高斯分布的概率密度。由于每个高斯分布对于协方差有 Wishart 后验分布，则在积分后会得到多元 Student't-分布（在一元情况下即方差有 Gamma 后验分布，积分后得到一元 Student't-分布）。其表示为:

$$p(\hat{x}|X)\simeq\frac{1}{\sum_{k=0}^{K-1}\alpha_k}\sum_{k=0}^{K-1}\alpha_kSt(\hat{x}|m_k,L_k,\nu_k+1-D)$$

$$L_k=\frac{(\nu_k+1-D)\beta_k}{1+\beta_k}W_k$$

$$\mathrm{St}(x|\mu,L,\nu)=\frac{\Gamma\left(\frac{\nu+D}{2}\right)}{\Gamma\left(\frac{\nu}{2}\right)}\frac{(\det L)^{1/2}}{(\nu\pi)^{D/2}}\left(1+\frac{\Delta^2}{\nu}\right)^{-\frac{\nu}{2}-\frac{D}{2}}$$

$$\Delta^2 = (x - \mu)^{\mathrm{T}} L (x - \mu) \tag{5.60}$$

5.6.3 代码实现

首先实现变分 EM 算法中的 E-step。

```
def variational_e_step(X, alpha, beta, nu, m, W):
    # X: input data, shape=(N, D)
    # alpha, beta, nu: shape=(K,)
    # mu: shape=(K, D)
    # W: shape=(K, D, D)

    # E[log pi]
    log_pi = torch.digamma(alpha) - torch.digamma(alpha.sum())
    # E[log Lambda]
    log_lambda = torch.digamma((nu[:, None] - torch.arange(D).reshape(1, D))/2).sum(dim
=1) + D* math.log(2) + torch.logdet(W)
    # E[ (x-mu)^T Lambda (x-mu)]
    # 类似多元高斯中的计算方式
    diffs = X[:, None, :] - m[None, :, :]
    W_chol = torch.linalg.cholesky(W)
    exponent = ((torch.einsum('kdj,nkd->nkj', W_chol, diffs)) * * 2).sum(dim=2)
    log_rho = log_pi + 0.5 * log_lambda - 0.5 * (D/beta + nu* exponent) - D/2* math.log(2*
math.pi)
    # 利用 logsumexp 进行归一化因子求解
    rho_norm = torch.logsumexp(log_rho, dim=1)
    gamma = (log_rho - rho_norm[:, None]).exp()
    return gamma
```

接下来是 M-step：

```
def variational_m_step(X, gamma):
    N_k = gamma.sum(dim=0)
    # 更新 alpha, beta, nu
    alpha = alpha0 + N_k
    beta = beta0 + N_k
    nu = nu0 + N_k
    # 计算经验均值和协方差
    x_bar = torch.mm(gamma.T, X) / N_k[:, None]
    diffs = X[:, None, :] - x_bar[None, :, :]
    S = torch.einsum('nkdj,nkjt->nkdt', diffs[:, :, :, None], diffs[:, :, None, :])
    S = (S * gamma[:, :, None, None]).sum(dim=0) / N_k[:, None, None]

    # 更新 m, W
    diffs2 = x_bar - m0
    m = (m0 * beta0 + x_bar * N_k[:, None]) / beta[:, None]
```

```
    W_inv = W0.inverse()[None, :, :] + S * N_k[:, None, None] + \
        (beta0 * N_k / (beta0 + N_k))[:, None, None] * torch.einsum('ki,kj->kij', diffs2,
diffs2)
    W = W_inv.inverse()
    return alpha, beta, nu, m, W
```

最后实现一下预测时的分布：

```
def multivariate_studentt(X, m, L, nu):
    # 求解多元 Student-t 的对数概率密度
    _, D = X.shape
    diff = X - m
    delta2 = (diff.mm(L) * diff).sum(dim=1)
    coeff = torch.lgamma( (nu + D)/2 ) - torch.lgamma(nu/2) + 0.5* torch.logdet(L) - D/2 *
torch.log(nu* math.pi)
    return coeff - 0.5* (nu + D)* torch.log(1+delta2/nu)

def _calc_log_prob(X, K, alpha, beta, nu, m, W):

    L = ((nu + 1 - D) * beta / (1 + beta))[:, None, None] * W
    df = nu + 1 - D

    # 计算归属每个聚类分布的对数概率
    log_prob = []
    for i in range(K):
        log_prob.append(multivariate_studentt(X, m[i], L[i], df[i]))
    log_prob = torch.stack(log_prob).T
    log_prob = log_prob + torch.log(alpha/alpha.sum())[None, :]
    return log_prob

def predict_log_prob(X, K, alpha, beta, nu, m, W):
    # 计算整体对数概率,使用 logsumexp 求解
    log_prob = _calc_log_prob(X, K, alpha, beta, nu, m, W)
    return torch.logsumexp(log_prob, dim=1)

def predict_label(X, K, alpha, beta, nu, m, W):
    # 计算预测类别,选取概率最大的一类
    log_prob = _calc_log_prob(X, K, alpha, beta, nu, m, W)
    return  log_prob.argmax(dim=1)
```

以下便是整体的求解过程，实际上是交替进行 EM 更新：

```
# X 为数据,shape=(N, D)
TOL = 1e-6
D = 2
K = 4
```

```
N = len(X)

# 初始化参数
alpha0 = 1
beta0 = 1
nu0 = 2
alpha = (alpha0 + N / K) *  torch.ones(K)
beta = (beta0 + N / K) *  torch.ones(K)
nu = (nu0 + N / K) *  torch.ones(K)
m0 = torch.zeros(D)
W0 = torch.eye(D)
sample_idx = torch.randint(0, N, size=(K,))
m = X[sample_idx]
W = torch.tile(m.var(dim=0).diag(), (K, 1, 1))

for i in range(1000):
    # 交替进行更新
    gamma = variational_e_step(X, alpha, beta, nu, m, W)
    _alpha, _beta, _nu, _m, _W = variational_m_step(X, gamma)

    if torch.allclose(alpha, _alpha, TOL) and torch.allclose(beta, _beta, TOL) and torch.
allclose(nu, _nu, TOL) and torch.allclose(m, _m, TOL) and torch.allclose(_W, W, TOL):
        print('finish @  iter %d' % i)
        alpha, beta, nu, m, W = _alpha, _beta, _nu, _m, _W
        break
    alpha, beta, nu, m, W = _alpha, _beta, _nu, _m, _W
```

首先设定 K=4，alpha0=1 进行优化。图 5.16 展示的即为模型对全空间预测的情况。左侧等势线为概率密度分布，红色星号为估计的均值中心。右侧为对全空间的标签预测，相当于进行分类。可以看出模型较为准确地识别出了 4 个聚类群，刻画出了分布情况。

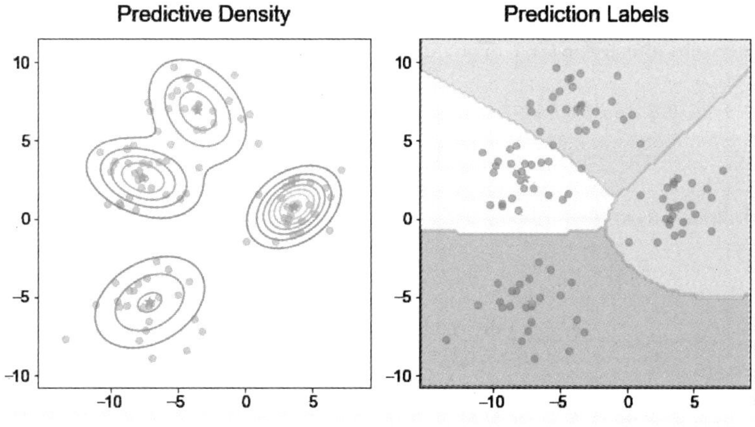

扫码查看彩图

● 图 5.16　Variational GMM 预测结果，参数设定 K=4，alpha0=1

但是在参数设定时，K 与真实的聚类个数相同。如果设定的不一样，会出现什么情况呢？图 5.17 展示的即为 K=10，alpha0=1 的模型拟合结果，从中可以看出聚类中心过多，整个空间的预测划分比较分裂，也就是少数几个点被认为是一个高斯分布。那么此时可以利用贝叶斯 GMM 中的先验分布参数，对此进行调节。注意到混合比例的服从 Dirichlet 分布，可以调节α_0的大小，来控制概率分布的集中度。

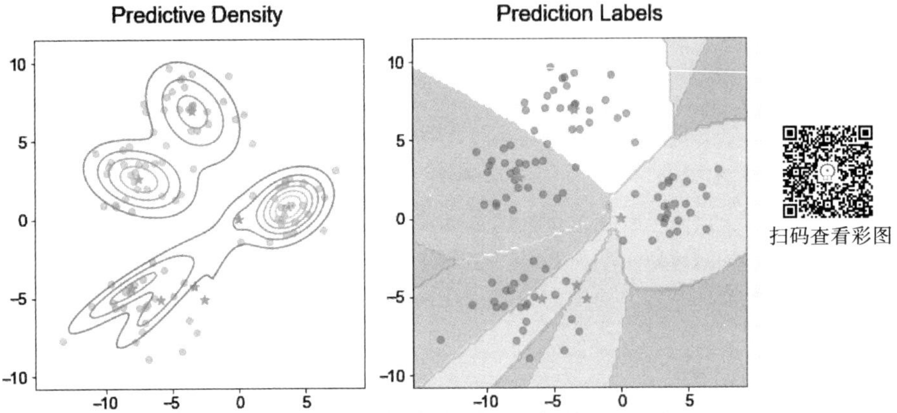

● 图 5.17　当 K 设定过大时，Variational GMM 预测结果，参数设定为 K=10，alpha0=1

实际上可以设定较小的 alpha0，使得数据点只集中在少数几个聚类中心上。图 5.18 展示的即为 K=10，alpha0=0.01 的设定下，模型拟合后的预测情况。可以看出即使在 K 设定较大时，也可以调整先验参数，约束拟合过程，缓解较为分裂的预测情况。相比于无先验的普通 GMM 模型，Variational GMM 可以更灵活地拟合数据。

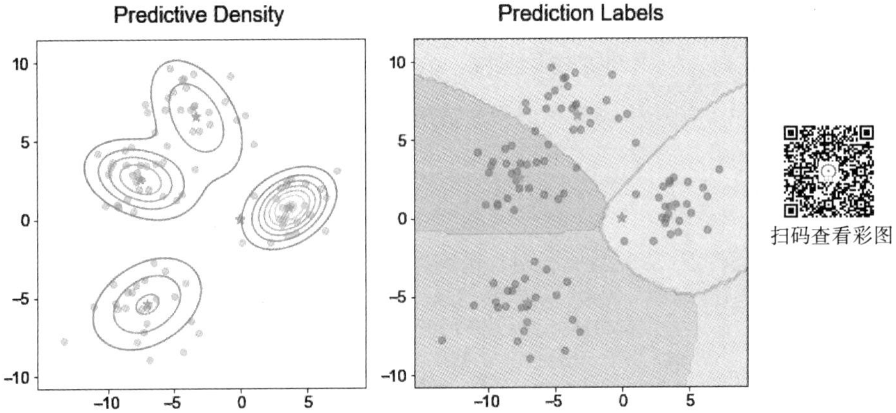

● 图 5.18　调节较小的 alpha0 后 Variational GMM 的预测结果，参数设定为 K=10，alpha0=0.01

第6章

核方法

本章将介绍一大类机器学习方法：核方法（Kernel Methods）。核方法起源于这样一个基本思想，即对于难以在原始特征空间处理的问题，可以对其做特征变换映射，从而在变换后的特征空间中应用机器学习方法。那么如何建立在新的特征空间中的算法训练过程？最直观的做法是在特征映射后，应用原始算法训练。但是在映射高维空间后特征变多，会使得训练算法复杂度增大。同时这种方式需要明确知道映射具体形式，这在某些情况下也无法实现。所以核技巧的提出就是解决这种在映射后的高维空间如何优化模型算法。我们将会看到，利用核技巧可以绕过特征映射步骤，并且允许更加复杂多样的核函数用于计算。本章介绍利用核技巧改造之前章节中介绍过的 KMeans 聚类算法、SVM 分类和回归算法、PCA 降维算法。同时也会介绍重要的非参数模型高斯过程，展示核函数在这些机器学习算法中的应用。

6.1 核函数及核技巧

在原始数据特征较难处理，或者维度较低时，可以考虑引入某种映射 $\boldsymbol{\phi}(\cdot)$，将其映射为高维特征空间 $\boldsymbol{\phi}(\boldsymbol{x})\in\mathbb{R}^D$。例如对二维特征 $\boldsymbol{x}=[x_1,x_2]^{\mathrm{T}}$映射为：

$$\boldsymbol{\phi}(\boldsymbol{x})=[1,2x_1,2x_2,x_1^2,x_1x_2,x_2x_1,x_2^2]^{\mathrm{T}} \tag{6.1}$$

则对于任意的 $\boldsymbol{u}$，$\boldsymbol{v}$ 有：

$$\begin{aligned}\boldsymbol{\phi}(\boldsymbol{u})\cdot\boldsymbol{\phi}(\boldsymbol{v})&=1+2u_1v_1+2u_2v_2+u_1^2v_1^2+2u_1u_2v_1v_2+u_2^2v_2^2\\&=1+2\boldsymbol{u}\cdot\boldsymbol{v}+(\boldsymbol{u}\cdot\boldsymbol{v})^2\\&=(1+\boldsymbol{u}\cdot\boldsymbol{v})^2\end{aligned} \tag{6.2}$$

也就是说，虽然映射后的向量看似维度很高，并且映射规则较为复杂，但是当计算映射后的向量之间的内积时，可以简化成在原空间特征进行计算。这里用到了所谓的核技巧（Kernel Trick），可以在实际的运算过程中只关注高维向量之间的内积运算，从而避免直接的显式的映射，同时也完成了输入特征到高维转换的目的。

实际上可以应用这种核技巧的地方非常多。以最简单的线性模型举例。假设拟合出一个线性模型$f(\boldsymbol{x})=\boldsymbol{w}^{\mathrm{T}}\boldsymbol{\phi}(\boldsymbol{x})+b$，其中$\boldsymbol{\phi}(\boldsymbol{x})\in\mathbb{R}^{D}$，如果训练数据足够多（$N>D$），则根据线性代数结论可知，$\boldsymbol{w}$必在由$\{\boldsymbol{\phi}(\boldsymbol{x}_i)\}_{i=1}^{N}$确定出的线性空间中，其可以用线性组合表示$\boldsymbol{w}=\sum_i\boldsymbol{\alpha}_i\boldsymbol{\phi}(\boldsymbol{x}_i)$，因此线性模型实际上表示为：

$$
\begin{aligned}
f(\boldsymbol{x}) &= \boldsymbol{w}^{\mathrm{T}}\boldsymbol{\phi}(\boldsymbol{x}) + b \\
&= \sum_i \alpha_i\boldsymbol{\phi}(\boldsymbol{x}_i)^{\mathrm{T}}\boldsymbol{\phi}(\boldsymbol{x}) + b \\
&= \sum_i \alpha_i k(\boldsymbol{x}_i,\boldsymbol{x}) + b
\end{aligned} \tag{6.3}
$$

这里用$k(\cdot,\cdot)$表示高维向量之间的内积，被称为核函数（Kernel Function）。也就是说，线性模型即使输入经过映射后，也可以表示成核函数的线性组合。当然这里的线性组合系数不再是$\boldsymbol{w}_i$，而变成了α_i。这其实就是对偶变量（Dual Variable）的概念。我们在之后介绍核化 SVM 算法时会进一步讲解。

那么什么样的函数可以成为核函数呢？实际上 Mercer 定理给出了其要求。由于原始的 Mercer 定理是基于无穷泛函空间的定义，这里探讨其在有限维上的情况。假设核函数$k(\cdot,\cdot)$对于任意输入$\boldsymbol{x}_1$，…，$\boldsymbol{x}_N$，产生的 Gram 矩阵为$K\in\mathbb{R}^{N\times N}$，其中：

$$
K_{ij}=k(\boldsymbol{x}_i,\boldsymbol{x}_j) \tag{6.4}
$$

Mercer 定理说明了当该矩阵满足对称半正定（Positive Semidefinite）的条件时，对应的函数$k(\cdot,\cdot)$为核函数，其可以拆解为高维映射向量之间的内积形式。对称的要求是$K_{ij}=K_{ji}$，即说明核函数对于两个变量输入满足可交换，这其实也是内积的性质。而半正定则要求对于任意的c_i，$c_j\in\mathbb{R}$：

$$
\sum_{ij} c_i c_j K_{ij} \geqslant 0 \tag{6.5}
$$

实际上这也是内积满足非负性所导致的要求。对于核函数可以知道其满足以下一些性质。

1）假设k_1，k_2均为核函数，$k(u,v)=a_1k_1(u,v)+a_2k_2(u,v)$也为核函数，其中$a_1$，$a_2\geqslant 0$。

2）同样假设k_1，k_2均为核函数，则$k(u,v)=k_1(u,v)k_2(u,v)$也为核函数。

3）假设g：$X\to\mathbb{R}$，则$k(u,v)=g(u)g(v)$为核函数。

4）$k(u,v)=\exp(k_1(u,v))$也为核函数。

以上只是介绍了部分性质，可以根据以上的性质组合构建核函数。最后介绍一些常见经典的核函数表达式。

1）内积核（Dot Product）：

$$k(\boldsymbol{x}_i,\boldsymbol{x}_j)=\sigma^2+\boldsymbol{x}_i^{\mathrm{T}}\boldsymbol{x}_j$$

2）多项式核（Polynomial）：

$$k(\boldsymbol{x}_i,\boldsymbol{x}_j)=(\sigma^2+\boldsymbol{x}_i^{\mathrm{T}}\boldsymbol{x}_j)^p$$

3）Matern 核：其中 $d(\cdot,\cdot)$ 为欧式距离，$K_\nu(\cdot)$ 为修正 Bessel 函数，$\Gamma(\cdot)$ 为伽马函数：

$$k(\boldsymbol{x}_i,\boldsymbol{x}_j)=\frac{1}{\Gamma(\nu)2^{\nu-1}}\left(\frac{\sqrt{2\nu}}{l}d(\boldsymbol{x}_i,\boldsymbol{x}_j)\right)^\nu K_\nu\left(\frac{\sqrt{2\nu}}{l}d(\boldsymbol{x}_i,\boldsymbol{x}_j)\right)$$

4）径向基函数（Radial Basis Function）：

$$k(\boldsymbol{x}_i,\boldsymbol{x}_j)=\exp\left(-\frac{d(\boldsymbol{x}_i,\boldsymbol{x}_j)^2}{2l^2}\right)$$

5）二次有理核（Rational Quadratic Kernel）：

$$k(\boldsymbol{x}_i,\boldsymbol{x}_j)=\left(1+\frac{d(\boldsymbol{x}_i,\boldsymbol{x}_j)^2}{2\alpha l^2}\right)^{-\alpha}$$

上述核函数还可以组合构成更加复杂的核函数。我们将在后面的章节中介绍具体的核化算法时展示其应用。

6.2 核化 KMeans 算法（Kernel KMeans）

在这一节中会开始将核方法应用到之前介绍过的一些算法中，将其改造成为核化算法。其主要目的是通过核函数高维非线性映射，使得其原始数据映射至高维空间中，进而使得某些情况下的复杂数据分布得到简化。这一节将介绍利用核方法改造之前介绍过的重要无监督聚类算法——KMeans 算法。KMeans 算法原始思想是不断交替迭代各个数据属于聚类中心的分配，以及聚类中心根据分配情况更新自身。在此过程中，将考察引入非线性映射后的更新过程，并应用核函数技巧改造更新方程。最后可以看到利用非线性核函数，Kernel KMeans 可以聚类更加复杂的数据分布。

6.2.1 KMeans 算法回顾

在第 4 章中我们介绍过 KMeans 算法。其核心思想是将数据点分割为几个聚类组，每一组的数据都是离自己的聚类中心（Centroid）最近，这种分配下的聚类会使得类内聚类平方和（Within-cluster Sum-of-Squares）最小，即：

$$\sum_{i=1}^{N}\min_{\boldsymbol{\mu}_j\in C}\|\boldsymbol{x}_i-\boldsymbol{\mu}_j\|^2 \tag{6.6}$$

其中$\boldsymbol{\mu}_j$是每个聚类的聚类中心，共有 K 个，C 为所有聚类中心的集合，$\boldsymbol{x}_i$为所有数据点，共有 N 个。由于直接求解为 NP 问题，因此采取交替迭代的近似算法。首先随机采样 K 个点作为初始聚类中心 $C=\{\boldsymbol{\mu}_1,\cdots,\boldsymbol{\mu}_K\}$。然后计算数据点到每个聚类中心距离，选取最近作为其分配的聚类中心。在所有被分配为同一个聚类中心 $\boldsymbol{\mu}_i$的点构成聚类集合为C_i。最后更新聚类中心为数据点的平均值，即$\boldsymbol{\mu}_i=\frac{1}{|C_i|}\sum_{\boldsymbol{x}\in C_i}\boldsymbol{x}$。

这里是在原始数据空间中进行距离计算。假设存在非线性映射 $\phi(x)$：$\mathbb{R}^d\to\mathbb{R}^D$，则 KMeans 的最小化目标变为：

$$
\begin{aligned}
L &= \sum_{i=1}^{N}\min_{\boldsymbol{\mu}'_j\in C}\|\phi(\boldsymbol{x}_i)-\boldsymbol{\mu}'_j\|^2 \\
&= \sum_{i=1}^{N}\min_{\boldsymbol{\mu}'_j\in C}\|\phi(\boldsymbol{x}_i)-\frac{1}{|C_j|}\sum_{\boldsymbol{x}\in C_j}\phi(\boldsymbol{x})\|^2 \\
&= \sum_{i=1}^{N}\min_{\boldsymbol{\mu}'_j\in C}(\phi(\boldsymbol{x}_i)^{\mathrm{T}}\phi(\boldsymbol{x}_i)-\frac{2}{|C_j|}\sum_{\boldsymbol{x}_m\in C_j}\phi(\boldsymbol{x}_i)^{\mathrm{T}}\phi(\boldsymbol{x}_m)+ \\
&\quad \frac{1}{|C_j|^2}\sum_{\boldsymbol{x}_m,\boldsymbol{x}_n\in C_j}\phi(\boldsymbol{x}_n)^{\mathrm{T}}\phi(\boldsymbol{x}_m))
\end{aligned}
\tag{6.7}
$$

可以看出在优化目标中，逐项展开则发现其中每一项都是高维映射后向量之间的内积，这提示我们可以利用核函数 $k(\boldsymbol{x}_i,\boldsymbol{x}_j)$代替计算，也就是其中的最小化项变为：

$$
k(\boldsymbol{x}_i,\boldsymbol{x}_i)-\frac{2}{|C_j|}\sum_{\boldsymbol{x}_m\in C_j}k(\boldsymbol{x}_i,\boldsymbol{x}_m)+\frac{1}{|C_j|^2}\sum_{\boldsymbol{x}_m,\boldsymbol{x}_n\in C_j}k(\boldsymbol{x}_n,\boldsymbol{x}_m) \tag{6.8}
$$

因此还可以利用之前 KMeans 的交替求解方法去优化 Kernel KMeans。具体来说分为两步交替计算。第一步是根据当前聚类分配结果，计算公式 6.8 中每个数据点到各个聚类中心的聚类。第二步是根据最小化原则求出最近的距离，重新分配聚类结果。两步交替优化直到聚类结果不再改变为止。注意在 Kernel KMeans 中无法显式计算出聚类中心$\boldsymbol{\mu}'$，因为只定义了核函数$k(\cdot,\cdot)$，而没有定义 $\phi(\cdot)$。而且一般情况下，核函数无法导出对应的 $\phi(\cdot)$。所以此时聚类过程只关注聚类分配结果即可。

6.2.2 具体实现

在实现过程中，最关键的是需要实现公式 6.8 中的距离计算。对于 $k(\boldsymbol{x}_i,\boldsymbol{x}_j)$，可以提前计算出矩阵 $\boldsymbol{K}\in\mathbb{R}^{N\times N}$，其中$K_{ij}$即为二者的内积值。这里一般选取核函数为径向基函数（Radial Basis Function，RBF）：

$$
k(\boldsymbol{x}_i,\boldsymbol{x}_j)=\exp(-\gamma\|\boldsymbol{x}_i-\boldsymbol{x}_j\|^2) \tag{6.9}
$$

这里先给出利用 PyTorch 计算公式 6.8 中的距离的函数：

```
def calculate_kernel_distance(data, Kernel, K, assign_idx):
    '''
    data 为输入数据,shape = (N, D)
    Kernel 为核矩阵 K,shape = (N, K)
    K 为聚类个数
    assign_idx 为当前聚类分配结果,shape = (N, )
    '''
    N, D = data.shape

    # 统计每个聚类簇内包含数据点的个数,即 |C_j|
    counts = torch.zeros(K)
    counts = torch.scatter_add(counts, 0, assign_idx, torch.ones(N)) + 1e-10

    # 计算 sum(K_ij),其中 j 为每个聚类包含数据点的指标
    # clusterwise_dist 形状为(N, K)
    # 每一列对应每个数据点到各个聚类中心的和
    clusterwise_dist = torch.zeros(N, K)
    clusterwise_dist = torch.scatter_add(clusterwise_dist, 1, assign_idx.repeat(N, 1), Kernel)

    # mask 统计每个数据点属于哪个聚类
    # shape = (N, K),每一行 onehot 形式
    mask = torch.zeros(N, K)
    mask = torch.scatter(mask, 1, assign_idx.unsqueeze(1), 1)

    # 计算每个聚类簇内 \sum_ij K_ij
    # shape = (1, K)
    incluster_dist = (mask * clusterwise_dist).sum(dim=0)

    # 按照公式计算距离
    distances = torch.diag(Kernel).unsqueeze(1) - 2 * clusterwise_dist / counts + incluster
_dist / counts* * 2

    return distances
```

这里先利用给定 Kernel，计算出每个数据点到其他点之间的内积之和，即计算出公式 6. 8 中的第二项，并按照每个聚类指标加和。然后计算每个聚类内部所有数据点之间的内积之和，即公式 6. 8 中的第三项，最后加上自身的 K_ii 得到距离。

有了距离计算公式，便可以迭代实现求解。这里生成环形数据集用来测试：

```
import torch
from sklearn.datasets import make_circles,
X, y = make_circles(n_samples=1000, factor=0.1, noise=0.05, random_state=0)
data = torch.from_numpy(X).float()

K = 2  # 聚类个数
```

```
D = 2  # 数据维度
N = len(X)  # 数据点个数
iters = 50  # 迭代次数

# 计算 Kernel 矩阵
gamma = 10
dist = torch.cdist(data, data) ** 2
Kernel = torch.exp(-gamma * dist)

# 初始随机化分配各数据点所属聚类
assign_idx = torch.randint(0, K, size=(N,))

# 交替计算距离并取最小值为新的聚类分配
for i in range(iters):
    distances = calculate_kernel_distance(data, Kernel, K, assign_idx)
    assign_idx = distances.argmin(dim=1)
```

图 6.1 展示的即为原始 KMeans 算法和 Kernel KMeans 聚类结果的对比。可以看出相比于原始 KMeans 算法，利用了核函数的 Kernel KMeans 可以将较为复杂的数据分布点聚类成内外两个数据环，说明了其有效性。

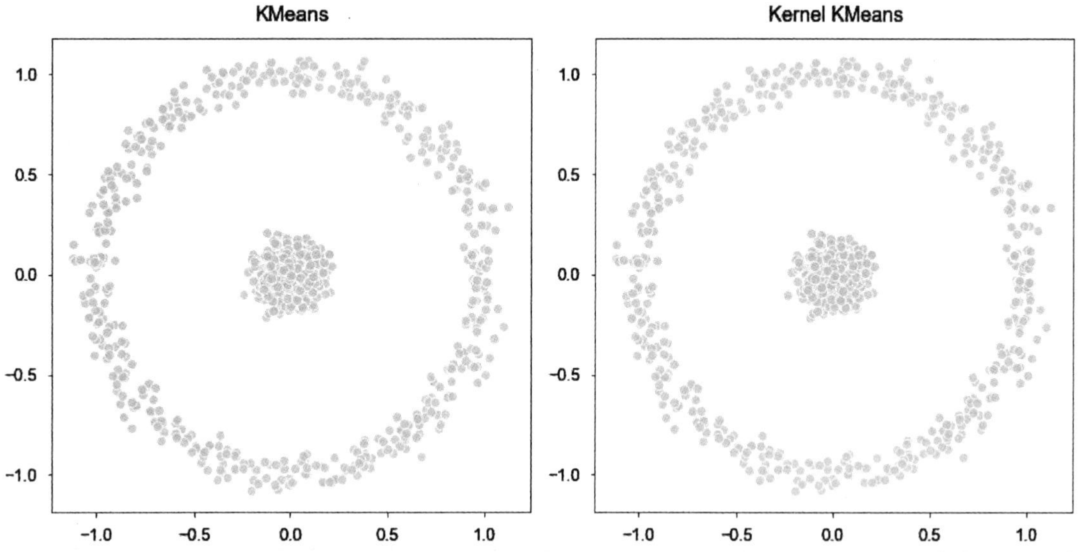

● 图 6.1　KMeans 和 Kernel KMeans 聚类结果对比

扫码查看彩图

6.3 核化支持向量机 (Kernel SVM)

在第 3 章中，曾介绍过一类重要的监督模型：支持向量机（Support Vector Machine，SVM）。当时先从最大间隔原则出发，推导出了 SVM 的原问题定义，并且通过 Lagrange 函数及凸优化技巧，推导出了 SVM 的对偶问题，及带松弛变量的 SVM 对偶问题。本节将会看到，在 SVM 对偶问题中，就蕴含着核函数的应用。可以替换其中的样本线性内积$\boldsymbol{x}_i^{\mathrm{T}}\boldsymbol{x}_j$为非线性核函数 $k(\boldsymbol{x}_i,\boldsymbol{x}_j)$，将原有线性模型拓展至非线性模型。同时也在第 3 章中推导了支持向量回归模型（Support Vector Regression，SVR）带有松弛变量的对偶问题定义，其也可以应用核技巧对非线性数据进行回归拟合。

6.3.1 SVM 对偶问题及核函数表示

首先回归 SVM 原问题定义及其对偶问题定义。SVM 原问题是要求对于线性可分的数据，其分类界面距离两侧的边界间距（Margin）最大。原问题定义为：

$$\min_{\boldsymbol{w},b}\frac{1}{2}\parallel\boldsymbol{w}\parallel^2,\text{s. t. } y_i(\boldsymbol{w}^{\mathrm{T}}\boldsymbol{x}_i+b)\geqslant 1,\forall i=1,\cdots,N \tag{6.10}$$

同时引入松弛变量，对于约束放缩要求，允许ξ_i的偏差，可以得到带有松弛变量的 Soft SVM 原问题定义：

$$\begin{aligned}&\min_{\boldsymbol{w},b}\frac{1}{2}\parallel\boldsymbol{w}\parallel^2+C\sum_{i=1}^{N}\xi_i\\&\text{s. t. } y_i(\boldsymbol{w}^{\mathrm{T}}\boldsymbol{x}_i+b)\geqslant 1-\xi_i\\&\xi_i\geqslant 0,i=1,\cdots,N\end{aligned} \tag{6.11}$$

在第 3 章中，展示过直接用随机梯度下降法求解原问题的方式。但是在带有松弛变量的 Soft SVM 原问题由于约束复杂，不好直接求解。因此利用 Lagrange 函数及凸优化结论，推导出其对偶问题定义为：

$$\begin{aligned}&\max_{\boldsymbol{\alpha}}\sum_{i=1}^{N}\boldsymbol{\alpha}_i-\frac{1}{2}\sum_{i,j}\boldsymbol{\alpha}_i\boldsymbol{\alpha}_j y_i y_j\boldsymbol{x}_i^{\mathrm{T}}\boldsymbol{x}_j\\&\text{s. t. } 0\leqslant\boldsymbol{\alpha}_i\leqslant C,\sum_{i=1}^{N}\boldsymbol{\alpha}_i y_i=0\end{aligned} \tag{6.12}$$

假设最后优化出的对偶变量对应的指标集为 $I=\{i\mid\boldsymbol{\alpha}_i^*>0\}$，$I'=\{i\mid 0<\boldsymbol{\alpha}_i<C\}$，即所有支持向量点的编号，则对应的最优模型参数，及预测函数可以表示为：

$$\boldsymbol{w}^*=\sum_{i\in I}\boldsymbol{\alpha}_i y_i\boldsymbol{x}_i$$

$$
\begin{aligned}
b^* &= \frac{1}{|I'|}\sum_{i\in I'} y_i - \boldsymbol{w}^{*\mathrm{T}}\boldsymbol{x}_i \\
\hat{f}(\boldsymbol{x}) &= \boldsymbol{w}^{*\mathrm{T}}\boldsymbol{x} + b^* \\
&= \sum_{i\in I} \boldsymbol{\alpha}_i y_i \boldsymbol{x}_i^{\mathrm{T}}\boldsymbol{x} + b^*
\end{aligned}
\tag{6.13}
$$

这里可以发现，在公式 6.12 中的目标函数，出现了$\boldsymbol{x}_i^{\mathrm{T}}\boldsymbol{x}_j$，并且在预测函数中$\hat{f}(\boldsymbol{x})$也出现了$\boldsymbol{x}_i^{\mathrm{T}}\boldsymbol{x}$项，这也就为我们利用核函数技巧提供了可能。

假设拥有某种非线性映射$\boldsymbol{\phi}(\boldsymbol{x})$将样本映射至高维空间，此时在高维空间中的 SVM 对偶问题为：

$$
\begin{aligned}
&\max_{\boldsymbol{\alpha}} \sum_{i=1}^{N} \boldsymbol{\alpha}_i - \frac{1}{2}\sum_{i,j} \boldsymbol{\alpha}_i \boldsymbol{\alpha}_j y_i y_j \boldsymbol{\phi}(\boldsymbol{x}_i)^{\mathrm{T}}\boldsymbol{\phi}(\boldsymbol{x}_j) \\
&\text{s.t. } 0 \leqslant \boldsymbol{\alpha}_i \leqslant C, \sum_{i=1}^{N} \boldsymbol{\alpha}_i y_i = 0
\end{aligned}
\tag{6.14}
$$

对应的最优参数模型为：

$$
\begin{aligned}
\boldsymbol{w}^* &= \sum_{i\in I} \boldsymbol{\alpha}_i y_i \boldsymbol{\phi}(\boldsymbol{x}_i) \\
b^* &= \frac{1}{|I'|}\sum_{i\in I'} y_i - \boldsymbol{w}^{*\mathrm{T}}\boldsymbol{\phi}(\boldsymbol{x}_i) \\
&= \frac{1}{|I'|}\sum_{i\in I'} y_i - \sum_{j\in I} \boldsymbol{\alpha}_j y_j \boldsymbol{\phi}(\boldsymbol{x}_j)^{\mathrm{T}}\boldsymbol{\phi}(\boldsymbol{x}_i) \\
\hat{f}(\boldsymbol{x}) &= \boldsymbol{w}^{*\mathrm{T}}\boldsymbol{\phi}(\boldsymbol{x}) + b^* \\
&= \sum_{i\in I} \boldsymbol{\alpha}_i y_i \boldsymbol{\phi}(\boldsymbol{x}_i)^{\mathrm{T}}\boldsymbol{\phi}(\boldsymbol{x}) + b^*
\end{aligned}
\tag{6.15}
$$

因此可以看出在引入非线性映射后，对偶问题中的目标函数，还有最终的预测函数形式中，都出现了$\boldsymbol{\phi}(\boldsymbol{x}_i)^{\mathrm{T}}\boldsymbol{\phi}(\boldsymbol{x}_j)$这样的高维向量内积项。利用核函数技巧，无须定义$\boldsymbol{\phi}(\cdot)$的形式，只需要$k(\cdot,\cdot)$正定核函数即可，即$k(\boldsymbol{x}_i,\boldsymbol{x}_j)=\boldsymbol{\phi}(\boldsymbol{x}_i)^{\mathrm{T}}\boldsymbol{\phi}(\boldsymbol{x}_j)$。在实现中，可以预先计算出核函数矩阵$K_{ij}=k(\boldsymbol{x}_i,\boldsymbol{x}_j)$，以便于多次使用。利用核函数，再次改写 Kernel SVM 对偶问题的一般形式及预测函数：

$$
\begin{aligned}
&\max_{\boldsymbol{\alpha}} \sum_{i=1}^{N} \boldsymbol{\alpha}_i - \frac{1}{2}\sum_{i,j} \boldsymbol{\alpha}_i \boldsymbol{\alpha}_j y_i y_j k(\boldsymbol{x}_i,\boldsymbol{x}_j) \\
&\text{s.t. } 0 \leqslant \boldsymbol{\alpha}_i \leqslant C, \sum_{i=1}^{N} \boldsymbol{\alpha}_i y_i = 0 \\
&\hat{f}(\boldsymbol{x}) = \sum_{i\in I} \boldsymbol{\alpha}_i y_i k(\boldsymbol{x}_i,\boldsymbol{x}) + b^*
\end{aligned}
$$

以下为代码实现。这里选取核函数为径向基函数：

$$k(\boldsymbol{x}_i,\boldsymbol{x}_j)=\exp\left(-\frac{\|\boldsymbol{x}_i-\boldsymbol{x}_j\|^2}{2\sigma^2}\right) \tag{6.16}$$

其中 σ 控制距离的缩放，实现中选择经验值 $1/2\sigma^2=1/D$，其中 D 为 $\boldsymbol{x}$ 的维度。在实现中，依然利用投影梯度下降策略，将等式约束以惩罚项 $\gamma\left(\sum_i \boldsymbol{\alpha}_i y_i\right)^2$ 加入目标函数中，在每次梯度更新后，将 $\boldsymbol{\alpha}_i$ 截取到 $[0,C]$ 范围内。

```
class KernelSVC():
    def _init_(self, n_samples, C=10, gamma=50, iters=50000, lr=1e-5):
        self.n_samples = n_samples
        self.C = C
        self.gamma = gamma
        self.alpha = nn.Parameter(torch.rand(n_samples))
        self.iters = iters
        self.lr = lr

    def _loss(self, K, y):
        loss1 = -self.alpha.sum()
        loss2 = 0.5 * (torch.outer((self.alpha * y), (self.alpha * y)) * K).sum()
        loss3 = self.gamma * (torch.dot(self.alpha, y)* * 2)
        loss = loss1 + loss2 + loss3
        return loss

    def _zero_grad(self):
        if self.alpha.grad is not None:
            self.alpha.grad.zero_()

    def _update_weights(self):
        self.alpha.data -= self.lr * self.alpha.grad.data

    def _clip_weights(self):
        self.alpha.data = torch.clamp(self.alpha.data, min=0, max=self.C)

    def _kernel_matrix(self, u, v):
        # 计算核矩阵 K(u, v)
        in_dim = u.shape[1]
        rbf_coeff = 1 / in_dim

        dist = torch.cdist(u, v) * * 2
        K = torch.exp(-rbf_coeff * dist)
        return K

    def fit(self, X, y):
        K = self._kernel_matrix(X, X)
        for i in range(self.iters):
```

```
            self._zero_grad()
            self._clip_weights()
            loss = self._loss(K, y)
            loss.backward()
            self._update_weights()

        with torch.no_grad():
            self._clip_weights()
            self.idx_w = torch.where(self.alpha.data>0)[0]
            self.idx_b = torch.where((self.alpha.data>0)&(self.alpha.data<self.C))[0]

            # 存储用来计算预测函数的支持向量点
            self.sup_X = X[self.idx_w].clone()
            self.sup_y = y[self.idx_w].clone()
            self.sup_alpha = self.alpha.data[self.idx_w].clone()

            X_b = X[self.idx_b]
            K_b = self._kernel_matrix(self.sup_X, X_b)
            self.b = (y[self.idx_b] - torch.matmul((self.sup_alpha * self.sup_y), K_b)).mean()

    def predict(self, data):
        # 预测函数
        with torch.no_grad():
            K = self._kernel_matrix(self.sup_X, data)
            score = torch.matmul((self.sup_alpha * self.sup_y), K) + self.b
            pred = (score > 0).to(data.dtype)
            pred = pred * 2 - 1

        return pred, score
```

图 6.2 展示了模型训练结果。其中图 a）为原始二分类数据。这里选择了经典的异或数据分布，即对于坐标点（$x1$，$x2$）的数据，其标签为 $y=(x1>0)\hat{}(x2>0)$。这种数据分布是无法用线性模型进行区分的。图 b）展示的则是 Kernel SVM 模型的预测结果。其中红色线为分界面，可以看到两类数据完美地分割开来。黑色圈点为 Kernel SVM 中学习到的支持向量点，可以看出绝大多数都沿着分界面分布，这与线性 SVM 模型的结果类似，并且 Kernel SVM 模型也对整体样本空间进行了类似概率密度的预测，给出了各个区域的打分，符合原始样本的异或数据分布。可以看出在非线性映射核函数的帮助下，Kernel SVM 可以解决线性模型无法分类的问题，具有更强大的预测拟合能力。

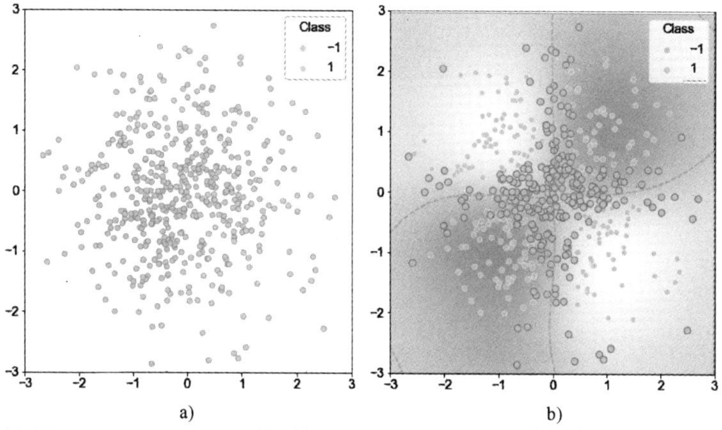

扫码查看彩图

● 图 6.2 模型训练结果

a）原始二分类数据 b）Kernel SVM 模型的预测结果

6.3.2 核化支持向量回归（Kernel SVR）

上一小节介绍了如何利用核函数技巧应用于 SVM 对偶问题表示中，使其拓展成为 Kernel SVM 模型。这一小节依然延续相同的思路，去处理支持向量回归模型，从而拓展到 Kernel SVR 模型。

首先回顾 SVR 原问题定义。类似于 SVM，定义线性模型并拟合数据，优化目标为最小化模型权重，同时加入了约束，即拟合误差不大于 ϵ，具体来说为：

$$\begin{aligned}&\min_{\boldsymbol{w},b}\frac{1}{2}\|\boldsymbol{w}\|^2\\ &\text{s.t. } y_i-(\boldsymbol{w}^{\mathrm{T}}\boldsymbol{x}_i+b)<\epsilon\\ &(\boldsymbol{w}^{\mathrm{T}}\boldsymbol{x}_i+b)-y_i<\epsilon\end{aligned}\tag{6.17}$$

类似于 Soft SVM，可以引入松弛变量，即允许拟合误差不大于 $\epsilon+\xi_i$，则带有松弛变量的 SVR 原问题为：

$$\begin{aligned}&\min_{\boldsymbol{w},b}\frac{1}{2}\|\boldsymbol{w}\|^2+C\sum_{i=1}^{N}(\xi_i+\xi_i^*)\\ &\text{s.t. } y_i-(\boldsymbol{w}^{\mathrm{T}}\boldsymbol{x}_i+b)<\epsilon+\xi_i\\ &(\boldsymbol{w}^{\mathrm{T}}\boldsymbol{x}_i+b)-y_i<\epsilon+\xi_i^*\\ &\xi_i\geqslant 0,\xi_i^*\geqslant 0\end{aligned}\tag{6.18}$$

此时推导出其对偶问题应为：

$$\begin{aligned}&\max_{\boldsymbol{\alpha},\boldsymbol{\alpha}^*}-\frac{1}{2}\sum_{i,j}(\boldsymbol{\alpha}_i-\boldsymbol{\alpha}_i^*)(\boldsymbol{\alpha}_j-\boldsymbol{\alpha}_j^*)\boldsymbol{x}_i^{\mathrm{T}}\boldsymbol{x}_j\\ &-\epsilon\sum_{i=1}^{N}(\boldsymbol{\alpha}_i+\boldsymbol{\alpha}_i^*)+\sum_{i=1}^{N}y_i(\boldsymbol{\alpha}_i-\boldsymbol{\alpha}_i^*)\\ &\text{s.t. }\sum_{i=1}^{N}(\boldsymbol{\alpha}_i-\boldsymbol{\alpha}_i^*)=0,\\ &0\leqslant\boldsymbol{\alpha}_i\leqslant C,0\leqslant\boldsymbol{\alpha}_i^*\leqslant C\end{aligned}\tag{6.19}$$

其中$\boldsymbol{\alpha}_i$，$\boldsymbol{\alpha}_i^*$为对偶变量，且要求均在［0，C］区间内。这时注意到，对偶问题的目标函数中出现了$\boldsymbol{x}_i^{\mathrm{T}}\boldsymbol{x}_j$项，暗示了可以利用核函数技巧替换。此时的原问题最优解为：

$$\boldsymbol{w}^* = \sum_{i=1}^{N}(\boldsymbol{\alpha}_i - \boldsymbol{\alpha}_i^*)\boldsymbol{x}_i$$

$$I = \{i \mid \boldsymbol{\alpha}_i > 0\}$$

$$I^* = \{i \mid \boldsymbol{\alpha}_i^* > 0\}$$

$$b_{\min} = \max_{i \in I^*}(y_i - \boldsymbol{w}^{\mathrm{T}}\boldsymbol{x}_i + \boldsymbol{\epsilon})$$

$$b_{\max} = \min_{i \in I}(y_i - \boldsymbol{w}^{\mathrm{T}}\boldsymbol{x}_i - \boldsymbol{\epsilon})$$

$$b^* = \frac{1}{2}(b_{\min} + b_{\max})$$

$$\hat{f}(\boldsymbol{x}) = \sum_{i=1}^{N}(\boldsymbol{\alpha}_i - \boldsymbol{\alpha}_i^*)\boldsymbol{x}_i^{\mathrm{T}}\boldsymbol{x} + b^* \tag{6.20}$$

可以看到预测函数中也出现了$\boldsymbol{x}_i^{\mathrm{T}}\boldsymbol{x}_j$的内积项。这样就可以利用核函数技巧替换成$k(\boldsymbol{x}_i,\boldsymbol{x}_j)$，与上一小节中 Kernel SVM 的处理方法相同。即对偶问题目标函数与预测函数变为：

$$\max_{\boldsymbol{\alpha},\boldsymbol{\alpha}^*} -\frac{1}{2}\sum_{i,j}(\boldsymbol{\alpha}_i - \boldsymbol{\alpha}_i^*)(\boldsymbol{\alpha}_j - \boldsymbol{\alpha}_j^*)k(\boldsymbol{x}_i,\boldsymbol{x}_j)$$

$$-\boldsymbol{\epsilon}\sum_{i=1}^{N}(\boldsymbol{\alpha}_i + \boldsymbol{\alpha}_i^*) + \sum_{i=1}^{N}y_i(\boldsymbol{\alpha}_i - \boldsymbol{\alpha}_i^*)$$

$$\hat{f}(\boldsymbol{x}) = \sum_{i=1}^{N}(\boldsymbol{\alpha}_i - \boldsymbol{\alpha}_i^*)k(\boldsymbol{x}_i,\boldsymbol{x}) + b^* \tag{6.21}$$

以下为代码实现，这里依然使用高斯核径向基函数和投影梯度下降法求解，并将等式约束作为惩罚项加入目标中。

```
class KernelSVR():
    def _init_(self, n_samples, eps=0.1, C=10, gamma=50, iters=50000, lr=1e-5):
        self.n_samples = n_samples
        self.eps = eps
        self.C = C
        self.gamma = gamma
        self.alpha_1 = nn.Parameter(torch.rand(n_samples))
        self.alpha_2 = nn.Parameter(torch.rand(n_samples))
        self.iters = iters
        self.lr = lr

    def _kernel_matrix(self, u, v):
        # 计算 K(u, v)
        in_dim = u.shape[1]
        rbf_coeff = 1 / in_dim

        dist = torch.cdist(u, v) * * 2
```

```
        K = torch.exp(-rbf_coeff * dist)
        return K

    def _loss(self, K, y):
        loss1 = eps * (self.alpha_1 + self.alpha_2).sum()
        diff = self.alpha_1 - self.alpha_2
        loss2 = 0.5 * (torch.outer(diff, diff) * K).sum()
        loss3 = - torch.dot(diff, y)
        loss4 = self.gamma * diff.sum() * * 2
        loss = loss1 + loss2 + loss3 + loss4
        return loss

    def _zero_grad(self):
        if self.alpha_1.grad is not None:
            self.alpha_1.grad.zero_()
            self.alpha_2.grad.zero_()

    def _update_weights(self):
        self.alpha_1.data -= self.lr * self.alpha_1.grad.data
        self.alpha_2.data -= self.lr * self.alpha_2.grad.data

    def _clip_weights(self):
        self.alpha_1.data = torch.clamp(self.alpha_1.data, min=0, max=self.C)
        self.alpha_2.data = torch.clamp(self.alpha_2.data, min=0, max=self.C)

    def fit(self, X, y):
        K = self._kernel_matrix(X, X)
        for i in range(self.iters):
            self._zero_grad()
            self._clip_weights()
            loss = self._loss(K, y)
            loss.backward()
            self._update_weights()

        with torch.no_grad():
            self._clip_weights()
            self._X = X.clone()
            self._diff = (self.alpha_1 - self.alpha_2).data.clone()
            out = torch.matmul(self._diff, K)
            # 计算b_min和b_max
            idx1 = torch.where(self.alpha_1>0)[0]
            b1 = (y[idx1] - out[idx1] - self.eps).min()
            idx2 = torch.where(self.alpha_2>0)[0]
            b2 = (y[idx2] - out[idx2] + self.eps).max()
            self.b = (b1 + b2)/2
```

```
def predict(self, data):
    with torch.no_grad():
        # 计算预测函数
        K = self._kernel_matrix(self._X, data)
        pred = torch.matmul(self._diff, K) + self.b

    return pred
```

图 6.3 展示了 Kernel SVR 拟合数据的效果。其中生成的数据按照正弦函数产生，并添加了噪声扰动。可以看到在 RBF 核的设置下，SVR 可以较好地拟合数据的走势，eps 更小，允许的拟合

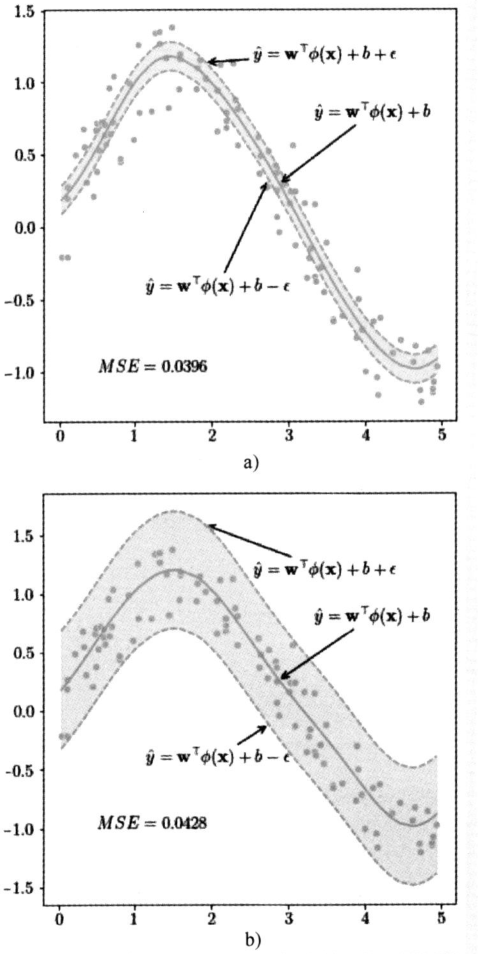

● 图 6.3 不同参数设置下 Kernel SVR 的拟合效果

a) eps = 0.1 b) eps = 0.5

误差越小，最后的 MSE 指标越低，说明了模型拟合能力的提高。

6.4 核化主成分分析（Kernel PCA，KPCA）

这一节将考察核方法在无监督学习中的应用。这里选取主成分分析（Principal Component Analysis，PCA）方法作为例子，展示如何将原始的降维求解转换为核表示。其中还将使用核中心化技巧，用来满足映射后数据均值为零的要求。高维核映射可以使得原来无法线性降维分解的复杂数据，在高维空间中完美地分离开来，拓展了降维方法的应用空间。

6.4.1 回顾 PCA 及核化表示

在第 4 章中介绍过主成分分析方法。其核心思想是通过估计出样本总体协方差矩阵，求解特征值最大的特征向量组，再向此子空间上投影，完成高维数据的降维。

一组数据 $\boldsymbol{X}=[\boldsymbol{x}_1,\cdots,\boldsymbol{x}_N]\in\mathbb{R}^{D\times N}$，假设其已经是减去均值后的数据，即 $\sum_i \boldsymbol{x}_i=0$，则其协方差矩阵为：

$$\boldsymbol{S}=\frac{1}{N}\sum_{i=1}^{N}\boldsymbol{x}_i\boldsymbol{x}_i^{\mathrm{T}} \tag{6.22}$$

然后求解出特征向量，并按照特征值从大到小排列，选取出其中前 d 个，构成$\boldsymbol{U}_d=[\boldsymbol{\mu}_1,\cdots,\boldsymbol{\mu}_d]\in\mathbb{R}^{D\times d}$，则 $\boldsymbol{y}=\boldsymbol{U}_d^{\mathrm{T}}\boldsymbol{x}$ 即为降维后的特征。

这里使用核技巧的思路，假设有某个非线性映射 $\boldsymbol{\phi}$ 将原始样本映射至高维空间 F，即 $\boldsymbol{\phi}(\boldsymbol{x}):\mathbb{R}^D\to\mathbb{R}^K$，其中 $K\gg D$。那么此时在高维空间中进行 PCA 的操作，则称为核化主成分分析。

如果按照 PCA 的做法，即需要先估计出映射后高维空间样本的协方差矩阵，然后进行特征向量求解（这里先假设经过映射后的高维样本依然满足 $\sum_i\boldsymbol{\phi}(\boldsymbol{x}_i)=0$ 的假设，之后会单独探讨假设不成立时的处理技术）。

$$\boldsymbol{S}_F=\frac{1}{N}\sum_{i=1}^{N}\boldsymbol{\phi}(\boldsymbol{x}_i)\boldsymbol{\phi}(\boldsymbol{x}_i)^{\mathrm{T}} \tag{6.23}$$

但是核技巧往往只定义了高维空间的内积，并没有显式定义 $\boldsymbol{\phi}(\cdot)$，因此需要另外的求解思路。首先假设$\boldsymbol{S}_F$的特征向量为 $\boldsymbol{V}$，则有：

$$\lambda\boldsymbol{V}=\boldsymbol{S}_F\boldsymbol{V}=\frac{1}{N}\sum_{i=1}^{N}\boldsymbol{\phi}(\boldsymbol{x}_i)\boldsymbol{\phi}(\boldsymbol{x}_i)^{\mathrm{T}}\boldsymbol{V}$$

$$\Rightarrow\boldsymbol{V}=\frac{1}{\lambda N}\sum_{i=1}^{N}\boldsymbol{\phi}(\boldsymbol{x}_i)(\boldsymbol{\phi}(\boldsymbol{x}_i)^{\mathrm{T}}\boldsymbol{V})$$

$$\Rightarrow \boldsymbol{V} = \sum_{i=1}^{N} \alpha_i \phi(\boldsymbol{x}_i) = \phi(\boldsymbol{X})\boldsymbol{\alpha} \tag{6.24}$$

也就是说每一个高维特征向量都是高维样本的线性组合。那么重新带入协方差展开式中则有：

$$\begin{aligned}\phi(\boldsymbol{X})\phi(\boldsymbol{X})^{\mathrm{T}}[\phi(\boldsymbol{X})\boldsymbol{\alpha}] = N\lambda\phi(\boldsymbol{X})\boldsymbol{\alpha} \\ \Rightarrow [\phi(\boldsymbol{X})^{\mathrm{T}}\phi(\boldsymbol{X})][\phi(\boldsymbol{X})^{\mathrm{T}}\phi(\boldsymbol{X})]\boldsymbol{\alpha} = N\lambda[\phi(\boldsymbol{X})^{\mathrm{T}}\phi(\boldsymbol{X})]\boldsymbol{\alpha}\end{aligned} \tag{6.25}$$

如果定义矩阵 $\boldsymbol{K} \in \mathbb{R}^{K\times K}$，$\boldsymbol{K}_{ij} = \phi(\boldsymbol{x}_i)^{\mathrm{T}}\phi(\boldsymbol{x}_j)$，则有：

$$\begin{aligned}\boldsymbol{K} \cdot \boldsymbol{K\alpha} = N\lambda\boldsymbol{K\alpha} \\ \Rightarrow \boldsymbol{K\alpha} = N\lambda\boldsymbol{\alpha} = \lambda'\boldsymbol{\alpha}\end{aligned} \tag{6.26}$$

也就是说特征向量 $\boldsymbol{V}$ 在所有高维样本上的线性组合参数 $\boldsymbol{\alpha}$，为 $\boldsymbol{K}$ 的特征向量。这里的 $\boldsymbol{K}$ 即为定义的核函数。此处是将其写为高维向量的内积形式，实际上可以一般化，即 $\boldsymbol{K}$ 可以为任意正定核（Positive Definite Kernel）函数 $k(\boldsymbol{u},\boldsymbol{v})$ 所诱导产生的核矩阵。这样无须知道高维映射 $\phi(\cdot)$ 的具体形式，这便是核技巧的应用。

这里还需进一步探讨 $\boldsymbol{\alpha}$ 的形式。由于在主成分分析中，要求主成分向量需要满足归一化性质，即 $\boldsymbol{V}^{\mathrm{T}}\boldsymbol{V}=1$，则将公式 6.24 代入：

$$\boldsymbol{\alpha}^{\mathrm{T}}\phi(\boldsymbol{X})^{\mathrm{T}}\phi(\boldsymbol{X})\boldsymbol{\alpha} = \boldsymbol{\alpha}^{\mathrm{T}}\boldsymbol{K\alpha} = \lambda'\boldsymbol{\alpha}^{\mathrm{T}}\boldsymbol{\alpha} = 1 \tag{6.27}$$

这便要求了最终的 $\boldsymbol{\alpha} \leftarrow \boldsymbol{\alpha}/\sqrt{\lambda'}$，即求出特征向量后，再除以特征值平方根，以满足线性组合后的主成分向量满足归一化要求。

虽然 $\boldsymbol{V}$ 还是无法直接求出（因为有可能 $\phi(\cdot)$ 具体形式未知），但是可以求出高维向量在主成分上的投影值，其实这也是 PCA 的主要目的，完成降维操作。那么对于所有的映射后数据 $\phi(\boldsymbol{X})$，其在第 j 个主成分 $\boldsymbol{V}_j$ 上的投影为：

$$\phi(\boldsymbol{X})^{\mathrm{T}}\boldsymbol{V}_j = \phi(\boldsymbol{X})^{\mathrm{T}}\phi(\boldsymbol{X})\boldsymbol{\alpha}_j = \boldsymbol{K\alpha}_j = \sqrt{\lambda'_j}\boldsymbol{\alpha}_j \tag{6.28}$$

可以看出在求解投影分量时，无须 $\phi(\cdot)$ 具体形式，只知道 $\boldsymbol{K}$ 即可。

6.4.2 核中心化技巧及实现

在上述讨论中，实际上是先假定了映射后的高维向量，依然满足中心化，即 $\sum_i \phi(\boldsymbol{x}_i) = 0$，但实际上并不一定满足。因此需要额外的步骤将 $\boldsymbol{K}$ 进行中心化。具体如下：

$$\tilde{\phi}(\boldsymbol{x}_i) = \phi(\boldsymbol{x}_i) - \frac{1}{N}\sum_{n=1}^{N}\phi(\boldsymbol{x}_n)$$

$$\tilde{\boldsymbol{K}}_{ij} = \tilde{\phi}(\boldsymbol{x}_i)^{\mathrm{T}}\tilde{\phi}(\boldsymbol{x}_j)$$

$$
\begin{aligned}
&= \left(\phi(\boldsymbol{x}_i) - \frac{1}{N}\sum_{n=1}^{N}\phi(\boldsymbol{x}_n)\right)^{\mathrm{T}}\left(\phi(\boldsymbol{x}_j) - \frac{1}{N}\sum_{n=1}^{N}\phi(\boldsymbol{x}_n)\right) \\
&= \boldsymbol{K}_{ij} - \frac{1}{N}\sum_{n=1}^{N}\boldsymbol{K}_{nj} - \frac{1}{N}\sum_{n=1}^{N}\boldsymbol{K}_{in} + \frac{1}{N^2}\sum_{m,n=1}^{N}\boldsymbol{K}_{mn}
\end{aligned} \tag{6.29}
$$

因此，新的中心化核矩阵$\widetilde{\boldsymbol{K}}$表达式为：

$$
\widetilde{\boldsymbol{K}} = \boldsymbol{K} - \boldsymbol{1}_N^{\mathrm{T}}\boldsymbol{K} - \boldsymbol{K}\boldsymbol{1}_N + \boldsymbol{1}_N^{\mathrm{T}}\boldsymbol{K}\boldsymbol{1}_N \tag{6.30}
$$

其中$\boldsymbol{1}_N$为 $N\times N$ 的矩阵，每个元素均为 $1/N$，因此为对称阵$\boldsymbol{1}_N^{\mathrm{T}} = \boldsymbol{1}_N$。

总结一下，KPCA 算法的步骤如下：

1）设定正定核函数 $k(\cdot,\cdot)$，对所有数据计算$\boldsymbol{K}_{ij} = k(\boldsymbol{x}_i, \boldsymbol{x}_j)$。

2）利用公式 6.30 对核矩阵进行中心化。

3）求解$\widetilde{\boldsymbol{K}}$的特征向量 $\boldsymbol{\alpha}$ 及特征值 λ，根据特征值从大到小排列，保留前 d 个分量。

4）利用公式 6.28 计算原始数据 $\boldsymbol{X}$ 在第 j 个特征向量上的投影分量。

以上总结的是根据训练样本，计算出所有训练样本在自身的 KPCA 计算出的核主成分向量的降维过程。那么对于样本外的测试样本，又如何向已有的核主成分向量进行投影降维呢？假设有测试样本集$\boldsymbol{X}_T \in \mathbb{R}^{D\times T}$，则根据公式 6.28 的结果可知，映射后高维样本 $\phi(\boldsymbol{X}_T)$ 在已有第 j 个主成分向量上投影分量为：

$$
\phi(\boldsymbol{X}_T)^{\mathrm{T}}\boldsymbol{V}_j = \phi(\boldsymbol{X}_T)^{\mathrm{T}}\phi(\boldsymbol{X})\boldsymbol{\alpha}_j = \boldsymbol{K}_T\boldsymbol{\alpha}_j \tag{6.31}
$$

这里$\boldsymbol{K}_T \in \mathbb{R}^{T\times N}$为测试集高维数据与训练集高维数据的核矩阵。同理，此处计算默认核矩阵已经中心化了，那么对于尚未中心化的核矩阵，中心化的方式类似于公式 6.30，即：

$$
\widetilde{\boldsymbol{K}}_T = \boldsymbol{K}_T - \boldsymbol{K}_T\boldsymbol{1}_N - \boldsymbol{1}_T^{\mathrm{T}}\boldsymbol{K} + \boldsymbol{1}_T^{\mathrm{T}}\boldsymbol{K}\boldsymbol{1}_N \tag{6.32}
$$

其中$\boldsymbol{1}_T \in \mathbb{R}^{N\times T}$，所有元素值均为 $1/N$。

以下为代码实现。这里实现一个类 Kernel PCA，其中包含 fit 和 transform 两种方法。fit 负责估计核矩阵，以及对应的特征值和特征向量；transform 则是给定测试数据，计算投影分量。这里核函数选取径向基函数：

$$
k(\boldsymbol{x}_i, \boldsymbol{x}_j) = \exp\left(-\frac{\|\boldsymbol{x}_i - \boldsymbol{x}_j\|^2}{2\sigma^2}\right) \tag{6.33}
$$

```
import torch

class KernelPCA():
    def _init_(self, n_components=2, gamma=10):
        # n_components: 选取核主成分个数
        # gamma: 径向基函数中的系数
        self.n_components = n_components
        self.gamma = gamma
```

```python
    def _center_kernel(self, K1, K2):
        # 中心化核矩阵
        return K1 - K1.mean(dim=1, keepdims=True) - K2.mean(dim=0, keepdims=True) + K2.mean()

    def fit(self, data):
        # 估计核矩阵 K
        self.data = data.clone()
        distances = torch.cdist(data, data) ** 2
        K = torch.exp(-self.gamma * distances)
        K = self._center_kernel(K, K)
        self.K = K

        # 计算特征向量核特征值
        eigval, eigvec = torch.linalg.eigh(K)
        eigval, idx = torch.sort(eigval, descending=True)
        eigvec = eigvec[:, idx]
        self.eigval = eigval[:self.n_components]
        self.eigvec = eigvec[:, :self.n_components]

    def transform(self, data):
        # 估计测试数据核矩阵 K_T
        distances = torch.cdist(data, self.data) ** 2
        K_test = torch.exp(-self.gamma * distances)
        K_test = self._center_kernel(K_test, self.K)
        # 计算投影分量
        scaled_alphas = self.eigvec / torch.sqrt(self.eigval)
        return K_test.mm(scaled_alphas)
```

这里使用 sklearn 生成环形数据集：

```python
from sklearn.datasets import make_circles
from sklearn.model_selection import train_test_split

X, y = make_circles(n_samples=1_000, factor=0.3, noise=0.05, random_state=0)
X_train, X_test, y_train, y_test = train_test_split(X, y, stratify=y, random_state=0)
```

图 6.4a 展示的即为原始数据集，不同颜色代表不同标签。如果使用线性 PCA，则由于数据本身是二维的，投影后未发生改变（如图 6.4b 所示）。而在图 6.4c 中展示了使用 KPCA 算法后的投影效果，可以看出不同类别的数据经高维核映射后，有了明显的区分，说明 KPCA 可以超越线性变换，更有效地进行降维核分解。

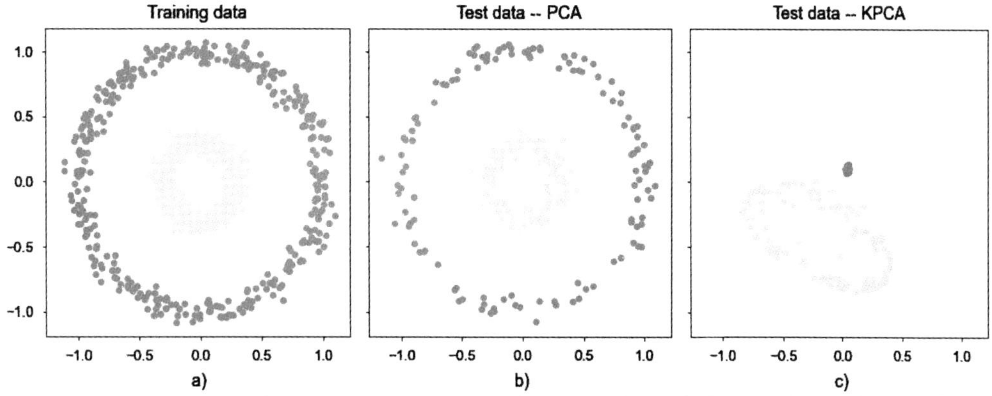

图 6.4 原始数据集，使用线性 PCA 和 KPCA 变换后的对比

a）原始数据集 b）使用线性 PCA c）KPCA 变换

扫码查看彩图

6.5 高斯过程（Gaussian Process，GP）

本节将介绍一类重要的非参数化（Nonparametric）模型：高斯过程。可以看到高斯过程中将核函数技巧发挥到最大，整体的模型定义以及预测过程完全由核函数决定。我们将从高斯过程的定义出发，并利用多元高斯分布性质，推导出测试数据在给定训练数据下的条件概率，其中包括预测均值以及协方差。高斯过程相比于其他回归模型区别在于其定义了一组函数的分布，因此在预测时不仅可以给出预测值，还可以给出对应的方差，即不确定性。最后将探讨不同核函数选取对高斯过程的影响。

6.5.1 高斯过程定义及基本性质

高斯过程可以看作是对于有限维度多元高斯分布的一个扩展，即扩展至无限多变量，从而其构成了对于函数族分布的定义。具体来说，高斯过程定义为这样一个随机过程，其中任意有限个数据点$\boldsymbol{x}_1$，…，$\boldsymbol{x}_n$，其对应的函数值$f(\boldsymbol{x}_1)$，…，$f(\boldsymbol{x}_n)$均服从联合高斯分布，这样的随机过程称为高斯过程。

一个高斯过程可以完全由其均值函数和协方差函数定义。即定义：

$$m(\boldsymbol{x})=\mathbb{E}[f(\boldsymbol{x})]$$

$$k(\boldsymbol{x},\boldsymbol{x}')=\mathbb{E}[(f(\boldsymbol{x})-m(\boldsymbol{x}))(f(\boldsymbol{x}')-m(\boldsymbol{x}'))] \tag{6.34}$$

以上为高斯过程的均值函数和协方差函数，可以说$f(\boldsymbol{x})$服从高斯过程即：

$$f(\boldsymbol{x})\sim GP(m(\boldsymbol{x}),k(\boldsymbol{x},\boldsymbol{x}')) \tag{6.35}$$

那么如何利用高斯过程去进行回归，并对测试数据集进行预测呢？这里假设数据分为两部分，一部分是训练数据 X，即已经观测到的数据（Observed Data），包含了对应的函数值，即$X=\{(\boldsymbol{x}_i,f_i)\}_{i=1}^n$；另一部分是测试数据$X_*$，只有输入特征，没有对应的函数值。假设其服从同一个高斯过程，且可以假设具有零均值函数（均值总可以被平移去掉），则按照高斯过程定义有：

$$\begin{bmatrix}\boldsymbol{f}\\ \boldsymbol{f}_*\end{bmatrix}\sim N\left(0,\begin{bmatrix}K(X,X) & K(X,X_*)\\ K(X_*,X) & K(X_*,X_*)\end{bmatrix}\right) \tag{6.36}$$

其中$\boldsymbol{f}$，$\boldsymbol{f}_*$分别为训练集和测试集对应的函数值，$K(X,X)$表示所有训练数据集样本的协方差函数，其他同理。上式表明预测值与训练值服从联合高斯分布，且协方差矩阵可以分块对应。那么预测过程则变为求$p(\boldsymbol{f}_*|X_*,X,\boldsymbol{f})$后验（Posterior）概率的分布。这里根据多元高斯分布的性质（相当于对部分变量做 Marginalization），可得到：

$$\begin{gathered}\boldsymbol{f}_*|X_*,X,\boldsymbol{f}\sim N(K(X_*,X)K(X,X)^{-1}\boldsymbol{f},\\ K(X_*,X_*)-K(X_*,X)K(X,X)^{-1}K(X,X_*))\end{gathered} \tag{6.37}$$

可以看出预测值依然服从多元高斯分布，均值由$\boldsymbol{f}$影响，协方差则只与输入数据之间的协方差有关。实际上这便是高斯过程的预测推断过程，即利用测试数据与训练数据计算协方差，求出其后验分布均值和协方差即可。由于计算协方差时需要所有训练数据，因此也是无参数模型的含义，即预测完全由所有数据加权得到。

上述推导中是假定观测无误差的。实际上观测值 $y=f(\boldsymbol{x})+\epsilon$ 是存在一个独立于高斯过程的白噪声。此时训练集内部的协方差为 $\mathrm{cov}(\boldsymbol{y})=K(X,X)+\sigma^2I$，因此后验概率变为：

$$\begin{gathered}\boldsymbol{f}_*|X_*,X,\boldsymbol{y}\sim N(K(X_*,X)(K(X,X)+\sigma^2I)^{-1}\boldsymbol{f},\\ K(X_*,X_*)-K(X_*,X)(K(X,X)+\sigma^2I)^{-1}K(X,X_*))\end{gathered} \tag{6.38}$$

在实现过程中，为了数值稳定，同时减少求逆的计算量，采取对协方差矩阵进行 Cholesky 分解。即求出下三角（Lower Triangular）矩阵 L，满足 $LL^{\mathrm{T}}=K+\sigma^2I$，则对于测试数据集$X_*$，其均值计算过程为：

$$\begin{aligned}L&=\mathrm{choleksy}(K+\sigma^2I)\\ \boldsymbol{\alpha}&=(LL^{\mathrm{T}})^{-1}\boldsymbol{f}\\ &=\mathrm{cholesky\_solve}(L,\boldsymbol{f})\\ \boldsymbol{\mu}_*&=K_*^{\mathrm{T}}\boldsymbol{\alpha}\ \ (K_*=K(X,X_*))\end{aligned} \tag{6.39}$$

而协方差计算过程中，可以将减号后的一项简化为：

$$\begin{aligned}K_*^{\mathrm{T}}(K+\sigma^2I)^{-1}K_*&=K_*^{\mathrm{T}}(LL^{\mathrm{T}})^{-1}K_*\\ &=(L^{-1}K_*)^{\mathrm{T}}(L^{-1}K_*)\\ &=\boldsymbol{v}^{\mathrm{T}}\boldsymbol{v}\end{aligned} \tag{6.40}$$

则协方差整体计算过程为：

$$
\begin{aligned}
\boldsymbol{v} &= L^{-1}K_* \\
&= \text{triangular\_solve}(L, K_*) \\
\boldsymbol{\Sigma}_* &= K(X_*, X_*) - \boldsymbol{v}^{\mathrm{T}}\boldsymbol{v}
\end{aligned}
\tag{6.41}
$$

计算出了均值和协方差，实际上可以从 $N(\boldsymbol{\mu}_*, \boldsymbol{\Sigma}_*)$ 采样多组样本，一条样本也就是对应于一个函数，实际上是采样了多组函数。因此这也是为什么称高斯过程实际上是定义在函数空间（Function-Space）上的分布。

如何从多元高斯分布中采样呢？其实可以借助标准正态分布来实现。首先对协方差矩阵做 Cholesky 分解，即$L_* L_*^{\mathrm{T}} = \boldsymbol{\Sigma}_*$，然后从标准正态分布 $N(0, I)$ 采样样本 $\boldsymbol{y}$，则 $\boldsymbol{x} = \boldsymbol{\mu}_* + L_* \boldsymbol{y}$ 即为从 $N(\boldsymbol{\mu}_*, \boldsymbol{\Sigma}_*)$ 中采样的样本。因为由高斯分布线性性质可知，$\boldsymbol{x}$ 服从高斯分布，且其均值和协方差为：

$$
\begin{aligned}
\mathbb{E}(\boldsymbol{x}) &= \boldsymbol{\mu}_* \\
\operatorname{cov}(\boldsymbol{x}) &= \mathbb{E}\left[(\boldsymbol{x}-\boldsymbol{\mu}_*)(\boldsymbol{x}-\boldsymbol{\mu}_*)^{\mathrm{T}}\right] \\
&= \mathbb{E}(L_* \boldsymbol{y}\boldsymbol{y}^{\mathrm{T}} L_*^{\mathrm{T}}) \\
&= L_* L_*^{\mathrm{T}} = \boldsymbol{\Sigma}_*
\end{aligned}
$$

故说明 $\boldsymbol{x} \sim N(\boldsymbol{\mu}_*, \boldsymbol{\Sigma}_*)$。

这里选取的核函数为平方指数（Squared Exponential）RBF，其常见表达式为：

$$
k(\boldsymbol{x}_i, \boldsymbol{x}_j) = \sigma_f^2 \exp\left(-\frac{1}{2l^2}\|\boldsymbol{x}_i - \boldsymbol{x}_j\|^2\right) \tag{6.42}
$$

其代码实现为：

```
class RBF:
    def _init_(self, constant=1.0, length_scale=1.0):
        self.constant = constant
        self.length_scale = length_scale

    def _call_(self, X1, X2):
        dist = torch.cdist(X1, X2) * * 2 / (self.length_scale * * 2)
        kernel= (self.constant * * 2) * torch.exp(-0.5 * dist)
        return kernel
```

可以大致理解为 l 控制着数据点之间的有效影响距离，σ_f控制着幅度。高斯过程模型实现为类的形式，包含 fit、predict 和 sample_y 的方法，即拟合、预测和采样函数。

```
class GaussianProcess:
    def _init_(self, kernel, eps=1e-10):
        # kernel 为核函数 callable function
        self.kernel = kernel
        self.eps = eps
```

```
    def fit(self, X, y):
        self.X_ = X.clone()
        self.y_ = y.clone()
        # K + σ^2 I
        K = self.kernel(X, X)
        K[np.diag_indices(len(X))] += self.eps
        # LL^T = K
        self.L = torch.linalg.cholesky(K)
        # alpha = (LL^T)^-1 y
        self.alpha_ = torch.cholesky_solve(y.unsqueeze(1), self.L)

    def predict(self, X):
        # K_* ^T
        K_t = self.kernel(X, self.X_)
        # mean = K_* ^T alpha
        y_mean = K_t.mm(self.alpha_).squeeze()
        # v = L^-1 K_*
        v = torch.triangular_solve(K_t.T, self.L, upper=False)[0]
        # cov = K(X_* , X_* ) - v^T v
        y_cov = self.kernel(X, X) - v.T.mm(v)
        # std = sqrt(diag(cov))
        y_std = torch.sqrt(y_cov.diag())
        return y_mean, y_cov, y_std

    def sample_y(self, X, n_samples):
        y_mean, y_cov, y_std = self.predict(X)
        y_cov[np.diag_indices_from(y_cov)] += self.eps
        # LL^T = cov
        L = torch.linalg.cholesky(y_cov)
        z = torch.randn(len(X), n_samples, dtype=X.dtype)
        # sample = mean + Lz
        samples = L.mm(z) + y_mean.unsqueeze(1)
        return samples

rbf = RBF(0.5, 0.2)
gp = GaussianProcess(rbf, eps=1e-10)
gp.fit(X, y)
mean, cov, std = gp.predict(X_test)
samples = gp.sample_y(X_test, n_samples=3)
```

图 6.5 展示的即为拟合后的高斯过程预测结果。其中红色点为观测到的数据点，即训练集。黑色线为预测的均值。灰色部分为均值线±1 倍标准差后的区间，按照高斯分布性质，这里包含了 95%的置信区间。彩色虚线为从估计出的高斯过程中采样的多组函数值，可以看到无论是不

同函数值，还是置信区间均穿过观察数据点。因为已经被观测到了，所以没有不确定性。

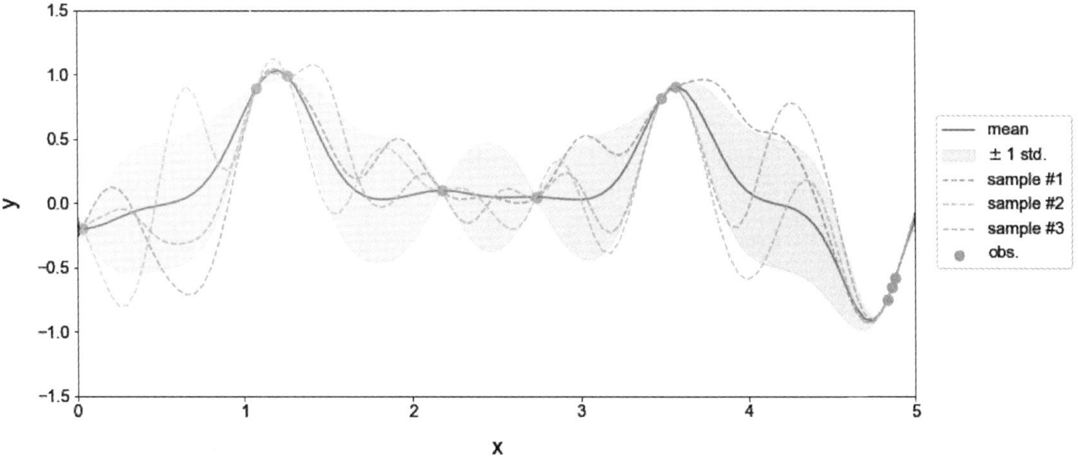

● 图 6.5 拟合后的高斯过程预测结果及采样函数

扫码查看彩图

6.5.2 核函数参数选取优化

在上一小节，利用实现的高斯过程模型进行了拟合和预测。但是所选用的核函数参数选取并没有做进一步探讨。实际上不同的参数选取会极大地影响拟合效果，因为核函数是重要的衡量数据点之间的关系，且会对预测值和不确定区间有重要影响。

图 6.6 展示的即为在上一小节中，固定数据，测试不同核函数参数下的拟合情况。可以看出不同参数设置有明显差别。σ_f偏大则会使不确定区间增大，l 增大则会使预测均值曲线平滑。因此应当如何选取核函数参数，使得最佳适配训练数据集呢？

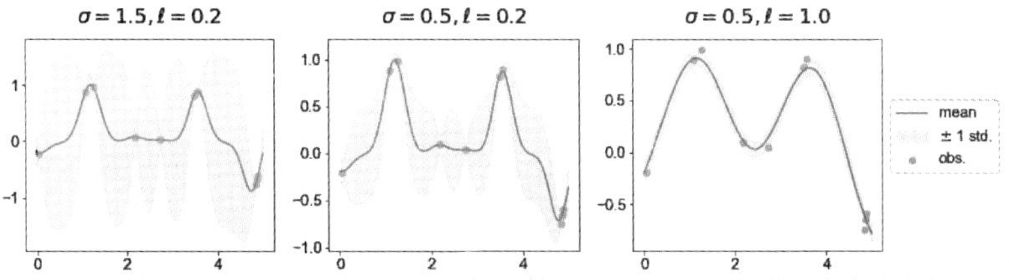

● 图 6.6 不同核函数参数下的拟合效果

这里可以考察训练数据集的目标值分布情况。按照高斯过程定义可知，$\boldsymbol{f} \sim N(0, K(X,X))$。因此其对数边缘似然函数（Marginal Likelihood）为：

$$\log p(\boldsymbol{f} \mid X) = -\frac{1}{2}\boldsymbol{f}^{\mathrm{T}}K^{-1}\boldsymbol{f} - \frac{1}{2}\log\det(K) - \frac{n}{2}\log 2\pi \tag{6.43}$$

因此应当选取核函数参数使得上式中的 $\log p(\boldsymbol{f}|X)$ 越大越好，即相当于最大似然估计。在带有噪声的估计时，则将 K 替换为 $K+\sigma^2 I$。具体计算时，仍然利用 Cholesky 分解来减少计算量。

$$
\begin{aligned}
&L=\text{cholesky}(K+\sigma^2 I)\\
&\boldsymbol{\alpha}=(LL^{\mathrm{T}})^{-1}\boldsymbol{f}=\text{cholesky\_solve}(L,\boldsymbol{f})\\
&\frac{1}{2}\text{logdet}(K+\sigma^2 I)=\frac{1}{2}\text{logdet}(LL^{\mathrm{T}})=\sum_i \log L_{ii}\\
&\log p(\boldsymbol{f}|X)=-\frac{1}{2}\boldsymbol{f}^{\mathrm{T}}\boldsymbol{\alpha}-\sum_i \log L_{ii}-\frac{n}{2}\log 2\pi
\end{aligned}
\tag{6.44}
$$

这里在上一小节的高斯过程类中再添加一个方法 log_marginal_likelihood，具体实现为：

```
class GaussianProcess:
    def log_marginal_likelihood(self):
        # 获取训练数据 X
        X_train = self.X_
        # 计算 K + σ^2 I
        K = self.kernel(X_train, X_train)
        K[np.diag_indices_from(K)] += self.eps
        L = torch.linalg.cholesky(K)
        # 获取训练数据 y
        y_train = self.y_.unsqueeze(1)
        # alpha = (LL^T)^-1 y
        alpha = torch.cholesky_solve(y_train, L)
        log_likelihood = -0.5 *  y_train.T.mm(alpha) - torch.log(torch.diag(L)).sum() -
K.shape[0] / 2 * torch.log(torch.Tensor([2* torch.pi]))
        return log_likelihood
```

有了此函数，便可以计算不同核函数参数设置下，高斯过程拟合的效果。图 6.7 展示的即为不同 (σ,l) 组合下所计算出的 $-\log p(\boldsymbol{f}|X)$ 值，可以看出不同设置下差异较大。图中红点处标注出的是全局最优值，此处边缘似然函数值最大，因此在此设置下拟合效果最好。有了边缘似然函数的计算，我们可用采样的方式探索寻找最优的核函数设置，或者采用梯度下降方法进行优化求解。

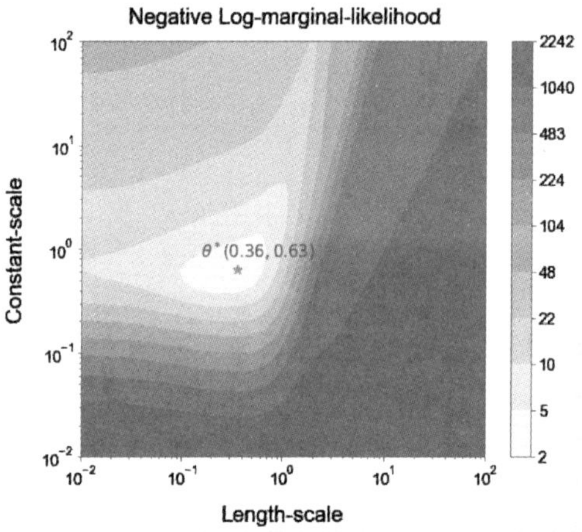

扫码查看彩图

● 图 6.7　不同 (σ,l) 组合下所计算出的 $-\log p(\boldsymbol{f}|X)$ 值

6.6 实战：利用高斯过程进行超参数优化

本节将利用高斯过程实现具体应用。由于高斯过程的非参数性，以及所需要估计的数据较少，其重要的一项应用便是超参数优化。在训练机器学习模型时，都需要设置一些超参数，比如模型的训练步数、学习率，或者树模型深度等。当设定参数较少时，还可以通过 Grid Search 遍历来找到较优设置。但是当所需要设置的参数组合过多时，这种简单穷举方法并不合适。尤其是当训练某些模型单次实验所需时间较长时，更是无法遍历所有情况。而利用高斯过程，可以建立超参数与模型性能指标之间的隐式联系，并且可以根据高斯过程的估计，给出下一次最优的超参数选项，以便于快速找到最优设置，减少遍历次数。这其实就是在利用高斯过程，进行黑盒优化（Black-Box Optimization），在解决无法进行求导的函数优化问题时非常有用。

6.6.1 超参数优化（Hyper-parameter Optimization）

假设对于一个机器学习模型，我们有一些超参数需要设置，构成高斯过程的输入特征向量 $\boldsymbol{x}$，其对应这次训练结果的性能指标（可以是准确率、回归误差等）为 y，对于已经有了 N 组实验结果后，可以假设性能指标与超参数之间存在某种映射，即 $y=f(\boldsymbol{x})$，则其服从高斯过程 $f(\boldsymbol{x})\sim GP(m(\boldsymbol{x}),k(\boldsymbol{x},\boldsymbol{x}'))$。那么可以按照前面的介绍，设置核函数并拟合模型。在有了训练后的高斯过程模型后，如何利用其帮助我们选择下一次超参数设置 $\boldsymbol{x}_{t+1}$，以便于期望对应训练后的模型预测性能 y_{t+1} 可以进一步提高？这里引入一个概念，叫作采集函数（Acquisition Function），其用来衡量下一次超参数的选取，可以帮助我们获得多大的“优势”（Advantage），如果优势大，就应该被选中并进行下一次训练。而高斯过程便可以帮助我们更好地估计候选点采集函数的值，因此可以更准确地选择出超参数。

采集函数有多种定义形式。这里介绍一种叫作预期改进（Expected Improvement，EI）的目标函数，其定义为相比于当前最好预测性能 $f(\hat{\boldsymbol{x}})$，其改进量的期望值，即：

$$EI(\boldsymbol{x})=\mathbb{E}\left[\max(0,f(\boldsymbol{x})-f(\hat{\boldsymbol{x}}))\right] \tag{6.45}$$

这里可以知道在拟合的高斯过程模型下，$f(\boldsymbol{x})\sim N(\mu(\boldsymbol{x}),\sigma(\boldsymbol{x}))$，即服从高斯分布，可以推导出的解析式为：

$$z=\frac{\mu(\boldsymbol{x})-f(\hat{\boldsymbol{x}})}{\sigma(\boldsymbol{x})}$$

$$EI(\boldsymbol{x})=(\mu(\boldsymbol{x})-f(\hat{\boldsymbol{x}}))\Phi(z)+\sigma(\boldsymbol{x})\phi(z) \tag{6.46}$$

其中 $\boldsymbol{\Phi}(z)$ 为标准正态分布的累积分布函数，$\phi(z)$ 为标准正态分布的概率密度函数（Probability Density Function，PDF)。根据这一公式，可以计算出所有候选超参数组合的 EI 值，然后选取其中最大的作为下一次超参数设置。新的超参数$\boldsymbol{x}_{t+1}$和对应训练模型的预测性能指标y_{t+1}可以加入已有的数据中，重新估计更新高斯过程，以便于进行下一次优化。这便是利用高斯过程进行超参数优化的过程。

6.6.2 具体实现

这里的高斯过程还按照上一小节的实现方式进行。其中选取另外一种核函数，即二次有理核函数（Rational Quadratic Kernel，RQK)，其表达式为：

$$k(\boldsymbol{x}_i,\boldsymbol{x}_j)=\left(1+\frac{\|\boldsymbol{x}_i-\boldsymbol{x}_j\|^2}{2\alpha l^2}\right)^{-\alpha} \tag{6.47}$$

其实现方式为：

```
class RQK:
    def _init_(self, length_scale=1, alpha=1, l_bounds=[-2, 2], a_bounds=[-2, 2]):
        self.length_scale = length_scale
        self.alpha = alpha
        self.l_bounds = l_bounds
        self.a_bounds = a_bounds

    def _params_grid(self):
        # 遍历核函数参数
        lb, ub = self.a_bounds
        a_sample = torch.logspace(lb, ub, steps=20)
        lb, ub = self.l_bounds
        l_sample = torch.logspace(lb, ub, steps=20)
        l_grid, a_grid = torch.meshgrid(l_sample, a_sample)
        params = list(zip(l_grid.ravel(), a_grid.ravel()))
        return params

    def _call_(self, X1, X2):
        dist = torch.cdist(X1, X2) * * 2
        dist = 1 + dist / (2 * self.alpha * self.length_scale* * 2)
        kernel = dist * * (-self.alpha)
        return kernel
```

这里还额外实现了_params_grid 方法，用来选取最优核函数参数。选取方法即是遍历参数组合，然后最大化对数边缘似然函数。因此高斯过程及拟合方法实现如下：

```
class GaussianProcess:
    def _init_(self, kernel, eps=1e-10):
        self.kernel = kernel
```

```
        self.eps = eps

    def fit(self, X, y):
        # 对 Y 进行标准化
        self.y_mean = y.mean()
        self.y_std = y.std()
        y = (y - self.y_mean) / self.y_std
        self.X_ = X.clone()
        self.y_ = y.clone()

        K = self.kernel(X, X)
        K[np.diag_indices(len(X))] += self.eps
        self.L = torch.linalg.cholesky(K)
        self.alpha_ = torch.cholesky_solve(y.unsqueeze(1), self.L)

    def predict(self, X):
        K_t = self.kernel(X, self.X_)
        # 预测均值时,还原回原始尺度
        y_mean = K_t.mm(self.alpha_).squeeze() *  self.y_std + self.y_mean
        v = torch.triangular_solve(K_t.T, self.L, upper=False)[0]
        y_cov = self.kernel(X, X) - v.T.mm(v)
        y_cov = y_cov *  self.y_std
        y_std = torch.sqrt(y_cov.diag())
        return y_mean, y_cov, y_std

    def log_marginal_likelihood(self, X, y):
        y = (y - y.mean()) / y.std()
        K = self.kernel(X, X)
        K[np.diag_indices_from(K)] += self.eps
        L = torch.linalg.cholesky(K)
        y = y.unsqueeze(1)
        alpha = torch.cholesky_solve(y, L)
        log_likelihood = -0.5 *  y.T.mm(alpha) - torch.log(torch.diag(L)).sum() - K.shape
[0] / 2 *  torch.log(torch.Tensor([2* torch.pi]))
        return log_likelihood
```

包含最优核函数参数搜索的拟合方法如下：

```
def fit_gaussian_process(X, y):
    kernel = RQK()
    # 生成遍历参数范围
    params = kernel._params_grid()
    mll_list = []
    for l, a in params:
        gp = GaussianProcess(RQK(l, a))
        try:
```

```
            mll = gp.log_marginal_likelihood(X, y)
            mll_list.append(mll.item())
        except:
            mll_list.append(np.nan)
    # 选取最大边缘似然概率
    max_idx = np.nanargmax(np.array(mll_list))
    l, a = params[max_idx]
    # 拟合最终 GP 模型
    gp = GaussianProcess(RQK(l, a))
    gp.fit(X, y)
    return gp
```

最后便是实现公式 6.46 中的 EI 计算方法。这里利用 torch.distributions.Normal 来实现对于高斯分布的累积分布函数和概率密度函数的计算。

```
from torch.distributions import Normal

def expected_improvement(gp, X, best):
    # gp 为已拟合好的模型
    # X 为 candidate point
    # best 为当前最优值
    m, cov, _ = gp.predict(X)
    std = cov.diag().clamp_min(1e-9).sqrt()
    u = (m - best) / std

    normal = Normal(torch.zeros_like(u), torch.ones_like(u))
    ucdf = normal.cdf(u)
    updf = torch.exp(normal.log_prob(u))
    ei = std * (updf + u * ucdf)
    return ei
```

在这里模拟超参数选取过程。假设某种模型超参数有两个，构成二维输入向量。对应的模型训练性能指标满足如下函数关系：

```
def func(x):
    return torch.sin(x[0]) / x[0] + torch.sin(x[1])/x[1] - 0.1* torch.randn(1)
```

实际上是根据有限的观测点去寻找上述函数的最大值。整体超参数优化过程如下：

```
#代表初期已随机参数设置后观测到的数据点
X_list = [torch.Tensor(2).uniform_(-10, 10) for i in range(15)]
Y_list = [func(x) for x in X_list]

for i in range(30):
    X = torch.stack(X_list)
    Y = torch.cat(Y_list)
```

```
# 拟合高斯过程
gp = fit_gaussian_process(X, Y)

# 根据最大 EI 标准选取候选点
p1 = torch.linspace(-10, 10, 50)
p2 = torch.linspace(-10, 10, 50)
p1_grid, p2_grid = torch.meshgrid(p1, p2)
X_candidate = torch.stack([p1_grid.ravel(), p2_grid.ravel()]).T

best = Y.max().item()
ei = expected_improvement(gp, X_candidate, best)

# 根据选取出的下一步超参数获取目标值,并加入观测数据列表中
X_next = X_candidate[ei.argmax()]
Y_next = func(X_next)
X_list.append(X_next)
Y_list.append(Y_next)
```

以上便是高斯过程求解超参数优化的流程。在图 6.8 和图 6.9 中分别展示了随机采样参数过

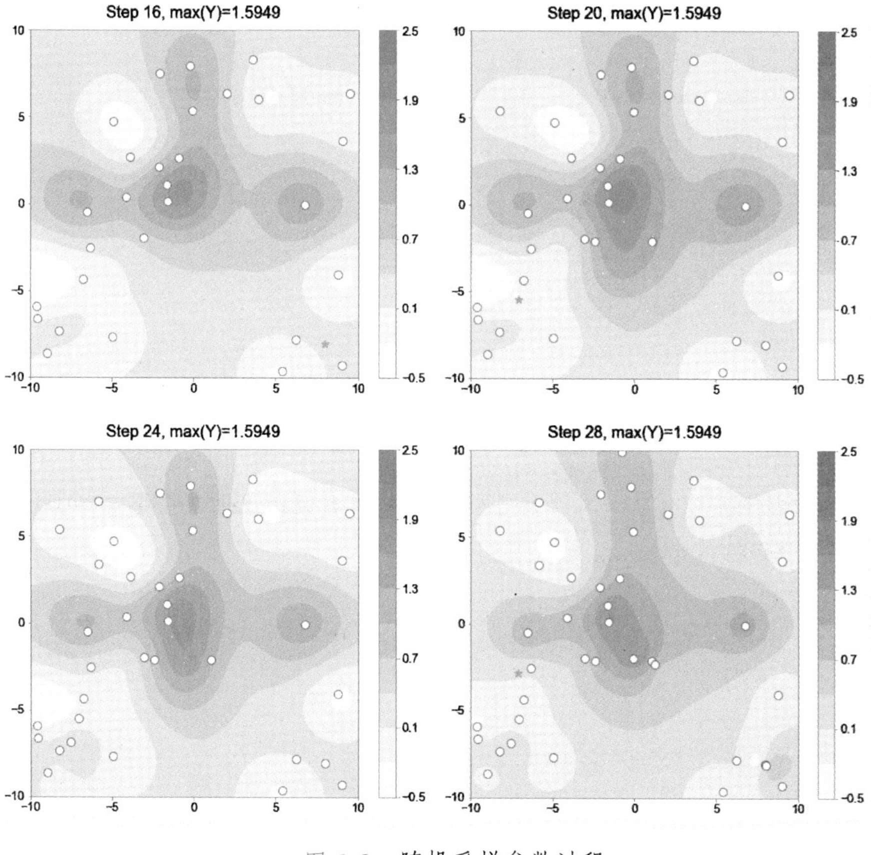

图 6.8 随机采样参数过程

程和利用 GP 优化超参数采样过程。其中每一个白色点为已有观测的超参数设置及对应的目标值。红色星号代表最新一次采样位置。图中的热力图显示了高斯过程模型对于整个输入空间的预测均值。首先可以看出随着每一次迭代，高斯过程对整个函数值分布的估计在逐渐细化精准。其次利用 GP 进行超参数采样可以看到在后半段采样点主要集中于最优值附近，而非在全空间中随机采样，更加有针对性地探索。最后也可以看出利用 GP 搜索出的超参数设置相比于随机搜索达到了更高的目标值，说明了 GP 进行超参数优化搜索的有效性。

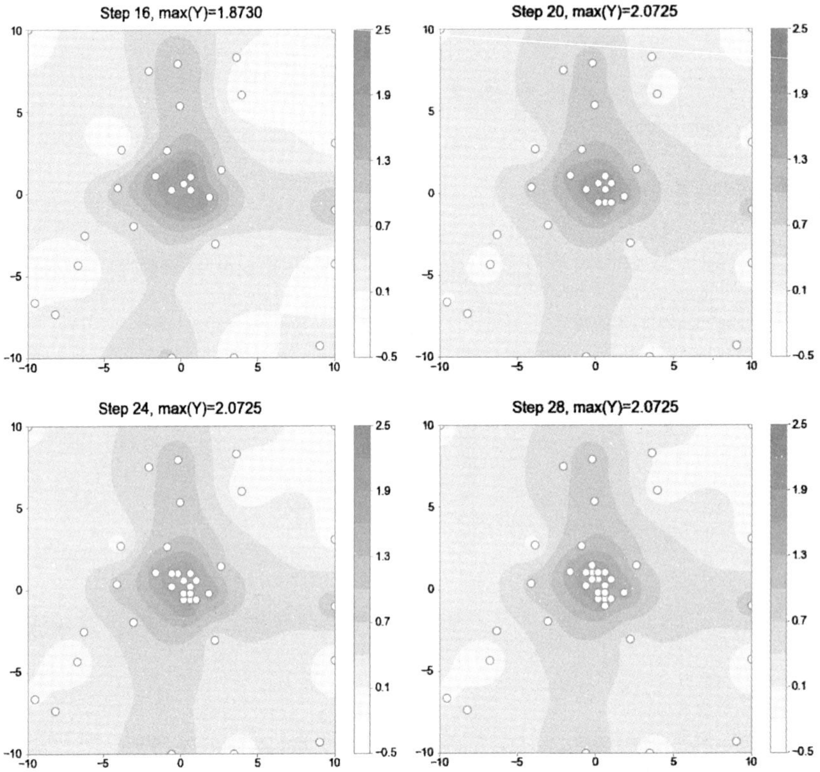

图 6.9　利用 GP 优化超参数采样过程

第7章

深度神经网络

本章将介绍深度神经网络（Deep Neural Network，DNN）的一些应用。首先是基本的神经网络结构，包括基本的算子运算、训练流程、网络结构等。这些在深度学习时代，都得到了充分的发展和创新，使得我们可以较为成功地训练深层网络。然后是结合之前的概率模型，利用深度神经网络进行改造。其中最经典的变分自编码器利用了深度神经网络的强大拟合能力，来估计后验分布，使得概率图模型的推断过程变得准确且高效。然后是深度生成式模型，即利用深度神经网络去拟合数据整体分布。其中介绍了最为有名的对抗式生成网络，并且在本章最后的实战任务中，将利用 CycleGAN 去实现复杂的图片生成和风格转换任务。

7.1 神经网络（Neural Network）

本节将介绍神经网络中的基本算子操作、多种模型结构，以及训练过程。随着深度学习的兴起，给传统的神经网络领域带来了许多新的模型设计和训练技巧。在辅以大数据和 GPU 并行计算能力后，使得深度学习模型可以大幅度提升在过往问题上的预测性能。这里我们将会介绍众多经典的基础算子操作，包括线性层、卷积层、池化层等。除了基本算子，深度学习研究领域中重要的一部分是对于各种网络结构的创新设计。这里介绍经典的视觉类模型，如 ResNet、GoogLeNet 等，也包括处理序列的时序模型，如 LSTM、GRU，还有在近些年最引人注目的 Transformer 等结构。深度学习模型由于其模型空间巨大，如何优化也是一个难题，这里介绍常见的训练技巧以及设置。

7.1.1 基本算子操作

深度神经网络中的算子（Operator）可以看作某个隐含层（Hidden Layer）的计算过程，处理输入数据并将其转换为输出。最简单的算子便是线性层（Linear Layer），进行转换的操作便是矩阵乘法。在 PyTorch 中可以直接调用 nn.Linear（input_dim，out_dim）进行初始化并运算。线性层主要针对的是一维输入特征，如果处理视觉类的二维输入时，经典算子是卷积层（Convolution Layer），其操作方式类似信号处理中的卷积操作，通过滑动窗方式对输入特征与权重进行乘法计算，从而提取局部特征，计算过程如图 7.1 所示，其中包含了对于卷积层的基本概念，包括核尺寸（Kernel Size）、跨度（Stride）、补零（Padding）等。

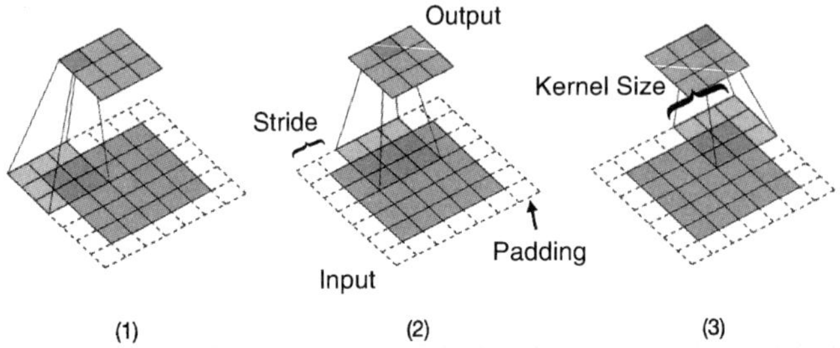

● 图 7.1　卷积层计算过程

在 PyTorch 中，卷积层初始化方式为：

```
import torch.nn as nn
m = nn.Conv2d(in_channels, out_channels, kernel_size,
stride, padding, groups)
```

分别代表着输入特征通道数、输出特征通道数、卷积核大小、跨步长度、补零个数、分组卷积分组个数。这里重点说一下 groups 这个参数。默认标准卷积是所有输入通道对每一个输出通道有贡献。而在最后的参考文献[18]的实现上，为了减小显存，卷积引入了分组为 2 的卷积操作，也就是将输入分为两组，每一组贡献一半的输出通道。此外，还有论文探索了 groups 这个变量对于模型最终性能的影响，发现分组数增加，可以在相似的计算量下提升模型性能。而当 groups = in_channels 时，即实现了 depthwise convolution。图 7.2 展示了不同分组数目对于卷积过程的影响。想要了解各种不同卷积操作的含义，可以参考链接㊀。

另一个常见运算层为池化层（Pooling Layer）。与卷积层类似，通过滑动窗方式，对每一个滑动窗内部实施某种集合操作，起到缩减输入特征尺寸的作用。常见的池化层有最大池化层（Max Pooling）和平均池化层（Average Pooling），其调用方式为：

```
nn.MaxPool2d(kernel_size, stride, padding, return_indices)
nn.AvgPool2d(kernel_size, stride, padding)
```

㊀ https://github.com/vdumoulin/conv_arithmetic

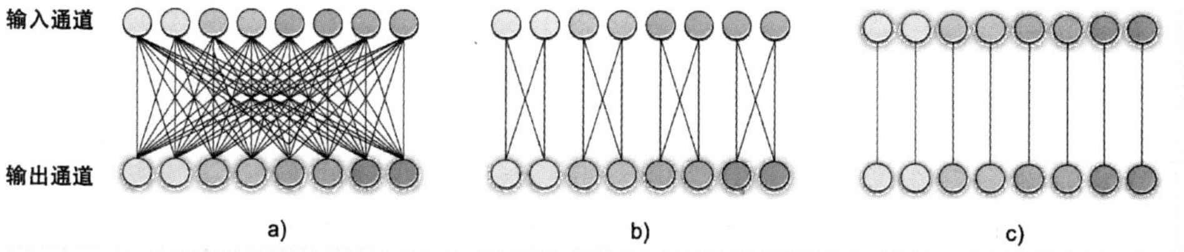

● 图 7.2 不同分组数目对于卷积过程的影响

a）标准卷积 b）分组卷积（groups=4） c）depthwise 卷积

其中对于最大池化层，return_indices 参数控制是否返回输出特征各元素在原输入特征中的索引位置。这个主要是用在反最大池化操作 nn.MaxUnpool2d 中，也就是将一个输出特征反向扩展到输入空间大小。

除了以上的参数的运算层，还有一类重要的为激活层（Activation Layer），也就是将输入特征进行非线性变换产生输出。比如之前见过的 nn.ReLU、nn.Sigmoid 均为激活函数。还有如 nn.LeakyReLU 是对 ReLU 的一种改进，使得其在输入小于 0 的部分不是完全被抑制为 0，而是可以有一定斜率输出。PyTorch 中提供了表 7.1 中的各种激活单元。

表 7.1 PyTorch 中包含的激活函数层

ELU	Hardshrink	Hardtanh	LeakyReLU	PReLU
ReLU	ReLU6	RReLU	SELU	CELU
GELU	Sigmoid	Softplus	Softshrink	Softsign
Tanh	Tanhshrink	Threshold	Softmin	Softmax
LogSoftmax	MultiheadAttention			

接下来介绍归一化层（Normalization Layer）。最常见的是批归一化层 nn.BatchNorm2d。该层可以有效提升深层模型预测性能，将每层输入进行标准化。该层计算过程分为训练阶段和测试阶段。在训练阶段，按照通道维度进行计算：

$$y=\frac{x-\mathbb{E}(x)}{\sqrt{\mathrm{var}(x)+\epsilon}}\times\gamma+\beta \tag{7.1}$$

前一部分是将 x 归一化，γ，β 是进行仿射变换的参数，是可训练的参数。这里会跟踪记录每一批次的均值方差，并在训练过程中持续更新，但不是可训练的参数。而到了测试阶段，则直接用训练过程中估计的均值方差进行上式计算。在 PyTorch 中需要显式调用 nn.Module 中的 .train( )和.eval( )方法，来设置其不同的运行行为，否则会造成推断时结果有误差。批归一化是针对批次进行平均，当进行推断时，由于 Batch 大小为 1，只能使用训练时统计的值。而归一化层 nn.LayerNorm 则是对特征维度进行平均统计，计算方式与 BatchNorm 一样，因此即使 batch 为 1

也可以使用。然后还有不同维度的组合方式，进行多种归一化计算。

接下来介绍常见的损失函数层（Loss Layer）。损失函数层往往出现在模型的输出部分，且在训练阶段起到引导参数学习的作用。因为搭建模型时往往作为独立模块，以便于在测试时避免额外计算。最常见的用于多分类的损失函数为 nn.CrossEntropyLoss，它用来计算输入和标签之间的交叉熵。但是注意这里的输入是需要模型对于各个类别的原始输出值，而非经过如 softmax 函数归一化后的概率值。而标签需要指示类别的整数，而非 one-hot 编码形式。在二分类情况下，直接可以使用二分类交叉熵损失函数 nn.BCELoss。但这里要注意的是，nn.BCELoss 接受的输入和标签均需要为类别概率，与 nn.CrossEntropyLoss 输入格式不同。还有在回归问题中常使用的均值平方差损失函数 nn.MSELoss，在物体检测中为防止梯度爆炸而引入的 nn.SmoothL1Loss 等。更多损失函数层类型总结在表 7.2 中。

表 7.2　PyTorch 中包含的损失函数层

L1Loss	MSELoss	CrossEntropyLoss	CTCLoss
KLDivLoss	BCELoss	BCEWithLogitsLoss	MarginRankingLoss
NLLLoss	HingeEmbeddingLoss	CosineEmbeddingLoss	MultiLabelMarginLoss
SmoothL1Loss	TripletMarginLoss	SoftMarginLoss	MultiLabelSoftMarginLoss

最后介绍的是循环层（Recurrent Layer）。循环神经网络的特点在于输出可以作为输入再次进行运算。因此这里涉及前向计算图出现循环反馈的问题。在 PyTorch 里面提供两个层次的封装。首先是最核心的循环 Cell 层，即进行单步输入到输出的循环计算，分别有 nn.RNNCell、nn.LSTMCell、nn.GRUCell。以 LSTMCell（Long-Short Term Memory）为例，其单步运算过程为：

$$
\begin{aligned}
i &= \sigma(W_{ii}x+b_{ii}+W_{hi}h+b_{hi}) \\
f &= \sigma(W_{if}x+b_{if}+W_{hf}h+b_{hf}) \\
g &= \tanh(W_{ig}x+b_{ig}+W_{hg}h+b_{hg}) \\
o &= \sigma(W_{io}x+b_{io}+W_{ho}h+b_{ho}) \\
c' &= f\times c+i\times g \\
h' &= o\times\tanh(c')
\end{aligned}
\tag{7.2}
$$

以上的运算过程被封装在 nn.LSTMCell 模块中。另一个层次是包含多个 Cell 层的深度循环网络模型，分别有 nn.RNN、nn.LSTM、nn.GRU，代表了其内部堆叠了多个基本的 Cell 构成的循环神经网络。使用方式为：

```
>>> seq_len = 5                # 序列长度
>>> batch_size = 3             # 批次大小
>>> input_dim = 10             # 输入特征大小
>>> hidden_dim = 7             # 隐含层大小
```

```
>>> num_layers = 3                # 层数
>>> num_directions = 2            # 双向为 2
>>> model = nn.LSTM(input_dim, hidden_dim, num_layers, bidirectional=True)
>>> input = torch.randn(seq_len, batch_size, input_dim)
>>> h0 = torch.randn(num_layers * num_directions, batch_size, hidden_dim)
>>> c0 = torch.randn(num_layers * num_directions, batch_size, hidden_dim)
>>> output, (h, c) = model(input, (h0, c0))
>>> output.shape                  # 输出为 seq_len x batch_size x (hidden_dim x 2)
torch.Size([5, 3, 14])
```

7.1.2 常见网络结构

在介绍了以上的基础算子层之后，就可以模块式搭建模型。深度学习引入的研究范式转变，即是利用基础的可微分算子层不断组合构建深度的复杂模型。首先介绍视觉模型（Vision Models）。从 AlexNet 诞生开始，深度学习模型在视觉任务领域的开发上就呈现百花齐放的状态。这里较为经典的模型包括 VGGNet、ResNet、GoogLeNet、DenseNet 等。其中 ResNet 模型最为著名，其核心创新是引入了残差连接，将输入加入到输出结果上。实现上可以写为：

```
class BasicBlock(nn.Module):
    def _init_(
        self,
        inplanes: int,
        planes: int,
        stride: int = 1,
        downsample: Optional[nn.Module] = None
    ):
        super()._init_()
        self.conv1 = conv3x3(inplanes, planes, stride)
        self.bn1 = nn.BatchNorm2d(planes)
        self.relu = nn.ReLU(inplace=True)
        self.conv2 = conv3x3(planes, planes)
        self.bn2 = nn.BatchNorm2d(planes)
        self.downsample = downsample

    def forward(self, x):
        identity = x

        out = self.conv1(x)
        out = self.bn1(out)
        out = self.relu(out)

        out = self.conv2(out)
        out = self.bn2(out)
```

```
        if self.downsample is not None:
            identity = self.downsample(x)

        out += identity
        out = self.relu(out)

        return out
```

DenseNet 模型则是在此基础上，将跨层连接进一步扩展到多个之前的输入层，而且也将加法的融合方式变成了拼接。GoogLeNet 则是在每一层模型中引入了多分支（Multi-branch）结构，让不同的运算子处理特征再融合在一起。图 7.3 展示了这几个模型核心模块的结构。

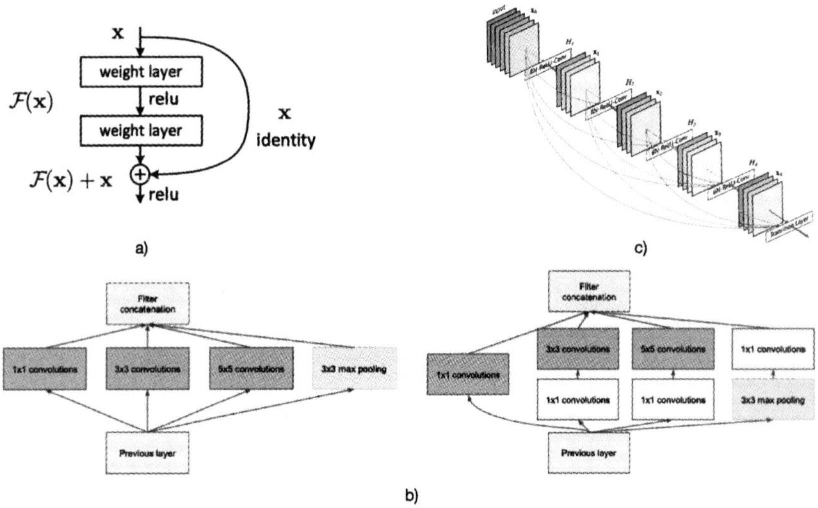

● 图 7.3 ResNet、GoogLeNet 和 DenseNet 模型中的基本模块结构

a）ResNet block b）GoogLeNet block c）DenseNet block

除了视觉模型的发展，循环神经网络在序列数据上也发展出大量模型，最主要的应用在自然语言处理（Natural Language Processing，NLP）任务中。其中最经典的是开创了序列到序列处理的 Seq2Seq 模型。典型应用是在机器翻译（Machine Translation）任务上，将一个源语言（Source）翻译成目标语言（Target）序列。如图 7.4 所示，其基本结构包含 Encoder 编码器和 Decoder 解码器。编码器是将源语言的词向量（Word Embedding）进行融合，总结出一个隐含特征。然后输入解码器中，并且在每个词向量输入后，解码为对应的目标语言单词。解码时会将输出的词作为下一次的输入，完成类似自回归的解码过程。

其中 Encoder 和 Decoder 都由多层循环神经网络（例如 LSTM）来实现。整体结构为：

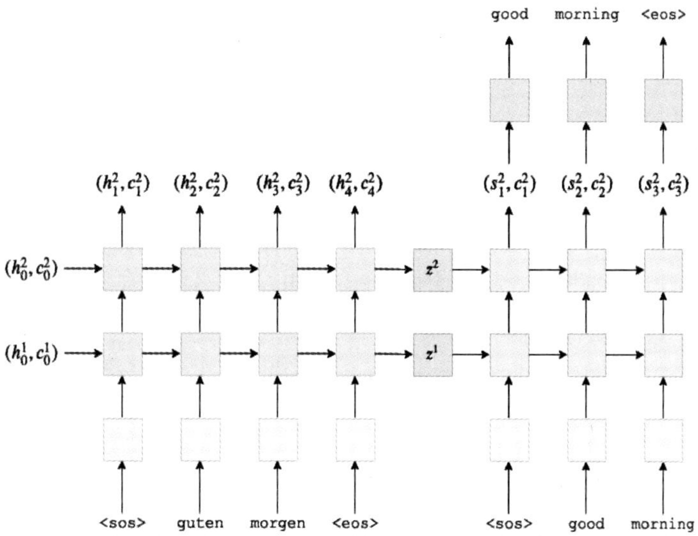

● 图 7.4　Seq2Seq 模型整体结构示意图，引用自链接[⊖]

```
class Seq2Seq(nn.Module):
    def _init_(self, encoder, decoder):
        super()._init_()
        self.encoder = encoder
        self.decoder = decoder

    def forward(self, src, trg):
        #src = [src len, batch size]
        #trg = [trg len, batch size]

        batch_size = trg.shape[1]
        trg_len = trg.shape[0]

        hidden, cell = self.encoder(src)

        #解码器第一个输入 <sos> tokens
        input = trg[0,:]
        outputs = []
        for t in range(1, trg_len):
            output, hidden, cell = self.decoder(input, hidden, cell)
            outputs.append(output)
```

⊖ https://github.com/bentrevett/pytorch-seq2seq

```
        #根据预测选取 top1 词作为下次输入
        top1 = output.argmax(1)
        input = top1

    return outputs
```

接下来介绍近些年大放异彩的模型结构 Transformer[19]。其主要出发点是代替上述 Seq2Seq 中的循环神经网络，方便直接并行处理多个字词的特征提取。主要方法是利用多头注意力机制(Multi-Head Attention)，来提取多个字词之间的相互影响。其各部分结构如图 7.5 所示。

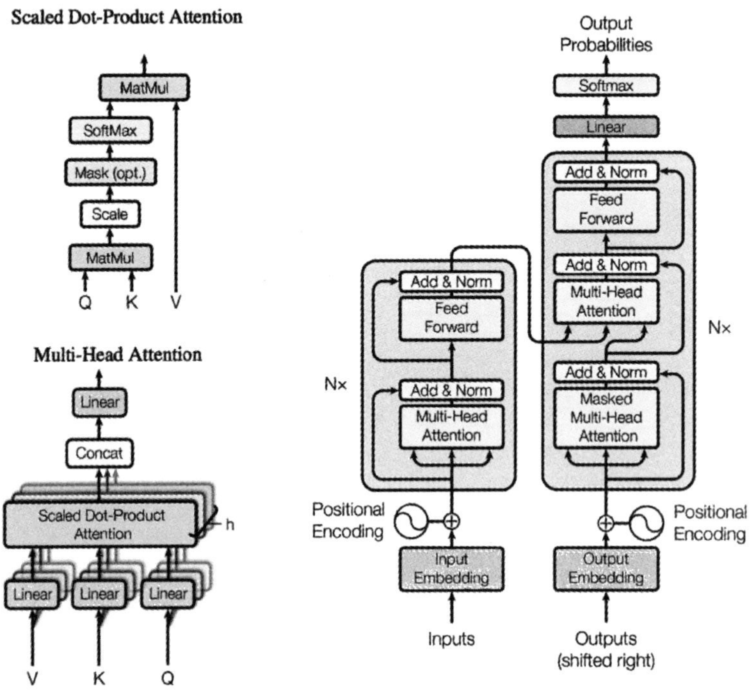

● 图 7.5　Transformer 结构示意图

在 PyTorch 中已有实现好的 Transformer 模型，其调用接口为：

```
>>> model = nn.Transformer(
>>>     d_model=512, nhead=16, num_encoder_layers=12, num_decoder_layers=6,
>>>     dim_feedforward=2048, dropout=0.1, activation='relu'
>>> )
>>> src = torch.rand((10, 32, 512))
>>> tgt = torch.rand((20, 32, 512))
>>> out = model(src, tgt) # shape: [20, 32, 512]
```

当然以上只介绍了各个领域很少一部分的经典代表模型。PyTorch 中包含了很多已经实现好的模型，可以在 PyTorch Hub[⊖] 中查找调用。

7.1.3 网络训练

深度学习时代，如何使得深度模型成功训练，也是一项重要的研究，在处理实际任务中是必备的技巧。一般来说，可以从几个方面展开。首先是模型的初始化。在深度模型中，初始化值的好坏有时候决定着是否可以成功达到更好的预测结果。最简单的是均匀初始化和正态分布初始化，在 PyTorch 中可以直接调用：

```
model = nn.Linear(10, 20)
nn.init.uniform_(model.weight.data)
nn.init.normal_(model.weight.data)
```

而有研究指出，为了保持在初始化后网络中各层输出值分布较为一致，应当采取如下的均匀分布初始化，整体分布为 $U(-a,a)$，其中 a 表达式为：

$$a=\text{gain}\times\sqrt{\frac{6}{\text{fan\_in}+\text{fan\_out}}} \tag{7.3}$$

而后续论文改进了初始化方案，将 a 表达式调整为：

$$a=\text{gain}\times\sqrt{\frac{3}{\text{fan\_mode}}} \tag{7.4}$$

在 PyTorch 中二者的调用方法分别为 nn.init.xavier_uniform_( ) 和 nn.init.kaiming_uniform_( )。

有了合适的初始化后，还需要设定适当的优化器（Optimizer）及优化器参数。最经典的是 SGD 优化器和 Adam 优化器。而且由于 Adam 优化器可以自适应调整更新步长，优化时往往会起到更好的效果。在 PyTorch 中的调用方法为：

```
model = nn.Sequential(...)
optimizer = torch.optim.SGD(model.parameters(), lr)
optimizer = torch.optim.Adam(model.parameters(), lr)
```

优化器还需要设置参数，通常包括学习率、动量、权重衰减等。其中权重衰减（Weight Decay）在前面的介绍中可以知道，是一种防止过拟合的方式，对权重增加一个高斯分布的先验。而为了防止过拟合，深度学习中还可以采取 Dropout 策略，即以一定概率在训练时随机丢弃输出值，相当于训练了多个隐含模型，从而提高泛化能力。在 PyTorch 中可以直接调用：

```
nn.Dropout(p=0.5) # p 指定随机丢弃概率
```

注意包含 Dropout 的模型和包含 BatchNorm 的模型类似，其训练时和预测时的模型行为并不

⊖ https://pytorch.org/hub/

一致，所以要设定.train()和.eval()来切换状态。当然训练技巧不一而足，而且模型越复杂，调参技巧也越繁复。需要针对特定问题积累总结。

7.2 变分自编码器（Variational Auto-Encoder，VAE）

这一节介绍利用深度学习模型的可微分性，解决以往复杂概率图模型隐变量后验概率估计问题。在之前介绍过，针对复杂的概率图模型，求解其中隐变量的后验分布（Posterior Distribution）十分困难，甚至在某些情况下是不可解的（Intractable）。因此介绍了利用变分推断（Variational Inference）方法来近似求解。在之前的变分推断中，为了方便求解性，选取了带有闭式解的分布函数族来进行近似，但是这也限制了拟合能力。而在变分自编码器中，则通过深度网络估计出复杂的后验分布，并且整个过程通过重参数化技巧，可以完全可微分学习，降低了梯度估计的误差，可以学到较为准确的后验分布。

7.2.1 多种自编码器介绍

在介绍 VAE 之前，先介绍普通自编码器（Auto-Encoder）。自编码器由两部分构成，其中一部分是编码器（Encoder）$f(\cdot)$，其负责将输入 x 映射成为隐含层表示 $\boldsymbol{h}=f(\boldsymbol{x})$，另一部分是解码器（Decoder）$g(\cdot)$是将隐含层表示重构回输入空间$\hat{\boldsymbol{x}}=g(\boldsymbol{h})$。这里在设计隐含层表示维度时，会使其维度小于输入维度，目的是希望编码器可以学习映射数据中有效的低维表示，然后解码器利用此部分压缩信息恢复出原始输入。因此学习自编码器通常优化、减小重构（Reconstruction）输出与原始输入之间的误差，一般损失函数选取l_2-范数：

$$\min_{g,h} l(\boldsymbol{x},g(f(\boldsymbol{x})))=\|\boldsymbol{x}-g(h(\boldsymbol{x}))\|^2 \tag{7.5}$$

为了促进编码器学习到关键的数据内在表示，稀疏自编码器（Sparse Auto-Encoder）则是对隐含层进行一定的稀疏化约束，增加训练的难度，促使编码器和解码器重点关注关键的信息维度，减少冗余表示。优化目标为：

$$\min_{g,h} l(\boldsymbol{x},g(f(\boldsymbol{x})))+\lambda\sum_i |h_i| \tag{7.6}$$

其中额外的稀疏约束是限制隐含层输出 $\boldsymbol{h}$ 的l_1-范数尽可能小，也就是希望 0 值尽可能多，类似压缩感知（Compressed Sensing）的建模思路。

另外一种改进是去噪自编码器（Denoising Auto-Encoder），即在输入中添加噪声形成$\tilde{x}$，然后希望自编码器能够起到去噪的效果，重构恢复出原始输入，其目标函数为：

$$\min_{g,h} l(\boldsymbol{x},g(f(\tilde{\boldsymbol{x}}))) \tag{7.7}$$

这种设计也是为了增加模型的训练难度，希望编码器、解码器可以学习到数据中的重要表征形式，在有噪声的情况下，也依然可以恢复出原始信息。

7.2.2 变分自编码器

接下来将介绍本节重点关注的变分自编码器。在变分推断中，利用$q_\phi(\boldsymbol{z}|\boldsymbol{x})$去近似真实的后验分布$p_\theta(\boldsymbol{z}|\boldsymbol{x})$，则数据整体的边缘似然（Marginal Likelihood）可以表示为：

$$\log p_\theta(\boldsymbol{x})=\mathbb{KL}(q_\phi(\boldsymbol{z}|\boldsymbol{x})\parallel p_\theta(\boldsymbol{z}|\boldsymbol{x}))+L(\theta,\phi;\boldsymbol{x}) \tag{7.8}$$

其中$\mathbb{KL}(\cdot,\cdot)$为 KL-divergence，用来衡量两个概率分布之间的差距。由于其非负性，则可知$L(\theta,\phi;\boldsymbol{x})$为 $\log p(\boldsymbol{x})$的变分下界（Variational Lower Bound）。因此实际的优化目标为最大化此下界，其表达式为：

$$L(\theta,\phi;\boldsymbol{x})=-\mathbb{KL}(q_\phi(\boldsymbol{z}|\boldsymbol{x})\parallel p_\theta(\boldsymbol{z}))+\mathbb{E}_{q_\phi(\boldsymbol{z}|\boldsymbol{x})}[\log p_\theta(\boldsymbol{x}|\boldsymbol{z})] \tag{7.9}$$

这里实际上可以看出其与自编码器的联系。其中 ϕ 可以看作编码器参数，经由此参数可以通过输入 $\boldsymbol{x}$ 得到隐变量后验分布$q_\phi(\boldsymbol{z}|\boldsymbol{x})$；$\theta$ 看作解码器参数，隐变量采样后，经过此参数刻画的分布$p_\theta(\boldsymbol{x}|\boldsymbol{z})$得到输出。因此上述的优化目标中，第一项 KL-divergence 相当于引入了先验分布$p_\theta(\boldsymbol{z})$的约束，类似于正则化作用；第二项实际上刻画的是重构误差，事实上在高斯分布的假设下，即成为l_2-范数。

在优化参数 ϕ 时会遇到困难，因为其存在于期望的概率分布中，对此参数求导更新也会同时改变整体分布情况。这里就要引入 VAE 模型中一项重要的创新，即重参数化技巧（Reparameterization Trick）。其主要思想是将 $\boldsymbol{z}$ 中的随机性剥离出来，变成确定性函数输出值，加上独立的随机变量扰动。这样在进行微分求导时，导数只对确定性函数进行反向传播，从而可以正常优化参数 ϕ。而此时的期望也变成蒙特卡罗采样估计，即利用采样点值求和平均。公式 7.9 可以替代为：

$$\tilde{L}(\theta,\phi;\boldsymbol{x})=-\mathbb{KL}(q_\phi(\boldsymbol{z}\mid\boldsymbol{x})\parallel p_\theta(\boldsymbol{z}))+\frac{1}{L}\sum_{l=1}^{L}\log p_\theta(\boldsymbol{x}\mid\boldsymbol{z}^{(l)}) \tag{7.10}$$

$$\text{where } \boldsymbol{z}^{(l)}=g_\phi(\boldsymbol{\epsilon}^{(l)},\boldsymbol{x}),\boldsymbol{\epsilon}^{(l)}\sim p(\boldsymbol{\epsilon})$$

这里$g_\phi(\boldsymbol{\epsilon}^{(l)},\boldsymbol{x})$用来近似代替后验分布$q_\phi(\boldsymbol{z}|\boldsymbol{x})$，其中 g 为可微分函数，一般用神经网络进行拟合；$p(\boldsymbol{\epsilon})$为噪声的分布，一般假设先验分布为高斯分布，后验分布也相应建模为高斯分布，则 $p(\boldsymbol{\epsilon})$为标准高斯分布。而且注意到此时 KL-divergence 有闭式（Closed Form）表示为：

$$\mathbb{KL}(q_\phi(\boldsymbol{z}\mid\boldsymbol{x})\parallel p_\theta(\boldsymbol{z}))=\frac{1}{2}\sum_{j=1}^{J}(1+\log(\sigma_j^2)-\mu_j^2-\sigma_j^2)$$

$$\text{where } \boldsymbol{z}=\boldsymbol{\mu}+\boldsymbol{\sigma}\odot\boldsymbol{\epsilon},\boldsymbol{\epsilon}\sim N(0,\boldsymbol{I})$$

这里以 MNIST 数据集作为例子，展示 VAE 的训练方法。首先利用 torchvision 加载数据集：

```
import torchvision
import torch
from torchvision import datasets, transforms

transform = transforms.Compose([transforms.ToTensor()])
data_train = datasets.MNIST(
    root = "./data/", transform=transform, train = True
)
train_loader = torch.utils.data.DataLoader(
    dataset=data_train, batch_size = 128, shuffle = True
)
```

这里可以加载部分数据，图 7.6 展示了部分 MNIST 数据集样本。

● 图 7.6　MNIST 数据集部分样本

接下来是 VAE 模型的实现：

```
class VAE(nn.Module):
    def _init_(self, input_dim, hid_dim, latent_dim):
        super(VAE, self)._init_()
        # encoder
        self.encoder = nn.Sequential(
            nn.Linear(input_dim, hid_dim),
            nn.ReLU(),
        )
        # 输出 mu 和对数 variance,以便于重参数化采样
        self.mu = nn.Linear(hid_dim, latent_dim)
        self.log_var = nn.Linear(hid_dim, latent_dim)

        # decoder
```

```
        self.decoder = nn.Sequential(
            nn.Linear(latent_dim, hid_dim),
            nn.ReLU(),
            nn.Linear(hid_dim, input_dim),
            nn.Sigmoid()
        )

    def forward(self, x):
        x = self.encoder(x)
        mu = self.mu(x)
        log_var = self.log_var(x)
        # 转换为标准差
        std = torch.exp(log_var / 2)
        # 重参数化
        z = torch.randn_like(mu) *  std + mu
        recon_x = self.decoder(z)
        return recon_x, mu, log_var

    def generate(self, z):
        # 根据隐含层采样生成图像
        return self.decoder(z)

def kl_loss(mu, log_var):
    # 计算 KL divergence,先验分布默认为标准正态分布
    kl_loss = -0.5 *  torch.sum(1 + log_var - mu * *  2 - log_var.exp())
    return kl_loss

def mse_loss(x, recon_x):
    # 重构误差
    return ((x - recon_x) * *  2).sum()
```

最后是训练过程：

```
model= VAE(input_dim=784, hid_dim=512, latent_dim=2)
optimizer = torch.optim.Adam(model.parameters(), lr=1e-3)

for x, y in train_loader:
    x = x.reshape(-1, 784)
    recon_x, mu, log_var = model(x)
    mse = mse_loss(x, recon_x)
    kl = kl_loss(mu, log_var)
    # 总体损失函数
    loss = mse + kl
    optimizer.zero_grad()
```

```
    loss.backward()
    # 更新模型参数
    optimizer.step()
```

最后可以在隐含变量空间进行采样，观测 Decoder 生成的输出情况。图 7.7 展示的即为训练后的 VAE 从中采样的生成样本。可以看出在二维空间中，随着隐含变量连续变化，生成的图像也完成平滑的连续渐变，并且生成的图像与训练图像也很近似，说明了 VAE 可以很好地拟合隐含变量后验分布和生成过程。

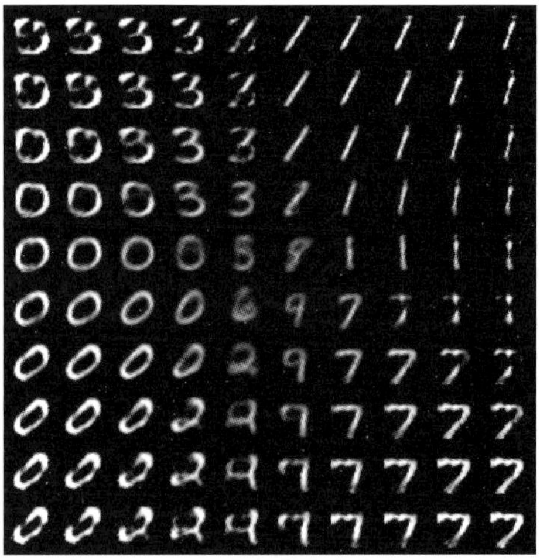

● 图 7.7　VAE 隐含变量空间采样生成样本

7.3 深度生成模型（Deep Generative Model，DGM）

本节将介绍深度生成模型。生成模型的主要目的在于拟合数据整体分布，相比于判别式模型更加困难。深度神经网络为生成式模型的设计引入了很多新的想法。接下来将介绍早期经典的受限玻尔兹曼机模型，然后介绍对抗式生成网络。其中对抗式生成网络是近些年生成模型的主要研究热点，通过对其不断改进和生成过程的设计，实现了多种令人惊奇的图片生成效果。

7.3.1 受限玻尔兹曼机（Restricted Boltzmann Machine，RBM）

本小节介绍一个经典的生成模型——受限玻尔兹曼机。其主要想法类似于马尔可夫场，构建了可视层（Visible Layer）和隐含层（Hidden Layer），因此可以看作是一个简单的两层神经网络。其中可视层是输入向量，为包含 0/1 的二值向量，隐含层也是二值化向量。二者之间有相互联系，用权重w_{ij}连接，但是各自层内节点之间无关系，因此这也是“受限”二字的含义，相比于全连接图，RBM 构成了一个二分图（Bipartite Graph）。

可视层节点和隐含层节点构成的整体状态，其能量函数表示为：

$$E(\boldsymbol{v},\boldsymbol{h}) = -\sum_i a_i v_i - \sum_j b_j h_j - \sum_{i,j} v_i h_j w_{ij} \tag{7.11}$$

可以看出该能量形式类似于 Ising Model，包含各自能量及交互能量。则（$\boldsymbol{v},\boldsymbol{h}$）二者的联合概率分布为：

$$p(\boldsymbol{v},\boldsymbol{h}) = \frac{1}{Z}e^{-E(\boldsymbol{v},\boldsymbol{h})} \tag{7.12}$$

即按照 Boltzmann 分布，因此也是玻尔兹曼机的由来。该模型中的参数($\boldsymbol{a},\boldsymbol{b},\boldsymbol{W}$)，其优化目标即为在给定输入 $\boldsymbol{v}$ 条件下，最大化其边缘分布概率：

$$p(\boldsymbol{v}) = \frac{1}{Z}\sum_{\boldsymbol{h}} e^{-E(\boldsymbol{v},\boldsymbol{h})} \tag{7.13}$$

针对这一优化目标，可以用梯度下降法求解，其对数似然概率的导数为：

$$\frac{\partial \log p(\boldsymbol{v})}{\partial w_{ij}} = \langle v_i h_j \rangle_{data} - \langle v_i h_j \rangle_{model}$$

$$\Delta w_{ij} = \boldsymbol{\epsilon}(\langle v_i h_j \rangle_{data} - \langle v_i h_j \rangle_{model}) \tag{7.14}$$

其中表示在某一分布下的期望，即导数为利用输入推断出隐含层状态下二者乘积的期望，减去从隐含层推断出输入层二者乘积的期望。在进行推断时，即从条件分布中采样，采样概率为：

$$p(h_j = 1 \mid \boldsymbol{v}) = \sigma(b_j + \sum_i v_i w_{ij})$$

$$p(v_i = 1 \mid \boldsymbol{h}) = \sigma(a_i + \sum_j h_j w_{ij}) \tag{7.15}$$

这里 σ 为 sigmoid 函数。由于估计$\langle\rangle_{model}$需要多步 Gibbs 采样较为麻烦，Hinton 对此做出了改进并提出了 CD 算法（Contrastive Divergence），用一步重构来代替多步采样提高了效率。

其代码实现方式如下：

```
class RBM():
    def _init_(self, n_input, n_hidden=128, learning_rate=0.1, n_iterations=100):
        self.n_input = n_input
        self.n_iterations = n_iterations
        self.lr = learning_rate
        self.n_hidden = n_hidden
        self._initialize_weights()

    def _initialize_weights(self):
```

```
        self.W = torch.randn(self.n_input, self.n_hidden)* 0.1
        self.v0 = torch.zeros(1, self.n_input)      # Bias visible
        self.h0 = torch.zeros(1, self.n_hidden)  # Bias hidden

    def fit(self, loader):
        ''' Contrastive Divergence training procedure '''

        for _ in tqdm.tqdm(range(self.n_iterations)):
            for batch, _ in loader:
                batch = (batch > 0.5).float().reshape(-1, self.n_input)
                # Positive phase
                positive_hidden = torch.sigmoid(batch.mm(self.W) + self.h0)
                hidden_states = self._sample(positive_hidden)
                positive_associations = batch.T.mm(positive_hidden)

                # Negative phase
                negative_visible = torch.sigmoid(hidden_states.mm(self.W.T) + self.v0)
                negative_visible = self._sample(negative_visible)
                negative_hidden = torch.sigmoid(negative_visible.mm(self.W) + self.h0)
                negative_associations = negative_visible.T.mm(negative_hidden)

                self.W  += self.lr *  (positive_associations - negative_associations)
                self.h0 += self.lr *  (positive_hidden.sum(dim=0) - negative_hidden.sum(dim=0))
                self.v0 += self.lr *  (batch.sum(dim=0) - negative_visible.sum(dim=0))


    def _sample(self, X):
        return (X > torch.rand_like(X)).float()

    def reconstruct(self, X):
        positive_hidden = torch.sigmoid(X.mm(self.W) + self.h0)
        hidden_states = self._sample(positive_hidden)
        negative_visible = torch.sigmoid(hidden_states.mm(self.W.T) + self.v0)
        return negative_visible
```

还是利用 MNIST 数据集进行实验：

```
transform= transforms.Compose([transforms.ToTensor()])
data = datasets.MNIST(root="./data/",
                      transform = transform,
                      train = False)
loader = torch.utils.data.DataLoader(dataset=data, batch_size = 10, shuffle = False)
model = RBM(784, n_hidden=36, learning_rate=0.01, n_iterations=40)
model.fit(loader)
```

训练后可以查看模型的生成效果。图 7.8 左侧展示的是 MNIST 二值化后的图片，右侧为利用 RBM 推断出的隐含层，再重构输入。其中重构输入的值为概率值。可以看出二者之间基本一致，说明了 RBM 可以有效推断出隐含层信息。这启发了之后的多层神经网络和深度学习的进展。

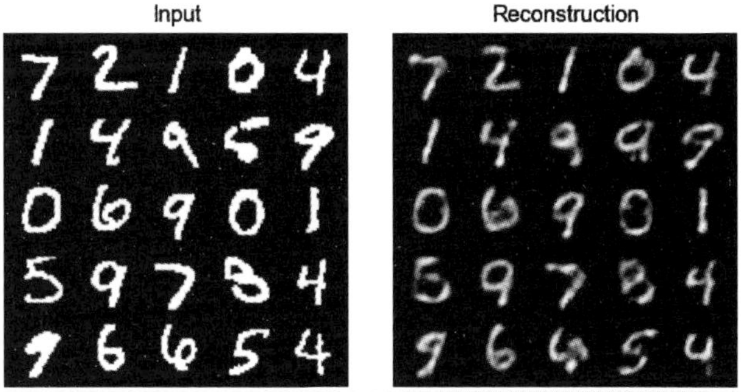

● 图 7.8　MNIST 二值化后的图片和 RBM 推断重构出的输入图片

7.3.2　生成式对抗网络（Generative Adversarial Network，GAN）

本小节介绍一类重要的深度生成模型：生成式对抗网络。其构成与 VAE 类似，但是所组成的部分有不同的含义，同时也有完全不同的训练过程。所谓对抗式，是指 GAN 模型中的两部分生成器（Generator）与判别器（Discriminator）是在互相竞争学习，生成器期望产生的图像样本骗过判别器，而判别器则需要发现鉴别出真实样本和生成样本。在此过程中，生成器会逐渐产生以假乱真的样本，从而完成生成式任务。

具体来说，令 x 为输入样本图片，$D(\boldsymbol{x})$ 为判别器网络，用来对输入进行判别，是真样本（Real）还是假样本（Fake），因此 $D(\boldsymbol{x})$ 为一个二分类器。$G(z)$ 为生成器网络，其接受随机噪声输入 z，并产生假样本 $\hat{\boldsymbol{x}}$。因此 D 和 G 的优化目标共同构成了类似 min-max 的博弈问题，即 D 最大化区分 $\log(D(\boldsymbol{x}))$，G 则最小化 $\log(1-D(G(z)))$，二者联合优化目标为：

$$\min_G \max_D \mathbb{E}_{p(\boldsymbol{x})}[\log(D(\boldsymbol{x}))]+\mathbb{E}_{p(z)}[\log(1-D(G(z)))] \tag{7.16}$$

实现上，每次交替优化 D 与 G，首先生成噪声产生假样本，并与真样本一起输入 D 最小化二分类交叉熵函数（BCE），注意此时反向传播求导时，不对生成器 G 参数进行求导。而是在之后固定判别器参数 D 最大化 BCE 损失函数，对生成器参数 G 求导并更新。二者交替迭代，完成整体训练。

实现上此处以 MNIST 数字样本集为训练集，将样本展平为一维向量。

```
import argparse
from torchvision import datasets
```

```
import torch
import torch.nn as nn

# 设置实验参数
parser = argparse.ArgumentParser()
parser.add_argument("--n_epochs", type=int, default=200, help="number of epochs of training")
parser.add_argument("--batch_size", type=int, default=64, help="size of the batches")
parser.add_argument("--lr", type=float, default=0.001, help="adam: learning rate")
parser.add_argument("--b1", type=float, default=0.5, help="adam: decay of first order momentum of gradient")
parser.add_argument("--b2", type=float, default=0.999, help="adam: decay of first order momentum of gradient")
parser.add_argument("--n_cpu", type=int, default=8, help="number of cpu threads to use during batch generation")
parser.add_argument("--latent_dim", type=int, default=100, help="dimensionality of the latent space")
parser.add_argument("--img_size", type=int, default=28, help="size of each image dimension")
parser.add_argument("--channels", type=int, default=1, help="number of image channels")
parser.add_argument("--sample_interval", type=int, default=1000, help="interval betwen image samples")
opt = parser.parse_args()

# 加载数据集
dataloader = torch.utils.data.DataLoader(
    datasets.MNIST(
        './mnist',
        train=True,
        download=False,
        transform=transforms.Compose(
            [transforms.Resize(opt.img_size), transforms.ToTensor(), transforms.Normalize([0.5], [0.5])]
        ),
    ),
    batch_size=opt.batch_size,
    shuffle=True,
)

# 构建生成器网络
class Generator(nn.Module):
    def _init_(self):
        super(Generator, self)._init_()

        def block(in_feat, out_feat, normalize=True):
            layers = [nn.Linear(in_feat, out_feat)]
```

```
            if normalize:
                layers.append(nn.BatchNorm1d(out_feat, 0.8))
            layers.append(nn.LeakyReLU(0.2, inplace=True))
            return layers

        self.model = nn.Sequential(
            * block(opt.latent_dim, 128, normalize=False),
            * block(128, 256),
            * block(256, 512),
            * block(512, 1024),
            nn.Linear(1024, int(np.prod(img_shape))),
            nn.Tanh()
        )

    def forward(self, z):
        img = self.model(z)
        img = img.view(img.size(0), * img_shape)
        return img

# 构建判别器网络
class Discriminator(nn.Module):
    def _init_(self):
        super(Discriminator, self)._init_()

        self.model = nn.Sequential(
            nn.Linear(int(np.prod(img_shape)), 512),
            nn.LeakyReLU(0.2, inplace=True),
            nn.Linear(512, 256),
            nn.LeakyReLU(0.2, inplace=True),
            nn.Linear(256, 1),
            nn.Sigmoid(),
        )

    def forward(self, img):
        img_flat = img.view(img.size(0), -1)
        validity = self.model(img_flat)

        return validity

# 对抗损失函数
adversarial_loss = torch.nn.BCELoss()
generator = Generator()
discriminator = Discriminator()

# 生成器和判别器的优化器
```

```
optimizer_G = torch.optim.Adam(generator.parameters(), lr=opt.lr, betas=(opt.b1, opt.b2))
optimizer_D = torch.optim.Adam(discriminator.parameters(), lr=opt.lr, betas=(opt.b1,
opt.b2))

for epoch in range(opt.n_epochs):
    for i, (imgs, _) in enumerate(dataloader):

        valid = torch.ones(imgs.size(0), 1) # 真样本标签
        fake = torch.zeros(imgs.size(0), 1) # 假样本标签

        real_imgs = imgs.float()
        optimizer_G.zero_grad()

        # 输入噪声产生假样本
        z = torch.randn(imgs.shape[0], opt.latent_dim)
        gen_imgs = generator(z)

        g_loss = adversarial_loss(discriminator(gen_imgs), valid)

        g_loss.backward()
        optimizer_G.step()

        optimizer_D.zero_grad()
        # 判别器优化目标
        real_loss = adversarial_loss(discriminator(real_imgs), valid)
        fake_loss = adversarial_loss(discriminator(gen_imgs.detach()), fake) # 注意断开 G
的反向传播
        d_loss = (real_loss + fake_loss) / 2

        d_loss.backward()
        optimizer_D.step()
```

图 7.9 展示的即为 GAN 在不同训练轮次所产生的假样本情况，可以看出随着训练轮次增加，生成的数字样本噪点减少，并且也趋向于真实样本情况。

● 图 7.9 不同训练轮次 GAN 生成的 MNIST 数据样本

以上 GAN 的模型针对的是一维样本生成，只是最后为了展示而变换成二维图像。但是实际上图像存在空间结构信息，更好的方式是建立类似卷积神经网络的判别器和生成器去进行训练。因此 DCGAN[22] 被提出，以解决图像 GAN 生成的问题。对于判别器来说，其本质上是深度卷积网络，输出二分类概率。对于生成器，由于需要从一维随机向量 z 逐渐变换成二维图像表示，模型中需要引入转置卷

积（Transposed Convolution）算子。可以理解为卷积的反向传播过程。同时为了训练稳定，引入了 BatchNorm、LeakyReLU 等结构。其生成器结构如图 7.10 所示。

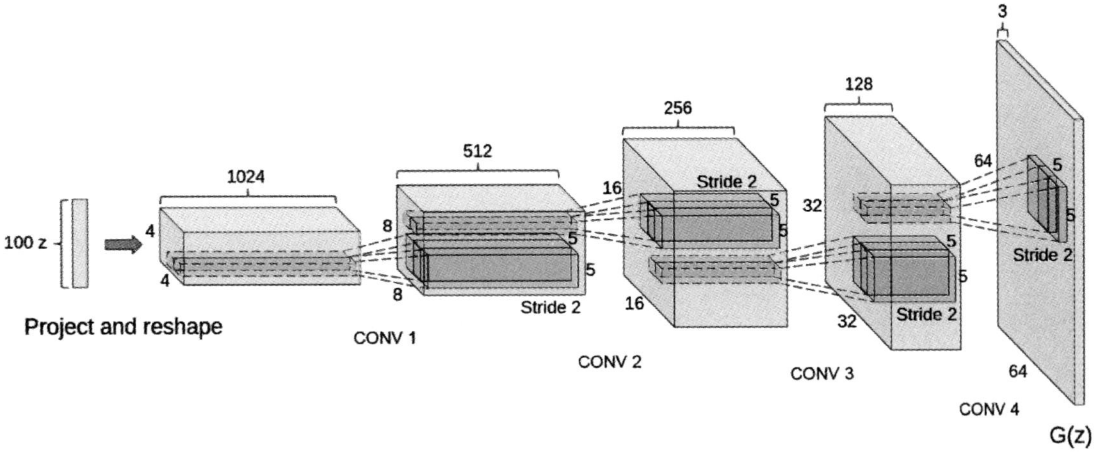

● 图 7.10　DCGAN 生成器结构示意图，引用自最后的参考文献［22］

DCGAN 代码整体结构与 GAN 类似，区别在于生成器模型和判别器模型的实现，以及输入由二维变成四维张量。

```
class Generator(nn.Module):
    def _init_(self, nz, ngf, nc):
        super(Generator, self)._init_()
        self.main = nn.Sequential(
            # input is Z, going into a convolution
            nn.ConvTranspose2d( nz, ngf * 8, 4, 1, 0, bias=False),
            nn.BatchNorm2d(ngf * 8),
            nn.ReLU(True),
            # state size.(ngf* 8) x 4 x 4
            nn.ConvTranspose2d(ngf * 8, ngf * 4, 4, 2, 1, bias=False),
            nn.BatchNorm2d(ngf * 4),
            nn.ReLU(True),
            # state size.(ngf* 4) x 8 x 8
            nn.ConvTranspose2d( ngf * 4, ngf * 2, 4, 2, 1, bias=False),
            nn.BatchNorm2d(ngf * 2),
            nn.ReLU(True),
            # state size.(ngf* 2) x 16 x 16
            nn.ConvTranspose2d( ngf * 2, ngf, 4, 2, 1, bias=False),
            nn.BatchNorm2d(ngf),
            nn.ReLU(True),
            # state size.(ngf) x 32 x 32
```

```
            nn.ConvTranspose2d( ngf, nc, 4, 2, 1, bias=False),
            nn.Tanh()
            # state size. (nc) x 64 x 64
        )

    def forward(self, input):
        return self.main(input)


class Discriminator(nn.Module):
    def _init_(self, nc, ndf):
        super(Discriminator, self)._init_()
        self.main = nn.Sequential(
            # input is (nc) x 64 x 64
            nn.Conv2d(nc, ndf, 4, 2, 1, bias=False),
            nn.LeakyReLU(0.2, inplace=True),
            # state size. (ndf) x 32 x 32
            nn.Conv2d(ndf, ndf * 2, 4, 2, 1, bias=False),
            nn.BatchNorm2d(ndf * 2),
            nn.LeakyReLU(0.2, inplace=True),
            # state size. (ndf* 2) x 16 x 16
            nn.Conv2d(ndf * 2, ndf * 4, 4, 2, 1, bias=False),
            nn.BatchNorm2d(ndf * 4),
            nn.LeakyReLU(0.2, inplace=True),
            # state size. (ndf* 4) x 8 x 8
            nn.Conv2d(ndf * 4, ndf * 8, 4, 2, 1, bias=False),
            nn.BatchNorm2d(ndf * 8),
            nn.LeakyReLU(0.2, inplace=True),
            # state size. (ndf* 8) x 4 x 4
            nn.Conv2d(ndf * 8, 1, 4, 1, 0, bias=False),
            nn.Sigmoid()
        )

    def forward(self, input):
        return self.main(input)

# 权重初始化方法
def weights_init(m):
    classname = m._class_._name_
    if classname.find('Conv') ! = -1:
        nn.init.normal_(m.weight.data, 0.0, 0.02)
    elif classname.find('BatchNorm') ! = -1:
        nn.init.normal_(m.weight.data, 1.0, 0.02)
        nn.init.constant_(m.bias.data, 0)

netG = Generator(opt.latent_dim, opt.ngf, opt.channels).to(device)
netG.apply(weights_init)
```

```
netD = Discriminator(opt.channels, opt.ndf).to(device)
netD.apply(weights_init)
```

这里使用 CelebA 人脸数据集[⊖]作为训练数据，其中包含的都是名人的正脸图像。我们的目的是通过训练，使得 DCGAN 也生成类似的人脸图像。

加载数据方式为：

```
dataset= datasets.ImageFolder(root='./celeba',
  transform=transforms.Compose([
      transforms.Resize(64),
      transforms.CenterCrop(64),
      transforms.ToTensor(),
      transforms.Normalize((0.5, 0.5, 0.5), (0.5, 0.5, 0.5)),
  ]))
# Create the dataloader
dataloader = torch.utils.data.DataLoader(dataset, batch_size=128, shuffle=True, num_
workers=4)
```

经过类似 GAN 的交替训练，可以从随机噪声出发，经过生成器产生图像。图 7.11 展示的即为 DCGAN 在经过不同轮次后产生的人脸图像差别。可以看出随着迭代训练增加，人脸图像结构

● 图 7.11　DCGAN 不同迭代轮次生成的图像变化

⊖ http://mmlab.ie.cuhk.edu.hk/projects/CelebA.html

逐渐完善，模型捕捉到了人脸结构信息。当然最终生成的人脸图像还是有畸变瑕疵的，这需要更为强大的 GAN 模型和训练方式来实现。

7.4 实战：利用 CycleGAN 进行图片风格转换

本节将介绍一种深度生成模型 CycleGAN，循环对抗生成网络。其相比于 GAN 模型，实现了不同域（Domain）图片之间的风格转换（Style Transfer）。所谓风格转换，指的是希望某一风格图片可以在保留内容不变的基础上，能够类似另外一种画面风格图片。比如希望一张风景画可以有梵高的画风，或者一张黑熊图片能转换为熊猫的图片。这种风格之间的转换一方面需要内容结构保持一致，同时需要在风格上与另一类图片接近。因此这种情况下，不仅需要用到 GAN 这种对抗生成训练过程，同时还需要循环一致性（Cycle-Consistency）进行监督，来保持内容一致。本节就来介绍 CycleGAN 的具体原理以及实现过程。

7.4.1 CycleGAN 模型介绍

CycleGAN 原论文的标题为"Unpaired Image-to-Image Translation using Cycle-Consistent Adversarial Networks"，其中强调了"Unpaired"，即这种训练方式是不需要严格配对的数据。以往的图片之间风格转换是需要配对的两组图片，比如一张是真实人像，另一张是人像的素描画。这样可以令生成模型只需要捕捉风格相似即可。但是在非配对情况下，只利用对抗训练方式产生相似风格，不一定会完整保留图片内容本身。

如何解决这一问题呢？CycleGAN 创造性地提出了两组生成器。如图 7.12a 所示，其中 X，Y 代表两个不同域内的图片，G，F 分别代表 $X \to Y$ 和 $Y \to X$ 的映射，也就是待训练的生成器。G，F 可以负责将两类图片进行风格互换。而D_X，D_Y则分别代表两个域内的判别器，用来区分各自域内的图片是生成的还是真实的。

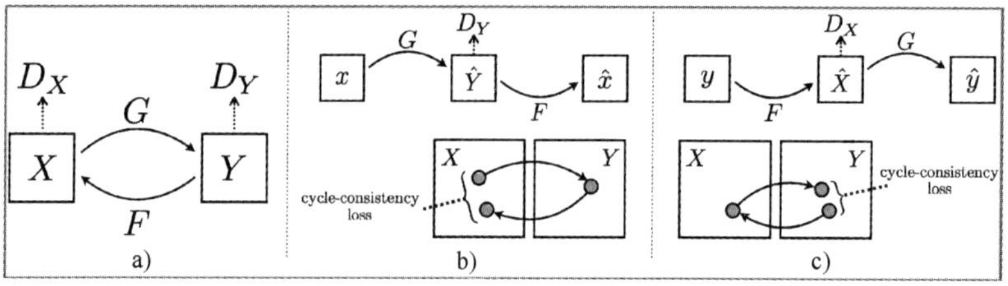

● 图 7.12　CycleGAN 整体原理图

CycleGAN 除了利用对抗生成方式训练两个生成器，还引入了图 7.12b、7.12c 两组循环映射，即要求从 X 域出发，生成的样本$\hat{Y}$，再经过映射返回原始域$\hat{X}$后，要保持和原来输入一致接近，这也被称为循环一致性损失（Cycle Consistency Loss）函数。其可以表示为：

$$L_{cyc}(G,F)=\mathbb{E}_{p_{data}(x)}[\|F(G(x))-x\|_1]+\mathbb{E}_{p_{data}(y)}[\|G(F(y))-y\|_1] \tag{7.17}$$

而训练各自的判别器以及生成器的对抗损失函数L_{GAN}，可以写为（这里仅以 G：$X\rightarrow Y$ 为例）：

$$L_{GAN}(G,D_Y,X,Y)=\mathbb{E}_{p_{data}(y)}[\log D_Y(y)]+\mathbb{E}_{p_{data}(x)}[\log(1-D_Y(G(x)))] \tag{7.18}$$

而在具体实现中以上的对抗损失函数，会使用 Least-Squares Loss 进行代替，这种损失函数会使得训练更稳定，生成的图像质量更高，其表示为：

$$L_G(X,Y)=\mathbb{E}_{p_{data}(x)}[(D(G(x))-1)^2]$$
$$L_D(X,Y)=\mathbb{E}_{p_{data}(y)}[(D(y)-1)^2]+\mathbb{E}_{p_{data}(x)}[D(G(x))^2] \tag{7.19}$$

另外还会增加一部分恒等映射损失（Identity Mapping Loss），用来约束生成器，即生成器在输入目标域样本时，输出同样的结果（因为已经是目标域风格的样本了，无须再做改变），即：

$$L_{id}(G,F)=\mathbb{E}_{p_{data}(y)}[\|G(y)-y\|_1]+\mathbb{E}_{p_{data}(x)}[\|F(x)-x\|_1] \tag{7.20}$$

因此整体训练损失函数就是以上几部分的加和。训练过程也是交替训练。在训练判别器时，固定生成器参数，不对其反向求导；训练生成器时，固定判别器参数。

7.4.2 模型实现

首先需要下载训练数据。这里从作者链接⊖中下载 horse2zebra 数据集，用来实现马到斑马之间的转换。按照其要求分为两组文件夹。用以下方式加载数据，封装在 datasets.py 文件中⊖：

```
import glob
import random
import os

from torch.utils.data import Dataset
from PIL import Image
import torchvision.transforms as transforms


def to_rgb(image):
```

⊖ https://people.eecs.berkeley.edu/~taesung_park/CycleGAN/datasets/horse2zebra.zip

⊖ https://github.com/eriklindernoren/PyTorch-GAN/tree/master/implementations/cyclegan

```
    rgb_image = Image.new("RGB", image.size)
    rgb_image.paste(image)
    return rgb_image


class ImageDataset(Dataset):
    def _init_(self, root, transforms_=None, unaligned=False, mode="train"):
        self.transform = transforms.Compose(transforms_)
        self.unaligned = unaligned

        self.files_A = sorted(glob.glob(os.path.join(root, "% s/A" % mode) + "/* .* "))
        self.files_B = sorted(glob.glob(os.path.join(root, "% s/B" % mode) + "/* .* "))

    def _getitem_(self, index):
        image_A = Image.open(self.files_A[index % len(self.files_A)])

        if self.unaligned:
            image_B = Image.open(self.files_B[random.randint(0, len(self.files_B) - 1)])
        else:
            image_B = Image.open(self.files_B[index % len(self.files_B)])

        # Convert grayscale images to rgb
        if image_A.mode ! = "RGB":
            image_A = to_rgb(image_A)
        if image_B.mode ! = "RGB":
            image_B = to_rgb(image_B)

        item_A = self.transform(image_A)
        item_B = self.transform(image_B)
        return {"A": item_A, "B": item_B}

    def _len_(self):
        return max(len(self.files_A), len(self.files_B))
```

然后是模型的搭建。这里使用 ResNet 结构搭建生成器和分类器，封装在 models.py 文件中：

```
import torch.nn as nn
import torch.nn.functional as F
import torch


def weights_init_normal(m):
    classname = m._class_._name_
    if classname.find("Conv") ! = -1:
```

```
        torch.nn.init.normal_(m.weight.data, 0.0, 0.02)
        if hasattr(m, "bias") and m.bias is not None:
            torch.nn.init.constant_(m.bias.data, 0.0)
    elif classname.find("BatchNorm2d") ! = -1:
        torch.nn.init.normal_(m.weight.data, 1.0, 0.02)
        torch.nn.init.constant_(m.bias.data, 0.0)


##############################
#           RESNET
##############################


class ResidualBlock(nn.Module):
    def _init_(self, in_features):
        super(ResidualBlock, self)._init_()

        self.block = nn.Sequential(
            nn.ReflectionPad2d(1),
            nn.Conv2d(in_features, in_features, 3),
            nn.InstanceNorm2d(in_features),
            nn.ReLU(inplace=True),
            nn.ReflectionPad2d(1),
            nn.Conv2d(in_features, in_features, 3),
            nn.InstanceNorm2d(in_features),
        )

    def forward(self, x):
        return x + self.block(x)


class GeneratorResNet(nn.Module):
    def _init_(self, input_shape, num_residual_blocks):
        super(GeneratorResNet, self)._init_()

        channels = input_shape[0]

        # Initial convolution block
        out_features = 64
        model = [
            nn.ReflectionPad2d(channels),
            nn.Conv2d(channels, out_features, 7),
            nn.InstanceNorm2d(out_features),
            nn.ReLU(inplace=True),
        ]
```

```
        in_features = out_features

        # Downsampling
        for _ in range(2):
            out_features * = 2
            model += [
                nn.Conv2d(in_features, out_features, 3, stride=2, padding=1),
                nn.InstanceNorm2d(out_features),
                nn.ReLU(inplace=True),
            ]
            in_features = out_features

        # Residual blocks
        for _ in range(num_residual_blocks):
            model += [ResidualBlock(out_features)]

        # Upsampling
        for _ in range(2):
            out_features //= 2
            model += [
                nn.Upsample(scale_factor=2),
                nn.Conv2d(in_features, out_features, 3, stride=1, padding=1),
                nn.InstanceNorm2d(out_features),
                nn.ReLU(inplace=True),
            ]
            in_features = out_features

        # Output layer
        model += [nn.ReflectionPad2d(channels), nn.Conv2d(out_features, channels, 7),
nn.Tanh()]

        self.model = nn.Sequential(* model)

    def forward(self, x):
        return self.model(x)


##############################
#        Discriminator
##############################


class Discriminator(nn.Module):
    def _init_(self, input_shape):
        super(Discriminator, self)._init_()
```

```
        channels, height, width = input_shape

        # Calculate output shape of image discriminator (PatchGAN)
        self.output_shape = (1, height // 2 * * 4, width // 2 * * 4)

        def discriminator_block(in_filters, out_filters, normalize=True):
            """Returns downsampling layers of each discriminator block"""
            layers = [nn.Conv2d(in_filters, out_filters, 4, stride=2, padding=1)]
            if normalize:
                layers.append(nn.InstanceNorm2d(out_filters))
            layers.append(nn.LeakyReLU(0.2, inplace=True))
            return layers

        self.model = nn.Sequential(
            * discriminator_block(channels, 64, normalize=False),
            * discriminator_block(64, 128),
            * discriminator_block(128, 256),
            * discriminator_block(256, 512),
            nn.ZeroPad2d((1, 0, 1, 0)),
            nn.Conv2d(512, 1, 4, padding=1)
        )

    def forward(self, img):
        return self.model(img)
```

在训练过程中，建立一个 buffer，用来存储中间生成的样本，以便于训练。同时 learning rate 的调节也需要特殊设定，封装在 utils.py 文件中：

```
import random
import time
import datetime
import sys

from torch.autograd import Variable
import torch
import numpy as np

from torchvision.utils import save_image


class ReplayBuffer:
    def _init_(self, max_size=50):
        assert max_size > 0, "Empty buffer or trying to create a black hole.Be careful."
        self.max_size = max_size
        self.data = []
```

```
    def push_and_pop(self, data):
        to_return = []
        for element in data.data:
            element = torch.unsqueeze(element, 0)
            if len(self.data) < self.max_size:
                self.data.append(element)
                to_return.append(element)
            else:
                if random.uniform(0, 1) > 0.5:
                    i = random.randint(0, self.max_size - 1)
                    to_return.append(self.data[i].clone())
                    self.data[i] = element
                else:
                    to_return.append(element)
        return Variable(torch.cat(to_return))


class LambdaLR:
    def _init_(self, n_epochs, offset, decay_start_epoch):
        assert (n_epochs - decay_start_epoch) > 0, "Decay must start before the training
session ends!"
        self.n_epochs = n_epochs
        self.offset = offset
        self.decay_start_epoch = decay_start_epoch

    def step(self, epoch):
        return 1.0 - max(0, epoch + self.offset - self.decay_start_epoch) / (self.n_epochs-
self.decay_start_epoch)
```

最后便是整体训练代码，封装在 cyclegan.py 文件中：

```
import argparse
import os
import numpy as np
import math
import itertools
import datetime
import time

import torchvision.transforms as transforms
from torchvision.utils import save_image, make_grid

from torch.utils.data import DataLoader
from torchvision import datasets
```

```
from torch.autograd import Variable

from models import *
from datasets import *
from utils import *

import torch.nn as nn
import torch.nn.functional as F
import torch

parser = argparse.ArgumentParser()
parser.add_argument("--epoch", type=int, default=0, help="epoch to start training from")
parser.add_argument("--n_epochs", type=int, default=200, help="number of epochs of training")
parser.add_argument("--dataset_name", type=str, default="horse2zebra", help="name of the dataset")
parser.add_argument("--batch_size", type=int, default=1, help="size of the batches")
parser.add_argument("--lr", type=float, default=0.0002, help="adam: learning rate")
parser.add_argument("--b1", type=float, default=0.5, help="adam: decay of first order momentum of gradient")
parser.add_argument("--b2", type=float, default=0.999, help="adam: decay of first order momentum of gradient")
parser.add_argument("--decay_epoch", type=int, default=100, help="epoch from which to start lr decay")
parser.add_argument("--n_cpu", type=int, default=8, help="number of cpu threads to use during batch generation")
parser.add_argument("--img_height", type=int, default=256, help="size of image height")
parser.add_argument("--img_width", type=int, default=256, help="size of image width")
parser.add_argument("--channels", type=int, default=3, help="number of image channels")
parser.add_argument("--sample_interval", type=int, default=100, help="interval between saving generator outputs")
parser.add_argument("--checkpoint_interval", type=int, default=-1, help="interval between saving model checkpoints")
parser.add_argument("--n_residual_blocks", type=int, default=9, help="number of residual blocks in generator")
parser.add_argument("--lambda_cyc", type=float, default=10.0, help="cycle loss weight")
parser.add_argument("--lambda_id", type=float, default=5.0, help="identity loss weight")
opt = parser.parse_args()
print(opt)
```

```
# Create sample and checkpoint directories
os.makedirs("images/%s" % opt.dataset_name, exist_ok=True)
os.makedirs("saved_models/%s" % opt.dataset_name, exist_ok=True)

# Losses
criterion_GAN = torch.nn.MSELoss()
criterion_cycle = torch.nn.L1Loss()
criterion_identity = torch.nn.L1Loss()

cuda = torch.cuda.is_available()

input_shape = (opt.channels, opt.img_height, opt.img_width)

# Initialize generator and discriminator
G_AB = GeneratorResNet(input_shape, opt.n_residual_blocks)
G_BA = GeneratorResNet(input_shape, opt.n_residual_blocks)
D_A = Discriminator(input_shape)
D_B = Discriminator(input_shape)

if cuda:
    G_AB = G_AB.cuda()
    G_BA = G_BA.cuda()
    D_A = D_A.cuda()
    D_B = D_B.cuda()
    criterion_GAN.cuda()
    criterion_cycle.cuda()
    criterion_identity.cuda()

if opt.epoch ! = 0:
    # Load pretrained models
    G_AB.load_state_dict(torch.load("saved_models/%s/G_AB_%d.pth" % (opt.dataset_
name, opt.epoch)))
    G_BA.load_state_dict(torch.load("saved_models/%s/G_BA_%d.pth" % (opt.dataset_
name, opt.epoch)))
    D_A.load_state_dict(torch.load("saved_models/%s/D_A_%d.pth" % (opt.dataset_name,
opt.epoch)))
    D_B.load_state_dict(torch.load("saved_models/%s/D_B_%d.pth" % (opt.dataset_name,
opt.epoch)))
else:
    # Initialize weights
    G_AB.apply(weights_init_normal)
    G_BA.apply(weights_init_normal)
    D_A.apply(weights_init_normal)
    D_B.apply(weights_init_normal)
```

```
# Optimizers
optimizer_G = torch.optim.Adam(
    itertools.chain(G_AB.parameters(), G_BA.parameters()), lr=opt.lr, betas=(opt.b1,
opt.b2)
)
optimizer_D_A = torch.optim.Adam(D_A.parameters(), lr=opt.lr, betas=(opt.b1, opt.b2))
optimizer_D_B = torch.optim.Adam(D_B.parameters(), lr=opt.lr, betas=(opt.b1, opt.b2))

# Learning rate update schedulers
lr_scheduler_G = torch.optim.lr_scheduler.LambdaLR(
    optimizer_G, lr_lambda=LambdaLR(opt.n_epochs, opt.epoch, opt.decay_epoch).step
)
lr_scheduler_D_A = torch.optim.lr_scheduler.LambdaLR(
    optimizer_D_A, lr_lambda=LambdaLR(opt.n_epochs, opt.epoch, opt.decay_epoch).step
)
lr_scheduler_D_B = torch.optim.lr_scheduler.LambdaLR(
    optimizer_D_B, lr_lambda=LambdaLR(opt.n_epochs, opt.epoch, opt.decay_epoch).step
)

Tensor = torch.cuda.FloatTensor if cuda else torch.Tensor

# Buffers of previously generated samples
fake_A_buffer = ReplayBuffer()
fake_B_buffer = ReplayBuffer()

# Image transformations
transforms_ = [
    transforms.Resize(int(opt.img_height * 1.12), Image.BICUBIC),
    transforms.RandomCrop((opt.img_height, opt.img_width)),
    transforms.RandomHorizontalFlip(),
    transforms.ToTensor(),
    transforms.Normalize((0.5, 0.5, 0.5), (0.5, 0.5, 0.5)),
]

# Training data loader
dataloader = DataLoader(
    ImageDataset("./data/%s" % opt.dataset_name, transforms_=transforms_, unaligned=
True),
    batch_size=opt.batch_size,
    shuffle=True,
    num_workers=opt.n_cpu,
)
# Test data loader
val_dataloader = DataLoader(
    ImageDataset("./data/%s" % opt.dataset_name, transforms_=transforms_, unaligned=
True, mode="test"),
```

```
    batch_size=5,
    shuffle=True,
    num_workers=1,
)


def sample_images(batches_done):
    """Saves a generated sample from the test set"""
    imgs = next(iter(val_dataloader))
    G_AB.eval()
    G_BA.eval()
    real_A = Variable(imgs["A"].type(Tensor))
    fake_B = G_AB(real_A)
    real_B = Variable(imgs["B"].type(Tensor))
    fake_A = G_BA(real_B)
    # Arange images along x-axis
    real_A = make_grid(real_A, nrow=5, normalize=True)
    real_B = make_grid(real_B, nrow=5, normalize=True)
    fake_A = make_grid(fake_A, nrow=5, normalize=True)
    fake_B = make_grid(fake_B, nrow=5, normalize=True)
    # Arange images along y-axis
    image_grid = torch.cat((real_A, fake_B, real_B, fake_A), 1)
    save_image(image_grid, "images/%s/%s.png" % (opt.dataset_name, batches_done),
normalize=False)


# ----------
#  Training
# ----------

prev_time = time.time()
for epoch in range(opt.epoch, opt.n_epochs):
    for i, batch in enumerate(dataloader):

        # Set model input
        real_A = Variable(batch["A"].type(Tensor))
        real_B = Variable(batch["B"].type(Tensor))

        # Adversarial ground truths
        valid = Variable(Tensor(np.ones((real_A.size(0), * D_A.output_shape))), requires_
grad=False)
        fake = Variable(Tensor(np.zeros((real_A.size(0), * D_A.output_shape))), requires_
grad=False)

        # ------------------
```

```
#  Train Generators
# -------------------

G_AB.train()
G_BA.train()

optimizer_G.zero_grad()

# Identity loss
loss_id_A = criterion_identity(G_BA(real_A), real_A)
loss_id_B = criterion_identity(G_AB(real_B), real_B)

loss_identity = (loss_id_A + loss_id_B) / 2

# GAN loss
fake_B = G_AB(real_A)
loss_GAN_AB = criterion_GAN(D_B(fake_B), valid)
fake_A = G_BA(real_B)
loss_GAN_BA = criterion_GAN(D_A(fake_A), valid)

loss_GAN = (loss_GAN_AB + loss_GAN_BA) / 2

# Cycle loss
recov_A = G_BA(fake_B)
loss_cycle_A = criterion_cycle(recov_A, real_A)
recov_B = G_AB(fake_A)
loss_cycle_B = criterion_cycle(recov_B, real_B)

loss_cycle = (loss_cycle_A + loss_cycle_B) / 2

# Total loss
loss_G = loss_GAN + opt.lambda_cyc *  loss_cycle + opt.lambda_id *  loss_identity

loss_G.backward()
optimizer_G.step()

# -----------------------
#  Train Discriminator A
# -----------------------

optimizer_D_A.zero_grad()

# Real loss
loss_real = criterion_GAN(D_A(real_A), valid)
# Fake loss (on batch of previously generated samples)
```

```
        fake_A_ = fake_A_buffer.push_and_pop(fake_A)
        loss_fake = criterion_GAN(D_A(fake_A_.detach()), fake)
        # Total loss
        loss_D_A = (loss_real + loss_fake) / 2

        loss_D_A.backward()
        optimizer_D_A.step()

        # ------------------------
        #  Train Discriminator B
        # ------------------------

        optimizer_D_B.zero_grad()

        # Real loss
        loss_real = criterion_GAN(D_B(real_B), valid)
        # Fake loss (on batch of previously generated samples)
        fake_B_ = fake_B_buffer.push_and_pop(fake_B)
        loss_fake = criterion_GAN(D_B(fake_B_.detach()), fake)
        # Total loss
        loss_D_B = (loss_real + loss_fake) / 2

        loss_D_B.backward()
        optimizer_D_B.step()

        loss_D = (loss_D_A + loss_D_B) / 2

        # --------------
        #  Log Progress
        # --------------

        # Determine approximate time left
        batches_done = epoch * len(dataloader) + i
        batches_left = opt.n_epochs * len(dataloader) - batches_done
        time_left = datetime.timedelta(seconds=batches_left * (time.time() - prev_
time))
        prev_time = time.time()

        # Print log
        sys.stdout.write(
            "\r[Epoch %d/%d] [Batch %d/%d] [D loss: %f] [G loss: %f, adv: %f, cycle: %f, 
identity: %f] ETA: %s"
```

```
            % (
                epoch,
                opt.n_epochs,
                i,
                len(dataloader),
                loss_D.item(),
                loss_G.item(),
                loss_GAN.item(),
                loss_cycle.item(),
                loss_identity.item(),
                time_left,
            )
        )

        # If at sample interval save image
        if batches_done % opt.sample_interval == 0:
            sample_images(batches_done)

    # Update learning rates
    lr_scheduler_G.step()
    lr_scheduler_D_A.step()
    lr_scheduler_D_B.step()

    if opt.checkpoint_interval != -1 and epoch % opt.checkpoint_interval == 0:
        # Save model checkpoints
        torch.save(G_AB.state_dict(), "saved_models/%s/G_AB_%d.pth" % (opt.dataset_
name, epoch))
        torch.save(G_BA.state_dict(), "saved_models/%s/G_BA_%d.pth" % (opt.dataset_
name, epoch))
        torch.save(D_A.state_dict(), "saved_models/%s/D_A_%d.pth" % (opt.dataset_name,
epoch))
        torch.save(D_B.state_dict(), "saved_models/%s/D_B_%d.pth" % (opt.dataset_name,
epoch))
```

这里推荐使用 GPU 进行训练，因为整体运算量较大，时间较长。图 7.13 展示的即为一定训练时间后的生成图像。可以看出在 horse2zebra 的过程中，模型较为准确地将马的部分添加上条纹，同时结构保持不变。在 zebra2horse 过程中，目前的模型还只是将其颜色涂为棕色，条纹没有去掉，可能迭代顺序会影响两种方向的效果。

扫码查看彩图

● 图 7.13　CycleGAN 模型生成的风格迁移图片

第8章

强化学习

本章将介绍强化学习，以及在深度学习时代蓬勃发展的深度强化学习算法。强化学习可以看作是有别于监督学习和无监督学习的另外一种机器学习范式。因为其处理的问题本身是带有不确定性且无监督信号的，但同时又会得到一些反馈，并且这种反馈会随着算法模型的不同输出产生不同的效果，所以强化学习有其独有的问题定义及算法方法。本章将先回顾经典强化学习的基本概念和方法，然后介绍深度强化学习的两大流派：基于价值函数的深度 Q-Learning 和基于策略优化的策略梯度法。同时也可以将二者进行结合，产生如 Actor-Critic 这样更强大的算法。本章将利用 OpenAI Gym 实验环境进行实践，可以更深入地理解算法原理。最后本章将在经典的 Atari 游戏环境中，对各种深度强化学习算法进行评测，展示其有趣而又强大的一面。

8.1 经典强化学习介绍

本节将初步介绍经典强化学习的基本概念，包括其处理问题的类型、基本的学习流程与目标、强化学习中的核心要素。然后介绍强化学习实验环境 OpenAI 推出的 Gym⊖，了解其基本调用方式，便于后续的算法实验。

8.1.1 基本概念介绍

强化学习主要是通过智能体（Agent）与环境（Environment）进行交互，并在此过程中进行学习的一大类机器学习方法。在交互过程中，智能体会做出动作（Action），环境接收到此动作后，会发生状态（State）转移，并且给智能体某种反馈，这种反馈往往总结为奖励（Reward）。

⊖ https：//github.com/openai/gym

智能体的学习目标即是在与环境不断的交互过程中，获得最多的奖励，但是并没有像监督学习一样，给出每一步要求做出怎样动作的监督信号，因此需要智能体自己学习出某种策略（Policy），去决定产生什么样的动作。这里 Reinforcement 的含义既可以翻译为强化，也可以翻译为增强，因为智能体的学习策略即是根据获得奖励情况，增强策略输出各种动作的概率。

在此过程中，智能体可以总结出对于当前状态的评估（Evaluation），这种评估被称为价值函数（Value Function），其代表了当前所处的状态好坏。同时也对下一步采取的动作进行评价，被称为策略函数（Policy Function）。根据这些评估函数，智能体可选择对策略进行不断优化（Optimization）。同时智能体也可以在多次交互过程中，逐渐摸索总结出环境的变换转移规律，称为对于环境的建模（Model）。建模并不一定是强化学习中必需的。因此强化学习中也分为有模型学习（Model-based Learning）和免模型学习（Model-free Learning）。前者会较为方便地推断出环境状态转移的关系，适用于环境状态数较小且确定性的博弈环境。后者则不去对环境状态转移进行估计，会应用于更多一般的不确定性场景。

强化学习其实由来已久，但是随着深度学习的引入，利用其可微分性和强大的拟合能力，可以帮助智能体更好地估计状态好坏和策略评价，因此深度强化学习（Deep Reinforcement Learning，DRL）在诸多领域展现出令人惊艳的效果，如 AlphaGo 下围棋、AlphaStar 进行星际争霸游戏对战等。由于 DRL 不需要给定标签，可以自由摸索出策略，对于自动控制机器人等领域也有着重要的应用，也被视为实现强人工智能或者是通用人工智能（Artificial General Intelligence，AGI）的最有可能的方法。

8.1.2 强化学习环境 OpenAI Gym

实现 RL 算法需要有一个方便的实验平台环境。本小节介绍 OpenAI 推出的 Gym，其通用性强，封装了诸多的模拟环境，包括游戏、经典控制、机器人模拟等。首先需要安装 Gym，一般通过 pip install gym 即可安装。但是在使用某些交互环境时，需要进一步安装其特定类别部分。例如可以安装游戏类场景 pip install gym [box2d]。此时会遇到一些安装依赖问题，需要先安装如 swig、py-box2d、pygame 等依赖库。

在安装完成后，可以创建一个环境，并显示出来：

```
import gym

env = gym.make('CartPole-v1')          # 创建环境
state = env.reset()                    # 重置环境
env.render()                           # 渲染出界面
env.close()                            # 关闭环境
```

如果一切正常，则会显示出如图 8.1 所示的画面。这是一个经典的倒立摆控制环境，agent

可以选择左右滑动来保持倒立杆不倒，获得最多 reward。

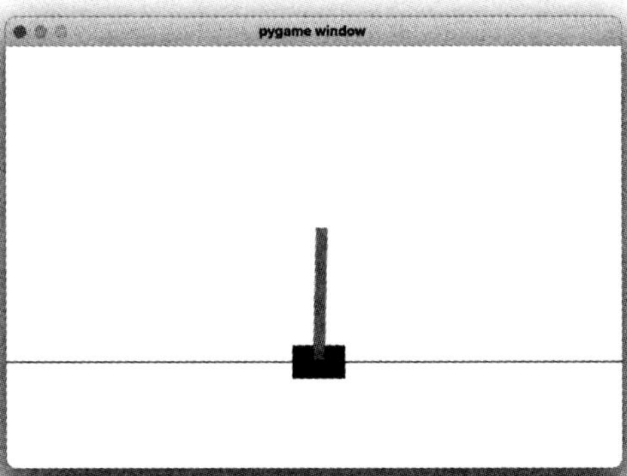

● 图 8.1　CartPole 环境的渲染界面

可以从环境中获取到可操作动作的空间，以及状态的维度：

```
obs_shape= env.observation_space.shape
act_n = env.action_space.n
```

在 CartPole 环境中，状态是一个 4 维向量，动作数为 2，即只有左右两种选项。

```
#随机采样一个动作
obs, reward, done, info = env.step(env.action_space.sample())
```

可以对环境输入动作，获得反馈，并且会返回下一次状态、反馈的奖励、这一轮交互是否结束，以及其他信息。这里的 done 用来决定回合（Episode），定义从开始到最终环境给出结束信号为一个回合。我们将在后续的更多算法应用中熟悉 Gym 的使用方法。

8.2 马尔可夫决策过程（Markov Decision Process，MDP）

本节将介绍对于强化学习问题进行数学形式化的重要框架：马尔可夫决策过程。本节将以此为框架，推导出 Bellman 等式，并且引出经典强化学习的三种主要算法流派，即动态规划（Dynamic Programming）、蒙特卡罗采样（Monte Carlo）和时序差分学习（Temporal Difference Learning）。本节中的经典算法主要对于有限状态和动作空间的问题较为适用，但是其核心原理依然指导着现代深度强化学习各种算法的开发。所以全面掌握本节中的内容，是后续深度强化学习的基础。

8.2.1 MDP 定义及贝尔曼最优方程

在之前的章节中介绍过马尔可夫性和马尔可夫过程。其核心即在于每一步的状态条件概率仅依赖于前一状态。而在强化学习过程中也有这样的性质，不同之处在于 agent 会做出决策，影响状态转移情况，并且在此过程中获得反馈奖励。MDP 即对于马尔可夫过程进行了扩展，描述了这样的行为，其数学上可以表示为 $M=<S,A,P,R,\gamma>$。

- S 为有限的状态集合。
- A 为有限的动作集合。
- P 为状态转移概率 $P_{ss'}^{a}=\mathbb{P}[S_{t+1}=s' \mid S_t=s,A_t=a]$。
- R 为奖励函数 $R_s^a=\mathbb{E}[R_{t+1} \mid S_t=s,A_t=a]$。
- γ 为折现因子（Discount Factor），其范围为 $\gamma\in[0,1]$。

以上的集合元素确定了唯一的 MDP。那么 agent 所需要学习的即是某种策略函数（Policy Function）$\pi(a|s)=\mathbb{P}[A_t=a \mid S_t=s]$，即在给定当前状态下，选择何种动作输出到环境。而在此过程中，agent 可以评估当前状态的好坏，来辅助学习策略。其中价值函数（Value Function）$v_\pi(s)=\mathbb{E}_\pi[G_t \mid S_t=s]$，定义为在给定策略 π 情况下，处于状态 s 的未来收益（Return）G_t 的期望。收益 G_t 定义为从状态 s 开始后所有奖励的折现累加和：

$$G_t = R_{t+1} + \gamma R_{t+2} + \cdots = \sum_{k=0}^{\infty} \gamma^k R_{t+k+1} \tag{8.1}$$

这里 $\gamma\in[0,1]$ 限制加和不会发散，同时也是权衡未来收益与当前收益的比例。γ 越接近于 0，则收益越关注于短期当前奖励。另一个类似的价值函数称为动作价值函数，也被称为 Q 函数 $q_\pi(s,a)=\mathbb{E}_\pi[G_t \mid S_t=s,A_t=a]$。

由于 MDP 的马尔可夫性，以及收益表达式的迭代方式，可以利用动态规划的思路推导出贝尔曼期望方程（Bellman Expectation Equation）：

$$v_\pi(s) = \sum_{a\in A} \pi(a \mid s)\, q_\pi(s,a)$$

$$q_\pi(s,a) = R_s^a + \gamma \sum_{s'\in S} P_{ss'}^a\, v_\pi(s')$$

$$v_\pi(s) = \sum_{a\in A} \pi(a \mid s)\Big(R_s^a + \gamma \sum_{s'\in S} P_{ss'}^a\, v_\pi(s')\Big)$$

$$q_\pi(s,a) = R_s^a + \gamma \sum_{s'\in S} P_{ss'}^a \sum_{a'\in A} \pi(a' \mid s')\, q_\pi(s',a') \tag{8.2}$$

也就是在给定某个策略的情况下，可以按照上式迭代方式，计算出在此状态下的价值函数。注意这里需要完全知道环境的状态转移概率 P，因此是有模型学习方式。上式只是给出了固定策略下的价值函数计算，但是我们希望寻找到最优的价值函数，即 $v_*(s)=\max_\pi v_\pi(s)$，$q_*(s,a)=\max_\pi q_\pi(s,a)$，那么此时也就对应着某个最优策略 π_*。而最优策略的导出很简单，令 $\pi_*(a|s)=$

arg $\max_a q_*(s,a)$即可。因此可以先计算出最优价值函数，然后对于每个状态取价值函数最大值对应的动作，即给出了最优策略。而最优价值函数也存在类似的递归解法，即贝尔曼最优方程（Bellman Optimality Equation）：

$$v_*(s) = \max_a q_*(s,a)$$

$$q_*(s,a) = R_s^a + \gamma \sum_{s' \in S} P_{ss'}^a v_*(s')$$

$$v_*(s) = \max_a R_s^a + \gamma \sum_{s' \in S} P_{ss'}^a v_*(s')$$

$$q_*(s,a) = R_s^a + \gamma \sum_{s' \in S} P_{ss'}^a \max_{a'} q_*(s',a') \tag{8.3}$$

根据以上条件可以进行迭代求解，从而推导出最优策略。

8.2.2 策略迭代（Policy Iteration）和价值迭代（Value Iteration）

在强化学习中，agent 需要处理两个问题，第一是对当前策略评估（Policy Evaluation），第二是如何对当前策略改进（Policy Improvement）。前者也被称为预测问题（Prediction），后者为控制问题。那么对于给定的策略，如果在环境转移概率模型完全已知的情况下，可以知道其价值函数应该满足贝尔曼期望方程。实际可以先随机初始化，然后逐步迭代，可以证明按照如下的迭代方式v_t会收敛，也就是成为贝尔曼期望方程的不动点（Fixed Point）：

$$v_{t+1}(s) = \sum_{a \in A} \pi(a \mid s)\left(R_s^a + \gamma \sum_{s' \in S} P_{ss'}^a v_t(s')\right) \tag{8.4}$$

那么如何进行策略改进？这里可以每一步进行贪婪改进（Greedy Improvement），即令 $\pi'(s)=$ arg $\max_a q_\pi(s,a)$，此时则有：

$$q_\pi(s,\pi'(s)) = \max_a q_\pi(s,a) \geqslant q_\pi(s,\pi(s)) = v_\pi(s) \tag{8.5}$$

即每一次会改进 Q 函数，并且由于其递推性，也可以推出$v_{\pi'}(s) \geqslant v_\pi(s)$。所以策略改进阶段只需要策略选择 Q 函数每个状态取最大值对应的动作即可。如图 8.2 所示，以上的策略评估和策

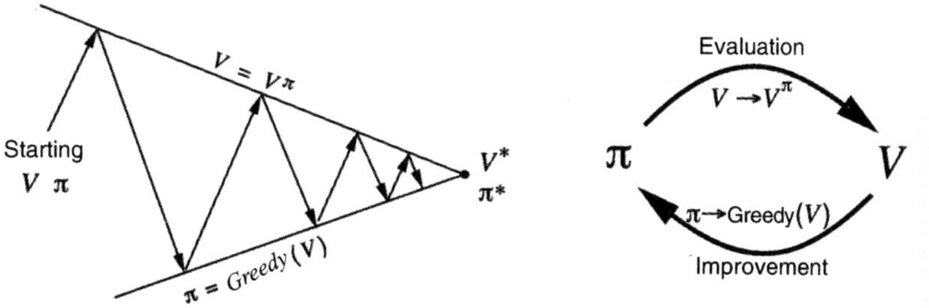

图 8.2 策略评估与策略改进交替进行，引用自链接[⊖]

⊖ https://www.davidsilver.uk/wp-content/uploads/2020/03/DP.pdf

略改进可以交替进行，从而最终达到最优策略，也称为策略迭代法（Policy Iteration）。

下面以 Gym 中提供的 FrozenLake-v1 环境来讲解策略迭代算法。可以利用 Gym 导入此环境。

```
import gym
env = gym.make('FrozenLake-v1')
s = env.reset()
env.render()
```

正常情况下，会弹出交互屏幕，如图 8.3 所示。该环境要求 agent 从左上角出发，前往右下角目的地。可以控制 agent 上下左右 4 个方向移动。而该环境存在转移概率，即以一定概率在 agent 做出移动后，转移到下一个位置。在环境中存在一些冰洞，如果 agent 移动到这里，游戏结束。只有 agent 成功到达右下角目的地，才会获得 reward = 1。

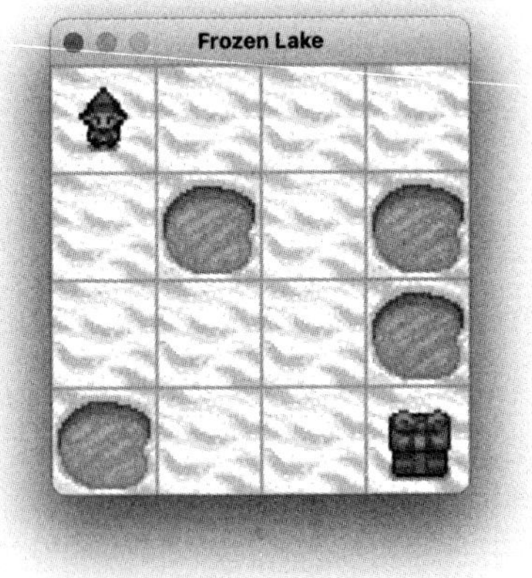

● 图 8.3　交互屏幕

该环境共有 16 个状态，即每个位置；可以选择 4 个动作：上下左右。首先定义一些参数：

```
n_obs= env.observation_space.n          # 状态数
n_act = env.action_space.n              # 动作数
gamma = 1                               # 折现因子
TOL   = 1e-10                           # 收敛判断阈值
```

首先实现策略评估阶段：

```
def policy_evaluation(policy):
    # policy: 策略函数表, shape=[n_obs]
    v_s = np.zeros(n_obs)  # 价值函数
    for i in range(1000):
        v_copy = np.copy(v_s)
        for s in range(n_obs):
            a = policy[s]  # 选取策略
            rewards = 0
            # 根据贝尔曼期望方程,迭代更新
            # env.P[s][a]返回转移概率,下一状态,奖励,是否结束标识符
            for trans_prob, s_next, r, done in env.P[s][a]:
                rewards += trans_prob * (r + gamma * v_copy[s_next])
            v_s[s] = rewards
```

```
        # 如果更新后价值函数收敛,则停止
        if abs(v_s - v_copy).max() < TOL:
            break
    return v_s
```

然后是策略改进阶段：

```
def policy_improvement(v_s):
    # v_s: 价值函数,shape=[n_obs]
    policy = np.zeros(n_obs)
    for s in range(n_obs):
        q_sa = []
        for a in range(n_act):
            rewards = 0
            # 价值函数迭代求解 Q 函数
            for trans_prob, s_next, r, done in env.P[s][a]:
                rewards += trans_prob * (r + gamma * v_s[s_next])
            q_sa.append(rewards)
        # 策略动作取 Q 函数最大对应的动作
        policy[s] = np.argmax(q_sa)
    return policy
```

然后便可以交替进行以上两步，从而得到最优策略：

```
#初始策略
policy = np.zeros(n_obs)
for i in range(10000):
    # 交替更新
    v_s = policy_evaluation(policy)
    update_policy = policy_improvement(v_s)

    if abs(update_policy - policy).max() < TOL:
        break

    policy = np.copy(update_policy)
```

最后可以得到如下 Policy：

```
>>> print(policy)
[0., 3., 3., 3., 0., 0., 0., 0., 3., 1., 0., 0., 0., 2., 1., 0.]
```

以上策略迭代法需要每一次给定策略后，按照贝尔曼期望方程求出价值函数。那么如果按照贝尔曼最优方程，能否直接从价值函数出发进行迭代，使价值函数迭代最优？实际上是可以的，这便是价值迭代法（Value Iteration）。即从初始价值函数开始，以如下方式迭代：

$$v_{t+1}(s) = \max_{a \in A}(R_s^a + \gamma \sum_{s' \in S} P_{ss'}^a v_t(s')) = Bv(s) \tag{8.6}$$

也就是按照贝尔曼最优方程迭代更新价值函数。其中 B 被称为贝尔曼算子（Bellman Operator），可以证明该算子具有收缩性（Contraction），即指数速率使得v_t收敛于最优价值函数。而最优策略可以计算最优 Q 函数$q_*(s,a)$，然后取最大值对应动作即可。

还以 FrozenLake-v1 环境为例，实现价值迭代法：

```
#初始化价值函数
v_s = np.zeros(n_obs)
for i in range(10000):
    v_copy = np.copy(v_s)
    for s in range(n_obs):
        # 计算 Q 函数
        q_sa = []
        for a in range(n_act):
            rewards = 0
            for trans_prob, s_next, r, done in env.P[s][a]:
                rewards += trans_prob *  (r + gamma *  v_copy[s_next])
            q_sa.append(rewards)
        # 取最大值进行更新
        v_s[s] = np.max(q_sa)

    if abs(v_s - v_copy).max() < TOL:
        print('Converged at iter %d' % i)
        break
```

在收敛后，便可以导出最优策略：

```
policy = np.zeros(n_obs)
for s in range(n_obs):
    # 利用价值函数推导 Q 函数
    q_sa = []
    for a in range(n_act):
        rewards = 0
        for trans_prob, s_next, r, done in env.P[s][a]:
            rewards += trans_prob *  (r + gamma *  v_copy[s_next])
        q_sa.append(rewards)
    # 取最大值对应动作
    policy[s] = np.argmax(q_sa)
```

以上价值迭代法可以输出与策略迭代法同样的结果：

```
>>> print(policy)
[0., 3., 3., 3., 0., 0., 0., 0., 3., 1., 0., 0., 0., 2., 1., 0.]
>>> print(v_s)
[0.82, 0.82, 0.82, 0.82, 0.82, 0., 0.53, 0., 0.82, 0.82, 0.76, 0., 0., 0.88, 0.94, 0.]
```

8.2.3 蒙特卡罗采样学习（Monte Carlo Learning）

上一小节介绍的策略迭代法和价值迭代法，一个应用前提是需要知道环境的状态转移概率 $P_{ss'}^{a}$。但是实际上更多情况是我们无法预先知道此概率。那么此时如何进行策略评估便是一个问题。这里可以采用之前介绍过的蒙特卡罗采样思想，利用策略产生的动作输出大量与环境交互，并在此过程中记录奖励，从而利用采样方式估计价值函数。

此时的价值函数估计为$v_{\pi}(s)\approx R_{t+1}+\gamma R_{t+2}+\cdots+\gamma^{T-1}R_{T}$。这里的估计需要决定从何时开始统计之后的奖励。一种方法是 First-Visit MC。即在第一次到达状态 s 后，该回合内的奖励按照折现因子累加，并且按如下方式进行更新：

$$N(s)\leftarrow N(s)+1, S(s)\leftarrow S(s)+G_{t}, V(s)=S(s)/N(s) \tag{8.7}$$

可以证明在大数定律的情况下，采样次数无限多时，$V(s)\rightarrow V_{\pi}(s)$。

以上利用 MC 采样代替精确的策略评估环节，依然可以在环境转移概率未知的情况下，进行策略迭代法。但是这里需要注意的是，为了尽可能让 MC 采样评估准确，需要使得策略遍历各个状态，也就是需要进行一定的探索（Exploration）。而策略改进阶段给出的是确定性策略，如何在采样阶段去探索呢？这里采样的是 ϵ-soft policy。即以一定的概率去随机采取行动，从而在策略评估阶段能够更多遍历状态。其策略表示为：

$$\pi(a|s)=\begin{cases}1-\epsilon+\dfrac{\epsilon}{|A|} & ,\mathrm{argmaxq}(s,a)\\ \dfrac{\epsilon}{|A|} & ,\text{其他}\end{cases} \tag{8.8}$$

以此策略进行评估，并进行改进可以收敛得到 ϵ-soft policy。也就是该策略本身始终包含了这种随机性。这也被称为同策略算法（On-Policy），即评估的策略和改进的策略是相同策略。

仍然以上一小节的 FrozenLake-v1 环境实现 MC 学习。

```
import gym
env = gym.make('FrozenLake-v1')
n_obs = env.observation_space.n
n_act = env.action_space.n

# 估算收益
returns_sum = np.zeros((n_obs, n_act))
returns_count = np.zeros((n_obs, n_act))

max_episodes = 200000
max_iters = 10000
gamma = 1.0
epsilon = 0.3
```

```
Q = np.zeros((n_obs, n_act))

def policy(s, Q):
    # e-soft policy
    prob = np.ones(n_act) * epsilon / n_act
    prob[np.argmax(Q[s])] += 1 - epsilon
    a = np.random.choice(np.arange(n_act), p=prob)
    return a

for i in range(max_episodes):
    s = env.reset()
    episode = []

    # 每一回合与环境交互收集 reward
    for i in range(max_iters):
        a = policy(s, Q)
        next_s, r, done, _ = env.step(a)
        episode.append((s, a, r))
        # 如果结束退出
        if done:
            break
        s = next_s

    # 统计每一个唯一的(s, a)
    sa_in_episode = set([(i[0], i[1]) for i in episode])
    for s, a in sa_in_episode:
        for i, x in enumerate(episode):
            if x[0] == s and x[1] == a:
                # 寻找到 firs visit
                first_idx = i
                break
        # 折现计算估计的 G_t
        G = sum([r * (gamma ** i) for i, (s, a, r) in enumerate(episode[first_idx:])])
        returns_sum[s][a] += G
        returns_count[s][a] += 1
        # 估计 Q 函数
        Q[s][a] = returns_sum[s][a] / (returns_count[s][a] + 1e-10)
```

最终得到估计的 Q 函数，如果按照最大值取动作，则转换为确定性策略。

```
>>> print(Q.argmax(axis=1))
[0, 3, 0, 3, 0, 0, 2, 0, 3, 1, 0, 0, 0, 2, 1, 0]
```

可以看出与前面计算的最优策略稍有不同，主要出现在靠前的状态空间上。此时估计的 Q 函数各动作值近似，在随机策略时，均有机会被执行，确定性策略对于最终的结果影响不大。

8.2.4 时序差分学习（Temporal Difference Learning，TD-Learning）

上一小节介绍的基于蒙特卡罗采样学习进行策略评估，需要让策略与环境完整交互，直到一个回合结束，才可以计算预期折现收益，需要耗费较长的时间。而基于动态规划的价值迭代法仅需要一步迭代即可更新价值函数，但却需要完整地知道环境的状态转移概率。那么能否将二者的优点进行结合，开发新的策略评估算法？实际上是可以的，这便是经典的时序差分学习。

具体来说，在 MC-Learning 中，更新估计的价值函数时，其表达公式 8.7 可以重新写为：

$$N(S_t) \leftarrow N(S_t)+1, V(S_t) \leftarrow V(S_t)+\frac{1}{N(S_t)}(G_t-V(S_t)) \tag{8.9}$$

这里系数 $1/N(s)$ 可以看作是学习率或者更新步长，一般形式可以写为 $V(S_t)+\alpha(G_t-V(S_t))$。在 MC-Learning 中，$G_t$是通过采样路径估计出来的。而如果按照期望的价值函数迭代公式，则应有$G_t=R_{t+1}+\gamma V(S_{t+1})$，因此 TD-Learning 的思路是利用这样的一步迭代作为估计，来更新自己的结果，即：

$$V(S_t) \leftarrow V(S_t)+\alpha(R_{t+1}+\gamma V(S_{t+1})-V(S_t)) \tag{8.10}$$

这里$R_{t+1}+\gamma V(S_{t+1})$被称为 TD-Target，即价值函数需要去靠近的目标；$\delta=R_{t+1}+\gamma V(S_{t+1})-V(S_t)$被称为 TD-Error，是时序差分误差。所以 TD-Learning 是利用自己的一步 TD-Target 来作为增量更新自身，所以是一种 Bootstrapping 学习策略。上式中只取了一步展开作为估计，因此称为 one-step TD-Learning。实际上可以 n-step 展开进行估计，也就是：

$$\begin{aligned} G_t^n &= R_{t+1}+R_{t+2}+\cdots+\gamma^{n-1}R_{t+n}+\gamma^n V(S_{t+n}) \\ V(S_t) &\leftarrow V(S_t)+\alpha(G_t^n-V(S_t)) \end{aligned} \tag{8.11}$$

以上对于价值函数的更新方式也可以同样对 Q 函数进行更新：

$$Q(S_t,A_t) \leftarrow Q(S_t,A_t)+\alpha[R_{t+1}+\gamma Q(S_{t+1},A_{t+1})-Q(S_t,A_t)] \tag{8.12}$$

这样的更新方式不只是进行策略评估，也包含了策略改进部分。上式即为经典的 Sarsa 算法（Sarsa 取名自 State-Action-Reward-State-Action 首字母）。这是一种同策略（On-Policy）算法，即从当前被评估的策略中采样新的动作 A_{t+1}，用来计算 TD-Target 函数中的 $Q(S_{t+1},A_{t+1})$，而更新之后，该策略也被改进（采取 ϵ-greedy 方式输出动作）。

与同策略算法相对的，便是异策略（Off-Policy）算法，它是指在进行策略评估时和策略更新时，使用不同的两种策略。在对于 Q 函数的 TD 学习中，可以修改 TD-Target 为：

$$\begin{aligned} R_{t+1}+\gamma Q(S_{t+1},A') &= R_{t+1}+\gamma Q(S_{t+1},\arg\max_{a'} Q(S_{t+1},a')) \\ &= R_{t+1}+\max_{a'}\gamma Q(S_{t+1},a') \end{aligned} \tag{8.13}$$

则此时的 Q 函数更新方式为：

$$Q(S_t,A_t) \leftarrow Q(S_t,A_t)+\alpha[R_{t+1}+\max_{a'}\gamma Q(S_{t+1},a')-Q(S_t,A_t)] \tag{8.14}$$

这便是经典的 Q-Learning 算法。可以证明按照 Q-Learning 更新方式，最终可以收敛到最优 Q 函数。

此处以 CliffWalking-v0 环境去展示这两种算法的实现。其交互环境如下：

```
o  o  o  o  o  o  o  o  o  o  o  o
o  o  o  o  o  o  o  o  o  o  o  o
o  o  o  o  o  o  o  o  o  o  o  o
x  C  C  C  C  C  C  C  C  C  C  T
```

其中 x 代表初始出发地点，T 为最终目的地，C 代表悬崖边缘，o 代表安全区域。agent 从出发点开始，可以上下左右进行移动，如果移动到悬崖边缘，则游戏结束。该环境状态空间为 48，动作空间为 4。

以下为 Sarsa 算法实现：

```
import gym
import numpy as np
env = gym.make('CliffWalking-v0')

n_obs = env.observation_space.n
n_act = env.action_space.n

max_episodes = 400
max_iters = 1000
gamma = 1.0
alpha = 0.5
epsilon = 0.1
Q = np.zeros((n_obs, n_act))

def policy(s, Q):
    # e-soft policy
    prob = np.ones(n_act) * epsilon / n_act
    prob[np.argmax(Q[s])] += 1 - epsilon
    a = np.random.choice(np.arange(n_act), p=prob)
    return a

reward_list = []  # 统计每回合奖励
episode_length = [] # 统计每回合步数
for i in range(max_episodes):
    tmp_r = 0
    tmp_l = 0
    s = env.reset()
    a = policy(s, Q)
    for i in range(max_iters):
        next_s, r, done, _ = env.step(a)
```

```
        next_a = policy(next_s, Q)
        # 采取 Sarsa 更新方式
        td_error = r + gamma *  Q[next_s][next_a] - Q[s][a]
        Q[s][a]  += alpha *  td_error

        tmp_r += r
        tmp_l += 1

        if done:
            break

        a = next_a
        s = next_s

    reward_list.append(tmp_r)
    episode_length.append(tmp_l)
```

同样可以实现 Q-Learning 算法。二者非常相似，只是差别在于 Q 函数更新部分：

```
reward_list= []
episode_length = []
for i in tqdm.tqdm(range(max_episodes)):
    tmp_r = 0
    tmp_l = 0
    s = env.reset()

    for i in range(max_iters):
        # 从 e-soft policy 中采样 action
        a = policy(s, Q)
        next_s, r, done, _ = env.step(a)
        # max Q(s,a)作为 TD-target
        best_next_a = Q[next_s].argmax()

        td_error = r + gamma *  Q[next_s][best_next_a] - Q[s][a]
        Q[s][a]  += alpha *  td_error

        tmp_r += r
        tmp_l += 1

        if done:
            break

        s = next_s

    reward_list.append(tmp_r)
    episode_length.append(tmp_l)
```

二者学习完成后，均可以到达目的地，但是会学习出不同的策略路径。对于 Sarsa 来说，其移动路径通常为：

```
A A A A A A A A A A A A
A o o o o o o o o o o A
A o o o o o o o o o o A
x C C C C C C C C C C T
```

agent 会学习远离悬崖边缘移动，获得更高的 reward。而对于 Q-Learning 的学习结果则为：

```
o o o o o o o o o o o o
o o o o o o o o o o o o
A A A A A A A A A A A A
x C C C C C C C C C C T
```

即 agent 会沿着悬崖边缘移动，这是因为策略更新时，采取了极大值操作，agent 没有机会做额外的探索，所获得的 reward 较低，但是会更快速地到达目的地。这其实体现了强化学习中经典的 exploration-exploitation tradeoff。

8.3 基于 Q 价值函数的深度强化学习

上一小节介绍过利用 Q-Learning 算法可以更新学习到最优 Q 函数，并且导出最优策略。利用深度神经网络，可以更准确方便地进行 Q 价值函数估计。本节将介绍在深度学习时代，强化学习如何进一步发展创新。首先介绍最经典的基于 Q 价值函数的一大类方法：深度 Q 网络（DQN）。介绍经典 DQN 算法以及后续的改进变种，并且将在更为复杂的经典控制问题中实践 DQN 算法。

8.3.1 深度 Q 网络（Deep Q-Network，DQN）

首先介绍深度强化学习中最重要的一类模型：深度 Q 网络。之前介绍过 Q-Learning 算法。通过时序差分方式计算 TD-Target，并对 Q 函数进行迭代更新，从而完成对 Q 函数的估计。但是在之前介绍的交互环境中，状态以及动作都是有限离散的，并且状态空间数较少，所以采用表格式（Tabular）计算方式是可行的。但是在更多复杂的博弈中，环境状态数可能是连续的并且不可数，或者是非常巨大，此时便无法进行穷举式更新了。所以深度神经网络适合加入进来，作为一种 Q 函数估计器（Estimator）可以较好地解决问题。

具体来说，以 w 为参数的神经网络近似最优 Q 函数$Q_w(s,a)\approx Q^*(s,a)$。对于拥有离散动作空间的交互环境来说，可以将网络设计成接受状态 s 作为网络输入，然后输出端为$|A|$个数值，代表每个动作下的 Q 函数值。根据贝尔曼最优方程给出的条件，最优 Q 函数应该满足的迭代关

系为：

$$Q^*(s,a)=\mathbb{E}[r+\gamma \max_{a'} Q(s',a')\mid s,a] \tag{8.15}$$

也就说明以神经网络为拟合器的Q函数其目标函数为：

$$L(w)=(r+\gamma \max_{a'} Q_w(s',a')-Q_w(s,a))^2 \tag{8.16}$$

如果直接进行网络学习，就是根据环境交互得到的奖励，计算TD-Target，然后以此为目标，以MSE损失函数进行回归训练网络即可。但是在实践中这样的训练往往存在问题，主要源于两点：第一是所产生的样本存在时序上的强相关性，并不是随机独立同分布的，这对于网络训练来说会产生影响。第二是目标函数中的TD-Target计算是利用了当前参数的网络进行估计，而该参数在进行优化后会发生改变，导致TD-Target并不是一个较为稳定的策略产生的，这样影响了训练过程。为此DQN[23]被提出，不仅利用了神经网络作为Q函数估计，还提出了两种技术解决上述问题，分别是经验重放（Experience Replay）和引入目标网络（Target Network）。

其中经验重放是建立一个缓冲器（Buffer），用于存放agent与环境交互过程中产生的结果，每一条都记录了（$s,a,r,s',done$）的信息。然后在到达一定数目后，打乱顺序从中随机采样样本，避免了相关性较高的样本聚集。而引入目标网络则是在计算TD-Target时，使用另外一个目标网络进行计算。该网络在训练过程中参数固定，只会间隔一定时间后，才会跟训练网络参数同步。在2015年提出时，该方法在Atari游戏环境中可以达到甚至超过人类的控制水平，取得了令人惊艳的效果。

此处以CartPole-v1环境为例，展示DQN的实现过程。该环境为倒立摆控制，动作空间为2，即只包含左右移动。状态空间为一个4维向量，目标是尽量让倒立摆保持平衡获得足够多的奖励。首先实现经验重放中的Buffer，此处采用Python中的队列数据结构来实现：

```
import collections

class ReplayBuffer():
    def _init_(self, maxlen):
        self.buffer = collections.deque(maxlen=maxlen)

    def put(self, transition):
        self.buffer.append(transition)

    def sample(self, n):
        ind = np.random.choice(len(self.buffer), n, replace=False)
        # 将采样出的样本按照各自的含义组装为 array
        s, a, r, d, ns = zip(*[self.buffer[i] for i in ind])
        return np.array(s), np.array(a), np.array(r), \
            np.array(d), np.array(ns)
```

```python
    def size(self):
        return len(self.buffer)
```

然后是 Q 函数网络：

```python
class Net(nn.Module):
    def _init_(self, input_dim=4, hid_dim=128, nlayers=2, out_dim=2):
        super(Net, self)._init_()
        self.model = []
        self.out_dim = out_dim
        inp = input_dim
        for i in range(nlayers):
            self.model.append(nn.Linear(inp, hid_dim))
            self.model.append(nn.ReLU())
            inp = hid_dim
        self.model.append(nn.Linear(inp, out_dim))
        self.model = nn.Sequential(* self.model)

    def forward(self, x):
        return self.model(x)
```

然后是 DQN 整体训练过程：

```python
class DQN:
    def _init_(self, model, optim, gamma=0.9, update_freq=20):
        # gamma 为折现因子
        # update_freq 为目标网络与训练网络同步频率
        self.model = model
        self.optim = optim
        self.gamma = gamma
        self.update_freq = update_freq
        self._cnt = 0
        self.model_target = deepcopy(self.model)
        # 目标网络不训练
        self.model_target.eval()

    def learn(self, buffer, batch_size):
        self.model.train()
        # 采样样本
        s, a, r, d, ns = buffer.sample(batch_size)
        s = torch.from_numpy(s).float()
        a = torch.from_numpy(a).long()
        ns = torch.from_numpy(ns).float()
```

```
        d = torch.from_numpy(d).float()
        r = torch.from_numpy(r).float()
        # 计算 Q(s, a)
        q_a = self.model(s)[torch.arange(len(a)), a]
        # 利用目标网络计算 TD-target
        max_target_q = self.model_target(ns).detach().max(dim=1)[0]
        target = r + self.gamma * max_target_q * d
        # MSE loss
        loss = F.mse_loss(q_a, target)

        self.optim.zero_grad()
        loss.backward()
        self.optim.step()
        self._cnt += 1
        # 同步更新 target 网络
        if self._cnt % self.update_freq == 0:
            self.model_target.load_state_dict(self.model.state_dict())

    def sample_action(self, state, eps):
        # 采样动作
        # 采取 e-greedy 策略,以 eps 概率随机采样
        # 其余情况取 argmax Q(s, a)
        self.model.eval()
        state = torch.from_numpy(state)
        with torch.no_grad():
            out = self.model(state)

            action = out.argmax().item()

        if np.random.rand() < eps:
            action = np.random.randint(len(out))

        return action
```

最后是与环境交互的整体训练过程：

```
buffer = ReplayBuffer(maxlen=50000)
lr = 5e-4
gamma = 0.98
batch_size = 32
max_episodes = 1000

n_obs = env.observation_space.shape[0]
n_act = env.action_space.n
```

```
model = Net(n_obs, hid_dim=128, nlayers=2, out_dim=n_act)
optimizer = optim.Adam(model.parameters(), lr=lr)
policy = DQN(model, optimizer, gamma, update_freq=20)

score_list = []
for i in tqdm.tqdm(range(max_episodes)):
    score = 0
    s = env.reset()
    # eps 逐渐衰减
    eps = max(0.01, 0.08 - 0.01* i/200)
    done = False
    while not done:
        a = policy.sample_action(s, eps)
        next_s, r, done, info = env.step(a)
        d = 0.0 if done else 1.0
        buffer.put((s, a, r/100, d, next_s))
        s = next_s

        score += r

    if buffer.size() > 200:
        policy.learn(buffer, batch_size)

    score_list.append(score)
```

最后可以多次运行实验，统计在训练过程中每回合获得的奖励大小。图 8.4 所示即为重复 10 次实验后，奖励大小的平均值及方差。可以看出随着训练过程的增加，agent 每回合获得的奖励总分也在提高，可以较为稳定地维持倒立摆的平衡。

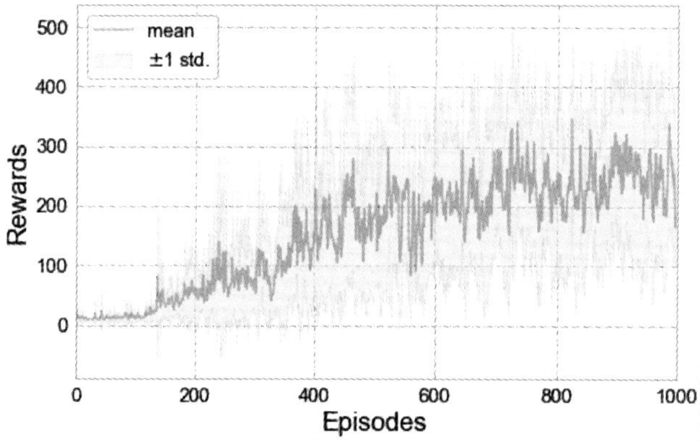

● 图 8.4　DQN 在 CartPole-v1 环境中的 10 次实验后的平均情况

8.3.2 其他DQN改进模型

在原始DQN论文发表后，后续有诸多改进被提出。比如在Double-DQN中，作者认为对于TD-Target的估计只使用Target网络的最大值会有偏差。更合理的方式是使用训练的Q网络去选取最优动作，然后利用Target网络计算对应的价值，因此其修改Q网络的优化目标为：

$$L(w)=(r+\gamma\, Q_{w^-}(s',\arg\max_{a'}Q_w(s',a'))-Q_w(s,a))^2 \tag{8.17}$$

如在Dueling DQN中，作者提出将Q函数的估计拆解为$Q(s,a)=V(s)+A(s,a)$价值函数和优势函数（Advantage Function）之和，其思想类似于Actor-Critic算法（后续会有介绍）。在这些改进中，基于优先经验重放（Prioritized Experience Replay，PER）改进较为重要，因为其更改了经验重放的方式，对训练误差较大的样本以更高的权重进行采样，从而提高了训练效率，并且该技术可以用在Off-Policy的其他算法中，有更广泛的应用。

具体来说，PER提出在经验重放阶段，原始的重放方式是在Buffer中所有样本均匀采样得到一个输入Batch，但是更合理的方式是按照一定的优先级进行筛选。优先级的权重应当满足如下条件：

$$p_i \propto |r+\gamma \max_{a'}Q_{w^-}(s',a')-Q_w(s,a)| \tag{8.18}$$

也就是每个样本的TD-Target与训练Q网络输出之间的差值。此差值越大，说明估计越不准确，需要再进行额外训练。最终随机采样的概率为：

$$P_i=\frac{p_i^\alpha}{\sum_k p_k^\alpha} \tag{8.19}$$

其中α决定了采样概率的聚集度。如果$\alpha=0$，则退化为均匀分布采样。而在每次训练一个Batch数据后，需要重新更新这些样本点的优先级权重。新样本加入Buffer时，赋予最高的权重，以便于保证至少能有一次采样机会。

首先实现优先重放缓存池，其成员方法类似ReplayBuffer：

```
class PrioritizedReplayBuffer:
    def _init_(self, maxlen, alpha=0.6):
        self.maxlen = maxlen
        self.alpha = alpha
        self.pos = 0
        self.buffer = []
        self.weight = np.zeros(maxlen) # 优先权重

    def put(self, transition):
        if len(self.buffer) < self.maxlen:
            self.buffer.append(transition)
        else:
            self.buffer[self.pos] = transition
```

```
        max_weight = max(self.weight.max(), 1e-6)
        self.weight[self.pos] = max_weight
        # 循环移动指针
        self.pos = (self.pos + 1) % self.maxlen

    def sample(self, n):
        if len(self.buffer) == self.maxlen:
            prios = self.weight
        else:
            prios = self.weight[:self.pos]

        # 采样概率
        probs = prios ** self.alpha
        probs /= probs.sum()
        indx = np.random.choice(len(self.buffer), n, p=probs)
        s, a, r, d, ns = zip(*[self.buffer[i] for i in indx])
        return np.array(s), np.array(a), np.array(r), \
            np.array(d), np.array(ns), indx

    def update_priority(self, indx, update_weight):
        # 更新优先级
        for i in range(len(indx)):
            self.weight[indx[i]] = update_weight[i]

    def size(self):
        return len(self.buffer)
```

Q 函数网络与之前的 Net 相同，这里不再重复。然后结合了优先重放的 DQN 策略实现：

```
class DQN:
    def _init_(self, model, optim, n_step=2, gamma=0.9, update_freq=300):
        self.model = model
        self.optim = optim
        self.n_step = n_step
        self.gamma = gamma
        self.update_freq = update_freq
        self._cnt = 0
        self.model_target = deepcopy(self.model)
        self.model_target.eval()

    def learn(self, buffer, batch_size):
        self.model.train()

        s, a, r, d, ns, ind = buffer.sample(batch_size)
```

```
        s = torch.from_numpy(s).float()
        a = torch.from_numpy(a).long()[:, None]
        ns = torch.from_numpy(ns).float()
        d = torch.from_numpy(d).float()[:, None]
        r = torch.from_numpy(r).float()[:, None]

        q_out = self.model(s)
        q_a = q_out.gather(1, a)

        # 计算 TD-target
        max_target_q = self.model_target(ns).max(dim=1)[0][:, None]
        target = r + self.gamma * max_target_q * d

        # 计算 TD-error
        td_err = target.detach() - q_a
        loss = F.mse_loss(q_a, target.detach())
        # 更新优先级
        buffer.update_priority(ind, td_err.abs().detach().squeeze().numpy())

        self.optim.zero_grad()
        loss.backward()
        self.optim.step()
        self._cnt += 1

        # 更新 target 网络
        if self._cnt % self.update_freq == 0:
            self.model_target.load_state_dict(self.model.state_dict())

    def sample_action(self, state, eps):
        self.model.eval()
        state = torch.from_numpy(state)
        with torch.no_grad():
            out = self.model(state)
            action = out.argmax().item()

        if np.random.rand() < eps:
            action = np.random.randint(len(out))

        return action
```

与环境交互的训练过程与 DQN 类似，这里不再重复。最后图 8.5 展示的是同样在 CartPole-v1 环境中训练，与普通 DQN 的结果对比。可以看出带有优先经验重放的 DQN 相比普通 DQN 会较快地达到更高的奖励水平，说明了优先重放可以在一定程度上加速模型训练收敛。

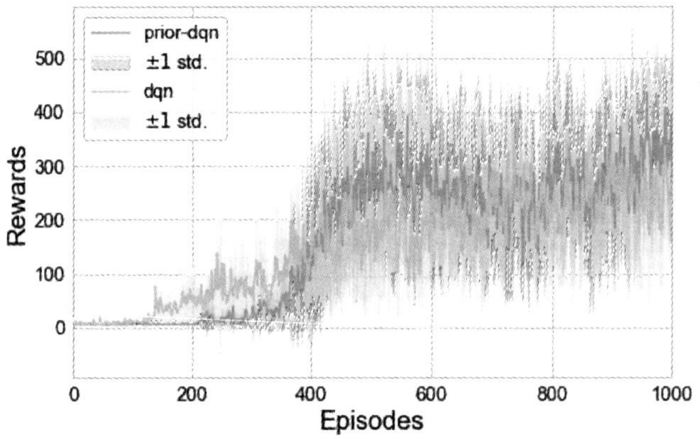

扫码查看彩图

● 图 8.5 优先经验重放的 DQN 与普通 DQN 在 CartPole-v1 环境中的 10 次训练平均结果对比

8.4 基于策略优化的深度强化学习

前面介绍的 DQN 算法主要是从基于价值函数的角度出发，先从状态空间评估的角度进行考虑，然后根据 Q 函数大小导出策略。而在强化学习中，还有另外一大类直接基于策略优化的算法，其中主要利用了策略梯度对策略函数进行更新学习。同时还可以结合之前的 Q 函数思路，将二者结合开发出 Actor-Critic 类的复合学习方法。这一大类的方法创新迭代频出，并且由于其可以直接输出策略动作，可以应用在连续控制（Continuous Control）问题中，有更为广泛的应用场景。

8.4.1 策略梯度算法（Policy Gradient）

之前介绍的 DQN 系列算法，其主要思路是基于值函数估计的角度解决强化学习问题。但是对于 agent 来说，最重要的还是要直接输出策略，所以另一大类的强化学习解决思路就是去直接估计策略函数 $\pi(a|s)$，避免了值函数的估计。那么对于一个参数化的策略函数π_θ (s, a)，应当如何去优化器参数 θ? 最直接的思路是去最大化在此参数下产生的策略动作，与环境交互后的奖励，目标函数可以写为：

$$L(\theta) = \mathbb{E}_{\pi_\theta}[r] = \sum_{s \in S} p(s) \sum_{a \in A} \pi_\theta(s,a)\ R_s^a \tag{8.20}$$

其中 $p(s)$ 为初始状态分布，R_s^a 为进行一步决策后，环境反馈的奖励。如果能求出参数 θ 对此目标函数的导数，则使用梯度上升法去最大化目标，从而优化出策略函数。而这里对参数的求导，涉及对于分布的改变。类似的问题在求解变分后验推断时也遇到过，解决思路是引入 Score

Function。有如下等式：

$$\nabla_\theta \pi_\theta(s,a)=\pi_\theta(s,a)\ \nabla_\theta \log \pi_\theta(s,a) \tag{8.21}$$

其中 $\nabla_\theta \log \pi_\theta(s,a)$ 被称为 Score Function，则有：

$$\begin{aligned}\nabla_\theta L(\theta) &= \sum_{s\in S} p(s) \sum_{a\in A} \pi_\theta(s,a)\ \nabla_\theta \log \pi_\theta(s,a)\ R_s^a \\ &= \mathbb{E}_{\pi_\theta}[\ \nabla_\theta \log \pi_\theta(s,a) r]\end{aligned} \tag{8.22}$$

以上推导中假设 r 为一步决策后收到的奖励。实际上还可以推广到多步情况。即为 Q 函数 $Q(s,a)$，因此上式的求导公式还可以写为：

$$\nabla_\theta J(\theta)=\mathbb{E}_{\pi_\theta}[\ \nabla_\theta \log \pi_\theta(s,a) Q^{\pi_\theta}(s,a)] \tag{8.23}$$

以上便是策略梯度定理（Policy Gradient Theorem）。在实际计算中，利用策略实际采样出序列（$s_1,a_1,r_2,\cdots,s_{T-1},a_{T-1},r_T$），然后利用采样的经验均值（Empirical Mean）来替代期望均值，计算目标函数再求解梯度，这种基于蒙特卡罗采样的策略学习算法便称为 REINFORCE 算法[24]。

此处以 CartPole-v1 环境来实现 REINFORCE 算法。接下来还是以 MLP 来拟合策略函数：

```
class Net(nn.Module):
    def _init_(self, input_dim=4, hid_dim=128, nlayers=2, out_dim=2):
        super(Net, self)._init_()
        self.model = []
        self.out_dim = out_dim
        inp = input_dim
        for i in range(nlayers):
            self.model.append(nn.Linear(inp, hid_dim))
            self.model.append(nn.ReLU())
            inp = hid_dim
        self.model.append(nn.Linear(inp, out_dim))
        self.model = nn.Sequential(* self.model)

    def forward(self, x):
        return self.model(x)
```

然后是策略梯度学习部分：

```
import torch.distributions as dist

class REINFORCE:
    def _init_(self, model, optim, gamma):
        self.model = model
        self.optim = optim
        self.gamma = gamma

    def learn(self, data):
```

```
        # 输入一个回合的采样序列
        # 包括 reward 序列,和每次动作的概率分布

        # 计算每一时刻的折现期望
        returns = []
        R = 0
        for r in data['reward'][::-1]:
            R = r + self.gamma * R
            returns.append(R)

        returns = torch.Tensor(returns[::-1])

        prob = torch.stack(data['prob'])
        self.optim.zero_grad()
        # 目标函数即为 log(prob) * r, 求均值
        loss = -(torch.log(prob) * returns).mean()
        loss.backward()
        self.optim.step()

    def sample_action(self, state):
        # 每次采样动作
        state = torch.from_numpy(state).float()
        # 利用 Softmax 输出动作概率
        prob = torch.softmax(self.model(state), dim=0)
        # 利用 PyTorch 中的 distributions 模块采用
        m = dist.Categorical(prob)
        action = m.sample().item()
        return action, prob[action]
```

接下来便是完整的训练过程:

```
env = gym.make('CartPole-v1')
lr = 5e-4
gamma = 0.98
max_episodes = 1000

n_obs = env.observation_space.shape[0]
n_act = env.action_space.n
model = Net(n_obs, hid_dim=128, nlayers=2, out_dim=n_act)
optimizer = optim.Adam(model.parameters(), lr=lr)
policy = REINFORCE(model, optimizer, gamma)

for i in range(max_episodes):
    s = env.reset()
    data_buffer = {'reward': [], 'prob': []}
```

```
done = False
while not done:
    a, prob = policy.sample_action(s)
    next_s, r, done, info = env.step(a)
    data_buffer['reward'].append(r)
    data_buffer['prob'].append(prob)
    s = next_s
# 每回合交互完,进行一次模型学习
policy.learn(data_buffer)
```

重复10次的训练过程，记录每回合的奖励大小，并求出均值和方差。图8.6展示的即为利用REINFORCE算法求解出的agent，随着训练过程的增加，不同回合的奖励变化情况。可以看出奖励是在逐渐增加的，但是方差波动也很大，说明存在不稳定性。下一小节将介绍改进算法提高策略梯度算法的性能。

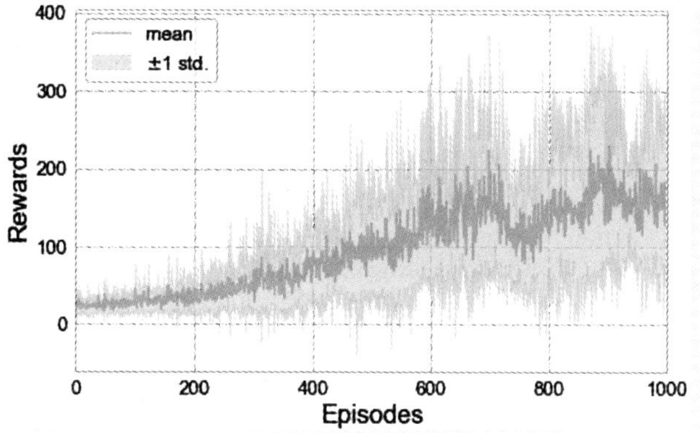

图8.6 REINFORCE算法在CartPole-v1环境上的多次训练奖励情况

8.4.2 Advantage Actor-Critic（A2C）算法

前面介绍的策略梯度算法，虽然在求解形式上比较简单，但是因为采取了蒙特卡罗采样的过程，存在梯度方差较大的问题。这在最后展示的策略奖励曲线上也能看出来，波动比较大，不是很稳定。那么如何改进策略梯度算法呢？这里介绍Advantage Actor-Critic算法，它是一种结合了价值函数估计和策略函数估计的算法。

首先Actor-Critic算法是对于REINFORCE算法的改进，将其中的折现奖励加权，替换为估计的Q函数进行加权。这里Actor指的即是策略函数，输出动作执行；而critic指的是Q函数，用来评估当前状态输出某个动作的好坏。其近似策略梯度为：

$$\nabla_\theta J(\theta) \approx \mathbb{E}_{\pi_\theta}[\nabla_\theta \log \pi_\theta(s,a) Q_w(s,a)] \tag{8.24}$$

其中 θ，w 分别为 Actor 和 Critic 的参数。θ 利用策略梯度进行更新，而 w 则类似 DQN 中的做法，利用时序差分计算出的 TD-Target 作为目标，最小化 MSE 损失函数进行更新。在实践中，θ，w 共享一套参数，也就是相当于比 REINFORCE，增加了一个额外的 loss 约束参数学习。

而 Advantage Actor-Critic（A2C）算法则是将 Q 函数进行拆分，类似于 DQN 变种的做法，拆分为价值函数和优势函数的和 $Q(s,a)=V(s)+A(s,a)$，这样策略梯度则变为：

$$\nabla_\theta J(\theta) \approx \mathbb{E}_{\pi_\theta}[\nabla_\theta \log \pi_\theta(s,a)(R-V_w(s))] \tag{8.25}$$

即只以优势函数加权 Score Function，$V(s)$ 在这里的作用相当于一个均值函数，证明这种做法可以减小策略梯度的方差。而价值函数则以折现收益为目标进行回归优化即可。在实现中，往往还会在损失函数中增加对于策略输出概率的 Entropy 损失，希望策略能够输出熵值较高的情况，避免陷入局部最优，使其充分探索。

具体实现如下，这里对于策略网络稍做改动，使其输出分为两个分支，一部分输出策略动作，一部分输出价值函数：

```python
class Net(nn.Module):
    def _init_(self, input_dim=4, hid_dim=128, nlayers=2, out_dim=2):
        super(Net, self)._init_()
        self.model = []
        self.out_dim = out_dim
        inp = input_dim
        for i in range(nlayers):
            self.model.append(nn.Linear(inp, hid_dim))
            self.model.append(nn.ReLU())
            inp = hid_dim
        # 共享底层特征处理,上部分为两个分支
        self._pi = nn.Linear(inp, out_dim)
        self._v = nn.Linear(inp, 1)
        self.model = nn.Sequential(* self.model)

    def forward(self, x):
        out = self.model(x)
        return self._pi(out), self._v(out)
```

然后是 A2C 策略学习过程：

```python
class A2C:
    def _init_(self, model, optim, gamma, vl_coeff=0.5, el_coeff=0.01):
        self.model = model
        self.optim = optim
        self.gamma = gamma
        self.vl_coeff = vl_coeff
        self.el_coeff = el_coeff
```

```
    def learn(self, data):
        td_target = []
        R = 0
        if data['done'][-1]:
            final_s = torch.from_numpy(data['state'][-1]).float()
            with torch.no_grad():
                R = self.model(final_s)[1].item()

        for r in data['reward'][::-1]:
            R = r + self.gamma * R
            td_target.append(R)

        td_target = torch.Tensor(td_target[::-1])
        # TD-target 进行归一化,方便价值函数回归
        td_target = (td_target - td_target.mean()) / td_target.std()

        batch_state = torch.from_numpy(np.stack(data['state'][:-1])).float()
        logits, values = self.model(batch_state)
        value = values.squeeze(1)
        # 计算优势函数
        advantage = td_target - value
        action = data['action']
        prob = torch.softmax(logits, dim=1)
        # 计算熵
        entropy = dist.Categorical(prob).entropy()

        prob = prob[torch.arange(len(action)), action]

        self.optim.zero_grad()
        # 整体损失函数
        loss = -(torch.log(prob) * advantage.detach()).mean() + \
            self.vl_coeff * ((advantage)* * 2).mean() - \
            self.el_coeff * entropy.mean()
        loss.backward()
        self.optim.step()

    def sample_action(self, state):
        # 采样策略
        state = torch.from_numpy(state).float()
        prob = torch.softmax(self.model(state)[0], dim=0)
        m = dist.Categorical(prob)
        action = m.sample().item()
        return action
```

同样在 CartPole-v1 环境中重复 10 次的训练过程，记录每个回合的奖励大小，并求出均值和方差。图 8.7 展示的是 A2C 和普通 REINFORCE 算法的对比。可以明显看出 A2C 算法的平均奖励随着训练轮次的增加，可以提高性能，增加平稳性。

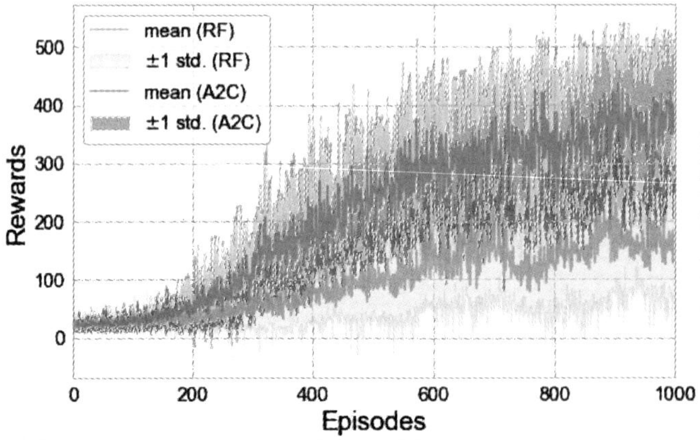

扫码查看彩图

● 图 8.7　A2C 和普通 REINFORCE 算法的对比

而对于 A2C 算法还可以进一步改进，因为策略梯度法需要进行完整回合收集样本，再去更新参数，这实际上使得训练样本并未符合独立同分布要求，即在样本间引入强相关性。对此可以引入多个 A2C 策略并行与环境交互并更新参数，再定期进行同步，这便是引入了异步性，减少样本间相关性，也被称为 Asynchronous Advantage Actor Critic（A3C）算法。

8.4.3 近邻策略优化法（Proximal Policy Optimization，PPO）

近邻策略优化法也是一种策略梯度类算法。其与 A2C 算法的区别在于对于目标函数进行了改造。其优化目标函数本质上与多分类问题中的 Cross Entropy 函数类似，即如果某一个动作获得的奖励更高，则鼓励模型去以此为标签预测，反之则是抑制。但是这样一味地优化会产生不稳定的情况，近邻策略优化法中的“近邻”就是要求这种策略的改变不要太大或太小，可以增强训练过程的稳定性。具体来说，PPO 的目标优化函数为：

$$L(\theta)=\mathbb{E}\left[\hat{r}_t(\theta)A_t\right]$$

$$\hat{r}_t(\theta)=\min\left[r_t(\theta),\operatorname{clip}(r_t(\theta),1-\epsilon,1+\epsilon)\right]$$

$$r_t(\theta)=\frac{\pi_\theta(a_t|s_t)}{\pi_{\theta_{old}}(a_t|s_t)} \tag{8.26}$$

也就是通过新策略与旧策略的比值去加权优势函数 A_t，同时限制比值的变化范围在 $[1-\epsilon, 1+\epsilon]$ 之间，防止策略更新过大。PPO 还有一个改进就是对于优势函数的计算。在 A2C 中优势函数计算方式为：

$$A_t = -V(s_t) + r_t + \gamma r_{t+1} + \cdots + \gamma^{T-t+1} r_{T-1} + \gamma^{T-t} V(s_T) \tag{8.27}$$

而在 PPO 论文中提出了一般优势估计（General Advantage Estimation，GAE）即：

$$A_t = \sigma_t + (\gamma\lambda)\sigma_{t+1} + (\gamma\lambda)^2\sigma_{t+2} + \cdots + (\gamma\lambda)^{T-t+1}\sigma_{T-1} \tag{8.28}$$

其中$\sigma_t = r_t + \gamma V(s_{t+1}) - V(s_t)$。当 $\lambda = 1$ 时，退化为 A2C 中的优势函数，可以视为对原有计算方式的一种加权扩展。

接下来以 CartPole-v1 环境展示其实现方式。其中模型网络 Net 与 A2C 中的相同，包含了两个分支输出，分别对应着策略动作和价值函数。下面是 PPO 策略学习部分：

```
class PPO:
    def _init_(self, model, optim, gamma, lambd, eps):
        self.model = model
        self.optim = optim
        self.gamma = gamma
        self.lambd = lambd
        self.eps = eps
        self.epochs = 10

    def learn(self, data):
        s = torch.from_numpy(np.array(data['state'])).float()
        a = torch.from_numpy(np.array(data['action'])).long()[:, None]
        r = torch.from_numpy(np.array(data['reward'])).float()[:, None]
        ns = torch.from_numpy(np.array(data['next_state'])).float()
        d = torch.from_numpy(np.array(data['done'])).float()[:, None]
        prob = torch.from_numpy(np.array(data['prob'])).float()[:, None]

        for epoch in range(self.epochs):
            # GAE 计算方式
            td_target = r + self.gamma * self.model.v(ns) * d
            delta = td_target - self.model.v(s)
            delta = delta.detach().numpy()

            advantage = []
            A = 0
            for delta_t in delta[::-1]:
                A = self.gamma * self.lambd * A + delta_t[0]
                advantage.append(A)
            advantage = torch.FloatTensor(advantage[::-1])[:, None]

            # 优势函数归一化
            advantage = (advantage - advantage.mean()) / (advantage.std() + 1e-10)

            # 计算目标函数
```

```
            pi_a = torch.softmax(self.model.pi(s), dim=1).gather(1, a)
            ratio = pi_a / (prob + 1e-10)

            obj = ratio *  advantage
            obj_clamp = torch.clamp(ratio, 1-self.eps, 1+self.eps) *  advantage

            # 价值函数与策略函数共同的 loss
            loss = -torch.min(obj, obj_clamp).mean() + F.mse_loss(self.model.v(s), td_
target.detach())

            self.optim.zero_grad()
            loss.backward()
            self.optim.step()

    def sample_action(self, state):
        # 采样动作,需要输出概率,以便于目标函数计算
        state = torch.from_numpy(state).float()
        prob = torch.softmax(self.model.pi(state), dim=0)
        m = dist.Categorical(prob)
        action = m.sample().item()
        return action, prob[action].item()
```

图 8.8 展示了 PPO 算法和 A2C 算法在 CartPole-v1 环境的交互对比。可以看出 PPO 算法相比于 A2C 又进一步提升了学习效率，其奖励增长曲线可以很快在几轮回合之后，就达到较高水平，并且在之后的训练过程中也保持了稳定，说明了 PPO 算法引入的近邻算法学习目标可以提高模型的训练稳定性和效率。

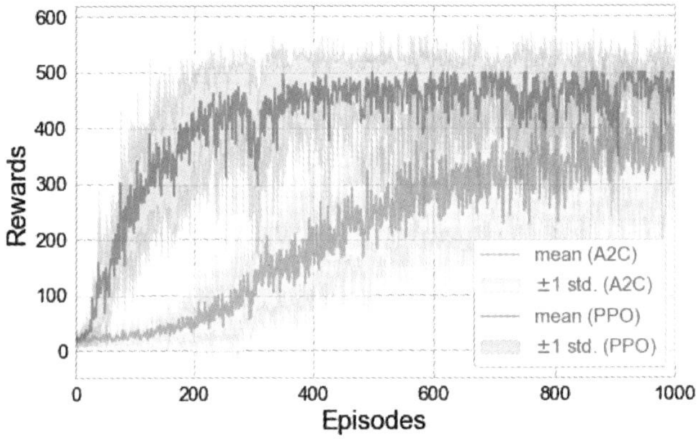

扫码查看彩图

• 图 8.8　PPO 算法和 A2C 算法在 CartPole-v1 环境的交互对比

8.4.4 深度确定性策略梯度算法（Deep Deterministic Policy Gradient，DDPG）

之前介绍的多种深度强化学习算法，主要是在处理离散动作空间。那么对于连续动作空间的交互环境该怎样建模呢？一种方法还是使用策略梯度算法，将输出动作的分布修改为连续分布，比如正态分布，然后利用对正态分布的 Score Function 求导，再利用策略梯度定理对参数进行更新。但是策略梯度总是会产生如方差过大、训练不稳定等问题。那么如何去进行改进呢？本小节介绍的深度确定性策略梯度算法就是一种另外的解决思路，避免了策略梯度的缺陷。

首先从名字上看，Deep 指的是该方法使用了深度网络进行拟合，而 Deterministic 则是指网络产生动作时，不再是某种概率分布从中采样，而是直接输出确定性动作。在 DDPG 框架中其整体学习方式还是类似 Actor-Critic 算法，包含了输出策略动作的 Actor 网络和评估 Q 函数的 Critic 网络。只不过此时这两种网络是完全独立的网络，不再是类似共享底层特征提取的方式，分别记为 $\mu(s|\theta^{\mu})$ 和 $Q(s,a|\theta^{Q})$。其中 μ 网络接受当前状态输入，输出确定性动作 a，然后当前状态（s，a）共同输入 Q 网络中，得到 Q 函数的估计。其整体训练目标依然是最大化折现收益，也就等价于拟合 Q 函数向 TD-Target 靠近，即：

$$L(\theta^{Q})=\mathbb{E}\left[r+\gamma Q(s_{t+1},\mu(s_{t+1})|\theta^{Q})-Q(s_t,a_t|\theta^{Q})\right]^2 \tag{8.29}$$

Critic 这一部分的训练方式与之前介绍的类似，区别在于如何训练 μ 网络。由于是确定性输出，同时 Q 网络整体可以对于输入求导，因此对于 μ 网络的参数训练，直接利用链式法则求导即可，而不必再利用 Policy Gradient 技巧去进行采样估计，即：

$$\nabla_{\theta^{\mu}}L(\theta^{\mu})=\mathbb{E}\left[\nabla_a Q(s,a|\theta^{Q})_{s=s_t,a=\mu(s_t)}\nabla_{\theta^{\mu}}\mu(s|\theta^{\mu})_{s=s_t}\right] \tag{8.30}$$

这也正是 DDPG 与 Actor-Critic 的区别之处。而且只对连续控制（Continuous Control）方便应用，因为神经网络输出连续值容易，输出离散值又需要引入额外操作，导致梯度估计有偏差。

在实现中，DDPG 也利用了 DQN 的一些做法，采取了 Target Network 固定参数去计算 TD-Target 固定参数不学习，再利用 Soft Update 方式去更新，即：

$$\theta^{Q',\mu'}\leftarrow\tau\theta^{Q,\mu}+(1-\tau)\theta^{Q',\mu'} \tag{8.31}$$

同时为了避免训练过程中确定性输出陷入局部，在输出动作后加入独立的噪声。原算法中使用了 Ornstein-Uhlenbeck 过程，实际使用高斯白噪声也可以。

以下以连续控制环境 Pendulum-v1 为例展示 DDPG 方法。该环境也是控制一个倒立摆，只不过是固定旋转方式，动作空间为连续值［-2，2］区间，状态空间为包含 3 个元素的向量。首先还是实现 ReplayBuffer 这一部分借鉴 DQN 中的实现，这里不再重复。然后是 Actor 和 Critic 网络：

```
class Actor(nn.Module):
    def _init_(self, input_dim=3, hid_dim=128, nlayers=2, out_dim=1, action_bound=[-2, 2]):
        # action_bound 限制输出范围
        super(Actor, self)._init_()
```

```
        self.model = []
        self.out_dim = out_dim
        inp = input_dim
        for i in range(nlayers):
            self.model.append(nn.Linear(inp, hid_dim))
            self.model.append(nn.ReLU())
            inp = hid_dim
        self.model.append(nn.Linear(inp, out_dim))
        self.model = nn.Sequential(* self.model)
        self.action_bound = action_bound

    def forward(self, x):
        a_min, a_max = self.action_bound
        # 限制输出范围
        return torch.clamp(self.model(x), a_min, a_max)


class Critic(nn.Module):
    def _init_(self, s_dim=3, a_dim=1, hid_dim=64, nlayers=1, out_dim=1):
        super(Critic, self)._init_()
        self.linear_s = nn.Sequential(
            nn.Linear(s_dim, hid_dim),
            nn.ReLU()
        )
        self.linear_a = nn.Sequential(
            nn.Linear(a_dim, hid_dim),
            nn.ReLU()
        )

        self.model = []
        self.out_dim = out_dim
        inp = hid_dim * 2
        for i in range(nlayers):
            self.model.append(nn.Linear(inp, hid_dim))
            self.model.append(nn.ReLU())
            inp = hid_dim
        self.model.append(nn.Linear(inp, out_dim))
        self.model = nn.Sequential(* self.model)

    def forward(self, s, a):
        inp_s = self.linear_s(s)
        inp_a = self.linear_a(a)
        # 将 s 和 a 的输入拼接在一起,再计算 Q(s, a)
        inp = torch.cat([inp_s, inp_a], dim=1)
        return self.model(inp)
```

然后是 DDPG 策略实现：

```
class DDPG:
    def _init_(self, mu, mu_optim, q, q_optim, gamma, tau, sigma):
        self.mu = mu
        self.mu_target = deepcopy(mu)
        self.mu_target.eval()
        self.mu_optim = mu_optim
        self.q = q
        self.q_target = deepcopy(q)
        self.q_target.eval()
        self.q_optim = q_optim
        self.gamma = gamma
        self.tau = tau
        self.sigma = sigma

    def soft_update(self):
        # soft update 计算方式
        for p_t, p in zip(self.mu_target.parameters(), self.mu.parameters()):
            p_t.data.copy_(p_t.data *  (1 - self.tau) + p.data *  self.tau)

        for p_t, p in zip(self.q_target.parameters(), self.q.parameters()):
            p_t.data.copy_(p_t.data *  (1 - self.tau) + p.data *  self.tau)

    def learn(self, buffer, batch_size):
        self.mu.train()
        self.q.train()

        # 采样数据
        s, a, r, d, ns = buffer.sample(batch_size)
        s = torch.from_numpy(s).float()
        a = torch.from_numpy(a).float()[:, None]
        ns = torch.from_numpy(ns).float()
        d = torch.from_numpy(d).float()[:, None]
        r = torch.from_numpy(r).float()[:, None]

        # 计算 TD-target
        # 注意这里都用 target 网络计算
        target = r + self.gamma *  self.q_target(ns, self.mu_target(ns)) * d

        # 计算 Q 函数 loss
        q_loss = F.mse_loss(self.q(s, a), target.detach())
        self.q_optim.zero_grad()
        q_loss.backward()
        self.q_optim.step()
```

```
        # mu 网络目标是让 Q 函数值最大化
        mu_loss = -self.q(s, self.mu(s)).mean()
        self.mu_optim.zero_grad()
        mu_loss.backward()
        self.mu_optim.step()

    def sample_action(self, state):
        self.mu.eval()
        state = torch.from_numpy(state)
        with torch.no_grad():
            action = self.mu(state).item()
            # 引入噪声增加探索
            action = action + np.random.normal(0, self.sigma)
        return action
```

最后是整体训练过程：

```
env = gym.make('Pendulum-v1')
n_obs = env.observation_space.shape[0]
action_bound = [env.action_space.low[0], env.action_space.high[0]]
buffer = ReplayBuffer(maxlen=50000)
gamma = 0.99
batch_size = 32
tau = 5e-3
sigma = 0.1
max_episodes = 2500

actor = Actor(n_obs, 128, 2, 1, action_bound)
actor_optim = torch.optim.Adam(actor.parameters(), lr=1e-4)
critic = Critic(n_obs, 1, 64, 1, 1)
critic_optim = torch.optim.Adam(critic.parameters(), lr=1e-3)
policy = DDPG(actor, actor_optim, critic, critic_optim, gamma, tau, sigma)

score_list = []
for i in tqdm.tqdm(range(max_episodes)):
    s = env.reset()
    score = 0
    done = False
    while not done:
        a = policy.sample_action(s)
        next_s, r, done, info = env.step([a])
        d = 0.0 if done else 1.0
        buffer.put((s, a, r/100, d, next_s))
        s = next_s
```

```
        score += r

    if buffer.size() > 2000:
        for k in range(10):
            policy.learn(buffer, batch_size)
            policy.soft_update()

    score_list.append(score)
```

可以看出其训练流程与 DQN 类似，因为二者某种程度上均为 Off-Policy 算法。最后还是重复 10 次训练统计奖励获得情况。图 8.9 展示的即为 DDPG 的模型情况，可以看出随着训练过程增加，每回合获得奖励逐渐提高，说明了 DDPG 对于连续动作控制的有效性。

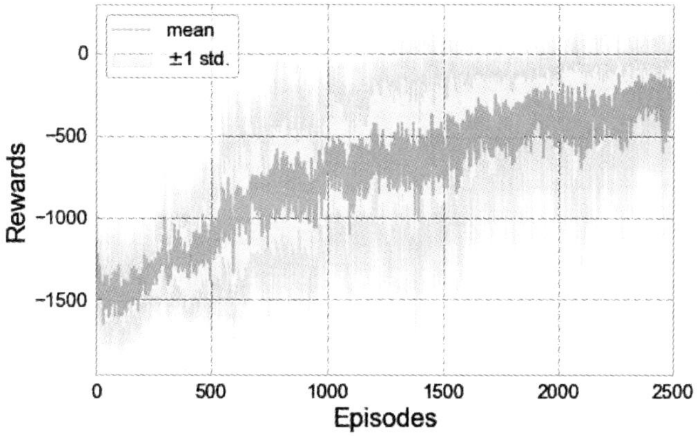

● 图 8.9　DDPG 策略在 Pendulum-v1 环境的 10 次训练平均结果

8.4.5 Soft Actor Critic（SAC）算法

Soft Actor Critic（SAC）算法可以看作是对于 DDPG 的一个推广。它与 DDPG 类似，都是 Off-Policy 算法，这样便于增加采样效率。但是它并没有采用确定性输出，而是采用了随机策略输出。同时引入了最大熵（Maximum Entropy）思想，即尽量让输出策略的分布熵大，可以避免过于集中在少数动作空间上，会有更多探索能力和更好的鲁棒性。

SAC 将策略输出的概率熵作为奖励的一部分，从而推导出 Soft 版本的贝尔曼期望方程：

$$Q_{\text{soft}}(s_t, a_t) = r(s_t, a_t) + \gamma \mathbb{E}[Q_{\text{soft}}(s_{t+1}, a_{t+1}) - \alpha \log \pi(a_{t+1} | s_{t+1})] \tag{8.32}$$

同样可以推导出 $V_{\text{soft}}(s_t) = \mathbb{E}[Q_{\text{soft}}(s_{t+1}, a_{t+1}) - \alpha \log \pi(a_{t+1} | s_{t+1})]$，这其实说明了最优策略应当满足类似波尔兹曼分布的形式，即：

$$\pi(a_t|s_t)=\frac{\exp\left(\frac{1}{\alpha}Q_{\text{soft}}(s_t,a_t)\right)}{\exp\left(\frac{1}{\alpha}V_{\text{soft}}(s_t)\right)} \tag{8.33}$$

那么此时的价值函数可以视为配分函数（Partition Function），即分子的积分求和为分母。回归之前的 Q-Learning 可知，价值函数应当是 Q 函数的最大值更新，而此处正是考虑了积分的情况，所以是某种程度上的软最大，因此也是称为 Soft Actor Critic 算法的原因。

在实现中，SAC 算法与 DDPG 的主要区别在于 TD-Target 的计算，引入了额外的熵这一项。同时还引入了截断双网络 Q 学习。即使用两个 Q 函数网络，取二者中的最小值作为 TD-target 估计，避免学习中过度估计，即：

$$Q_{\text{target}}=r+\min_{i=1,2}Q_i(s',\pi_\theta(s')) \tag{8.34}$$

同时策略输出时，标准情况下是输出正态分布，但是在一些交互情况下，动作存在取值范围，因此需要经过 tanh 函数转换到固定区间。但是这样的转换相当于随机变量改变，因此熵计算也要变化，即：

$$\log\pi(a\mid s)=\log\mu(a\mid s)-\sum_{i=1}^{D}\log(1-\tanh^2(u_i)) \tag{8.35}$$

下面以 Pendulum-v1 环境为例，实现 SAC 算法。ReplayBuffer 和 Critic 网络与 DDPG 中相同，不再重复。Actor 网络实现如下：

```
class Actor(nn.Module):
    def _init_(self, input_dim=3, hid_dim=128, nlayers=2, out_dim=1):
        super(Actor, self)._init_()
        self.model = []
        self.out_dim = out_dim
        inp = input_dim
        for i in range(nlayers):
            self.model.append(nn.Linear(inp, hid_dim))
            self.model.append(nn.ReLU())
            inp = hid_dim
        self.model = nn.Sequential(* self.model)
        # 输出高斯分布的均值与方差
        self.mu = nn.Linear(inp, out_dim)
        self.std = nn.Linear(inp, out_dim)

    def forward(self, x):
        out = self.model(x)
        mu = self.mu(out)
        std = F.softplus(self.std(out))
        dist = torch.distributions.Normal(mu, std)
```

```
        action = dist.rsample()
        log_prob = dist.log_prob(action)
        # 计算转换后的动作输出,以及熵
        real_action = torch.tanh(action)
        real_log_prob = log_prob - torch.log(1-real_action.pow(2)+1e-7)
        return real_action, real_log_prob
```

然后是 SAC 策略学习部分:

```
class SAC:
    def _init_(self, mu, mu_optim, q1, q1_optim, q2, q2_optim, gamma, tau, alpha=0.2):
        self.mu = mu
        self.mu_optim = mu_optim

        # 输入两个 Q 网络,每个配备 target 网络
        # 使用 soft update 更新
        self.q1 = q1
        self.q1_target = deepcopy(q1)
        self.q1_target.eval()
        self.q1_optim = q1_optim

        self.q2 = q2
        self.q2_target = deepcopy(q2)
        self.q2_target.eval()
        self.q2_optim = q2_optim

        self.gamma = gamma
        self.tau = tau
        self.alpha = alpha

    def soft_update(self):
        # soft update 计算方式
        for p_t, p in zip(self.q1_target.parameters(), self.q1.parameters()):
            p_t.data.copy_(p_t.data * (1 - self.tau) + p.data * self.tau)

        for p_t, p in zip(self.q2_target.parameters(), self.q2.parameters()):
            p_t.data.copy_(p_t.data * (1 - self.tau) + p.data * self.tau)

    def calc_target(self, batch):
        # 计算 TD-target
        s, a, ns, d, r = batch
        with torch.no_grad():
            na, log_prob = self.mu(ns)
            entropy = -self.alpha * log_prob
```

```
            q1_val, q2_val = self.q1_target(ns, na), self.q2_target(ns, na)
            # 截断双网络 Q 学习
            min_q = torch.min(torch.cat([q1_val, q2_val], dim=1), 1, keepdim=True)[0]
            # 增加熵一项
            target = r + self.gamma * d * (min_q + entropy)
        return target

    def learn(self, buffer, batch_size):
        # 采样数据
        s, a, r, d, ns = buffer.sample(batch_size)
        s = torch.from_numpy(s).float()
        a = torch.from_numpy(a).float()[:, None]
        ns = torch.from_numpy(ns).float()
        d = torch.from_numpy(d).float()[:, None]
        r = torch.from_numpy(r).float()[:, None]

        self.mu.train()
        self.q1.train()
        self.q2.train()

        # 计算 Q 函数 loss
        target = self.calc_target((s, a, ns, d, r))
        q1_loss = F.mse_loss(self.q1(s, a), target.detach())
        q2_loss = F.mse_loss(self.q2(s, a), target.detach())
        # 分别更新两个 Q 网络
        self.q1_optim.zero_grad()
        q1_loss.backward()
        self.q1_optim.step()

        self.q2_optim.zero_grad()
        q2_loss.backward()
        self.q2_optim.step()

        # 计算 actor 网络 loss
        a, log_prob = self.mu(s)
        entropy = -self.alpha * log_prob

        q1_val, q2_val = self.q1(s, a), self.q2(s, a)
        min_q = torch.min(torch.cat([q1_val, q2_val], dim=1), 1, keepdim=True)[0]
        # 最大化 soft value function
        mu_loss = (-min_q - entropy).mean()

        self.mu_optim.zero_grad()
        mu_loss.backward()
        self.mu_optim.step()
```

```python
    def sample_action(self, state):
        # 采样动作,输出均值即可
        self.mu.eval()
        state = torch.from_numpy(state)
        with torch.no_grad():
            action = self.mu(state)[0].item()
        return action
```

图 8.10 展示的是 SAC 算法在 Pendulum-v1 环境中的 10 次平均训练结果与 DDPG 算法的对比。图中展示了随着训练过程增加，不同回合内的获得奖励大小。可以看出 SAC 算法相比于 DDPG 能够更快地收敛到最高奖励，并且在后续训练过程中保持了稳定，说明了以熵最大为原则的强化训练方法的有效性。

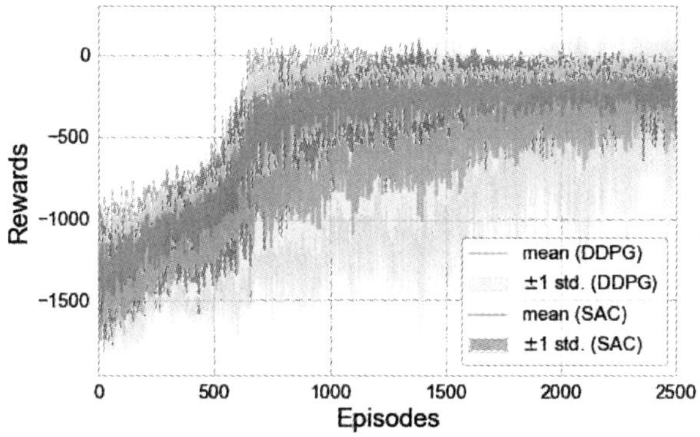

扫码查看彩图

● 图 8.10　SAC 算法与 DDPG 算法在 Pendulum-v1 环境中的训练过程对比

8.5 实战：在 Atari 游戏环境中进行深度强化学习评测

本节将在 Atari 游戏环境中对多种深度强化学习算法进行评测训练。在 DQN 最早发表的文章中，其主要成就是利用了深度强化学习算法训练出的策略，可以在 Atari 诸多游戏环境中达到甚至超越人类水平。在本节中将熟悉游戏环境的加载配置，以及预处理方式。然后将使用开源的强化学习算法库 tianshou⊖对多种深度强化学习策略进行训练，展示最终完成的效果。

⊖ https://github.com/thu-ml/tianshou

8.5.1 Atari 游戏环境及预处理方式

首先安装以下几个依赖库：

```
pip install gym[atari]
pip install atari-py
wget http://www.atarimania.com/roms/Roms.rar
unrar x Roms.rar
python -m atari_py.import_roms ROMS
```

其中先要按照 Gym 关于 Atari 游戏的封装库，并且下载游戏 ROM，通过 Atari-py 进行加载。如果一切正常，可以尝试导入游戏环境：

```
>>> import gym
>>> env = gym.make('PongNoFrameskip-v4')
```

如果没有报错，说明安装成功。本小节就以此游戏 PongNoFrameskip-v4 为例进行实验。该游戏界面如图 8.11 所示。

扫码查看彩图

● 图 8.11　PongNoFrameskip-v4 游戏界面

其游戏的状态空间和动作空间为：

```
>>> env.observation_space
Box(0, 255, (210, 160, 3), uint8)
>>> env.action_space
Discrete(6)
```

其输入是一个 RGB 图片矩阵，agent 可选 6 个离散动作。与计算机程序进行对战，获取更高

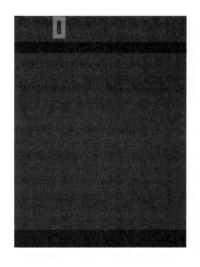

的分数。之前了解到在深度强化学习中，需要利用深度神经网络进行状态值函数估计和策略函数估计。此处由于输入为图片，所以采用经典的 CNN 网络作为预估。而如何将 Atari 游戏环境反馈的状态以及奖励转换为网络可以利用学习的数据，是一个关键问题。

这里采用经典的 Atari wrapper[⊖]去对此环境进行封装。其中主要包含以下操作。

- MaxAndSkip：对游戏环境返回的连续多帧图片取最大值，类似于在时间轴上进行 max-pooling。
- FireReset：有些游戏需要先单击 Fire 键开始游戏，为了加速训练，将此规则写入 agent 的行为中。
- WarpFrame：将图片输入 resize 到固定的 84×84 大小，方便模型加速训练。
- ScaledFloatFrame：将输入从［0，255］区间转换为［0，1］区间浮点数。
- ClipReward：将游戏的反馈奖励统一折算成｛-1，0，1｝，避免不同游戏 reward 数值范围差异，导致训练失败。
- FrameStack：将连续的多帧图片叠放在一起返回，作为一个观测状态。

利用已经写好的 wrapper 可以将这些预处理部分进行封装，与后面的模型训练进行解耦。

这里将介绍较为知名的开源强化学习算法库 tianshou，并利用其框架和代码进行训练。该开源算法库来源于清华大学计算机系朱军教授团队，其主要优点在于对强化学习中的诸多环境进行解耦，封装成为独立模块。然后不同模块可以相互组合，实现较为简洁的实验流程，并且实现了绝大多数经典的强化学习算法策略，在标准评测环境中均取得了高效的训练性能。同时还包括了如多智能体强化学习等算法实现。可以说是一个非常有应用前景的框架，值得学习关注。

tianshou 中包含几个主要概念，其中 Buffer 为缓存器，主要应用于如 DQN 中需要经验重放采样的场景。Collector 是数据收集器，即包含了 agent 之后与环境进行交互，所得到的状态动作奖励等其他信息的序列，由 Collector 负责收集整理。Policy 就是具体的强化学习算法实现，一般需要借助深度神经网络进行估计，同时也包括了如计算 TD-Target、GAE 等功能。Trainer 则是负责协调调度整体的训练测试过程，比如对于 On-Policy 和 Off-Policy 的不同策略，其数据采集环境交互和模型训练流程均有不同。tianshou 中支持多进程并行环境模拟，可以加快数据采样速度，从而加快模型训练。

例如在 CartPole-v1 环境中训练简单的 DQN 策略即可实现如下：

```
import gym
import tianshou as ts
import numpy as np
```

⊖ https：//github.com/openai/baselines/blob/master/baselines/common/atari_wrappers.py

```python
from tianshou.utils.net.common import Net

# 定义超参数
task = 'CartPole-v0'
lr, epoch, batch_size = 1e-3, 10, 64
train_num, test_num = 10, 100
gamma, n_step, target_freq = 0.9, 3, 320
buffer_size = 20000
eps_train, eps_test = 0.1, 0.05
step_per_epoch, step_per_collect = 10000, 10

# 设置交互环境
train_envs = ts.env.DummyVectorEnv([lambda: gym.make(task) for _ in range(train_num)])
test_envs = ts.env.DummyVectorEnv([lambda: gym.make(task) for _ in range(test_num)])

# 定义网络优化器
env = gym.make(task)
state_shape = env.observation_space.shape or env.observation_space.n
action_shape = env.action_space.shape or env.action_space.n
net = Net(state_shape=state_shape, action_shape=action_shape, hidden_sizes=[128, 128,
128])
optim = torch.optim.Adam(net.parameters(), lr=lr)

# DQN policy
policy = ts.policy.DQNPolicy(net, optim, gamma, n_step, target_update_freq=target_freq)

# 训练测试 collector
train_collector = ts.data.Collector(
    policy, train_envs,
    ts.data.VectorReplayBuffer(buffer_size, train_num),
    exploration_noise=True
)
test_collector = ts.data.Collector(
    policy, test_envs, exploration_noise=True
)

# 整体训练过程
result = ts.trainer.offpolicy_trainer(
    policy, train_collector, test_collector, epoch, step_per_epoch, step_per_collect,
    test_num, batch_size, update_per_step=1 / step_per_collect,
    train_fn=lambda epoch, env_step: policy.set_eps(eps_train),
    test_fn=lambda epoch, env_step: policy.set_eps(eps_test),
    stop_fn=lambda mean_rewards: mean_rewards >= env.spec.reward_threshold,
    logger=logger
)
```

可以看出以上的简洁清晰模块化，方便扩展实现其他类型的算法。

8.5.2 多种深度强化学习性能比较

本小节将展示完整的在 Atari 游戏环境中训练多种深度强化学习算法的结果。所利用的代码来自于链接[1]。

首先是 wrapper 的构造，这里采用 deepmind 论文设置：

```
def wrap_deepmind(
    env_id,
    episode_life=True,
    clip_rewards=True,
    frame_stack=4,
    scale=False,
    warp_frame=True
):
    assert 'NoFrameskip' in env_id
    env = gym.make(env_id)
    env = NoopResetEnv(env, noop_max=30)
    env = MaxAndSkipEnv(env, skip=4)
    if episode_life:
        env = EpisodicLifeEnv(env)
    if 'FIRE' in env.unwrapped.get_action_meanings():
        env = FireResetEnv(env)
    if warp_frame:
        env = WarpFrame(env)
    if scale:
        env = ScaledFloatFrame(env)
    if clip_rewards:
        env = ClipRewardEnv(env)
    if frame_stack:
        env = FrameStack(env, frame_stack)
    return env
```

然后构建 Atari 环境：

```
def make_atari_env(task, seed, training_num, test_num, **kwargs):
    env = wrap_deepmind(task, **kwargs)
    train_envs = ShmemVectorEnv(
        [
            lambda:
            wrap_deepmind(task, episode_life=True, clip_rewards=True, **kwargs)
```

[1] https://github.com/thu-ml/tianshou/tree/master/examples/atari

```
            for _ in range(training_num)
        ]
    )
    test_envs = ShmemVectorEnv(
        [
            lambda:
            wrap_deepmind(task, episode_life=False, clip_rewards=False, **kwargs)
            for _ in range(test_num)
        ]
    )
    env.seed(seed)
    train_envs.seed(seed)
    test_envs.seed(seed)
    return env, train_envs, test_envs
```

然后是策略模型的搭建，这里以 DQN 为参考：

```
# args 为超参数设置
env, train_envs, test_envs = make_atari_env(
    args.task,
    args.seed,
    args.training_num,
    args.test_num,
    scale=args.scale_obs,
    frame_stack=args.frames_stack,
)
args.state_shape = env.observation_space.shape or env.observation_space.n
args.action_shape = env.action_space.shape or env.action_space.n
# seed
np.random.seed(args.seed)
torch.manual_seed(args.seed)
# define model
net = DQN(*args.state_shape, args.action_shape, args.device).to(args.device)
optim = torch.optim.Adam(net.parameters(), lr=args.lr)
# define policy
policy = DQNPolicy(
    net,
    optim,
    args.gamma,
    args.n_step,
    target_update_freq=args.target_update_freq
)
```

然后是 DQN 需要的 ReplayBuffer 和数据收集器：

```
buffer = VectorReplayBuffer(
        args.buffer_size,
```

```
        buffer_num=len(train_envs),
        ignore_obs_next=True,
        save_only_last_obs=True,
        stack_num=args.frames_stack
    )
# collector
train_collector = Collector(policy, train_envs, buffer, exploration_noise=True)
test_collector = Collector(policy, test_envs, exploration_noise=True)
```

然后是一些回调函数设置：

```
def save_best_fn(policy):
    # 保存最优模型
    torch.save(policy.state_dict(), os.path.join(log_path, "policy.pth"))

def stop_fn(mean_rewards):
    # 停止准则，当 reward 大于某个阈值时停止
    if env.spec.reward_threshold:
        return mean_rewards >= env.spec.reward_threshold
    elif "Pong" in args.task:
        return mean_rewards >= 20
    else:
        return False

def train_fn(epoch, env_step):
    # nature DQN setting, linear decay in the first 1M steps
    if env_step <= 1e6:
        eps = args.eps_train - env_step / 1e6 * \
            (args.eps_train - args.eps_train_final)
    else:
        eps = args.eps_train_final
    policy.set_eps(eps)

def test_fn(epoch, env_step):
    policy.set_eps(args.eps_test)

def save_checkpoint_fn(epoch, env_step, gradient_step):
    ckpt_path = os.path.join(log_path, f"checkpoint_{epoch}.pth")
    torch.save({"model": policy.state_dict()}, ckpt_path)
    return ckpt_path
```

最后便是完整的训练器：

```
# test train_collector and start filling replay buffer
train_collector.collect(n_step=args.batch_size * args.training_num)
# trainer
```

```
result = offpolicy_trainer(
    policy,
    train_collector,
    test_collector,
    args.epoch,
    args.step_per_epoch,
    args.step_per_collect,
    args.test_num,
    args.batch_size,
    train_fn=train_fn,
    test_fn=test_fn,
    stop_fn=stop_fn,
    save_best_fn=save_best_fn,
    update_per_step=args.update_per_step,
    test_in_train=False
)
```

可以看出以上过程即是上一节 demo 部分的扩展版。tianshou 实现了众多模型在 Atari 游戏环境中的训练代码。这里选取 DQN、Rainbow 和 SAC 策略作为对比。其中 Rainbow 模型为 DQN 扩展版，融合了 6 种 DQN 改进的集大成版本。除了之前介绍过的 DQN 变体，Rainbow 模型中包含了 Distributional DQN 和 Noisy DQN 的改进。其中 Distributional DQN 是将 Q 函数的估计从一个值变为了一个分布，通过直方图离散化实现对预测值的分布，并加入 KL 散度作为损失函数进行优化。Noisy DQN 则是对模型参数施加噪声，从而增加模型的探索能力。以上的各种策略都可以从 tianshou.policy 中导入使用。

最后如果一切正常，运行 tianshou/examples/atari 中的测试代码，可以得到类似如下的输出 log。

```
Epoch #1: 20001it [01:17, 258.29it/s,env_step=20000, len=936, loss=0.059, n/ep=0, n/st=
10, rew=-19.00]
Epoch #1: test_reward: -20.600000 ± 0.489898, best_reward: -20.600000 ± 0.489898 in #1
Epoch #2: 20001it [01:16, 260.87it/s, env_step=40000, len=1058, loss=0.020, n/ep=0, n/st
=10, rew=-20.00]
Epoch #2: test_reward: -21.000000 ± 0.000000, best_reward: -20.600000 ± 0.489898 in #1
Epoch #3: 20001it [01:16, 261.32it/s, env_step=60000, len=961, loss=0.022, n/ep=0, n/st
=10, rew=-19.00]
Epoch #3: test_reward: -21.000000 ± 0.000000, best_reward: -20.600000 ± 0.489898 in #1
...
...
```

最后图 8.12 展示了三种算法在 50 个 epoch 下的训练情况，其中画出了每个 epoch 的 test reward 以及标准差。由于该游戏任务较为简单，可以看出普通的 DQN 就可以解决。而且各个算法的参数设置也需要针对不同情况进行调节。但是一般来说，Rainbow 和 SAC 算是 DQN 系列和

Actor-Critic 系列性能较为优秀的模型。

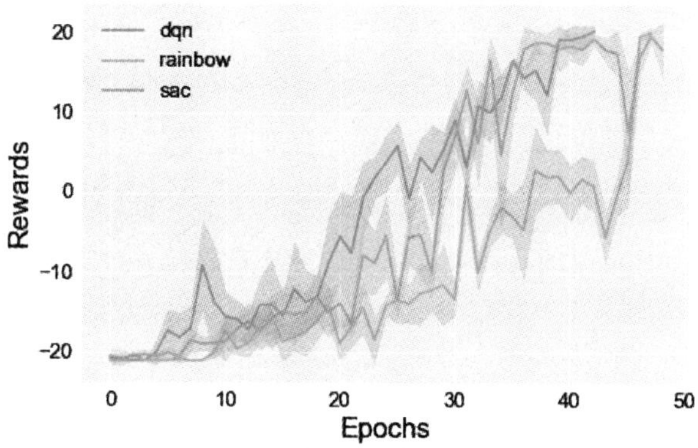

扫码查看彩图

● 图 8.12　DQN、Rainbow 和 SAC 算法在 PongNoFrameskip-v4 游戏环境中的训练对比

参 考 文 献

[1] GUYON I, ELISSEEFF A. An introduction to variable and feature selection [J]. The Journal of Machine Learning Research, 2003, 3: 1157-1182.

[2] LOSHCHILOV I, HUTTER F. Sgdr: Stochastic gradient descent with warm restarts [J]. arXiv preprint arXiv: 1608.03983, 2016.

[3] KINGMA D P, BA J. Adam: A method for stochastic optimization [C] //International Conference on Learning Representations. Banff, Canada: ICLR Committee.

[4] CHENG H-T, KOC L, HARMSEN J, et. al. Wide & deep learning for recommender Systems [C] //Proceedings of the 1st Workshop on Deep Learning for Recommender Systems. New York, NY, USA: Association for Computing Machinery: 7-10.

[5] HASTIE T, TIBSHIRANI R, FRIEDMAN J H, et. al. The elements of statistical learning: data mining, inference, and prediction [M]. New York: Springer, 2009.

[6] BISHOP C M, NASRABADI N M. Pattern recognition and machine learning [M]. New York: Springer, 2006.

[7] BREIMAN L, FRIEDMAN J H, OLSHEN R A, et. al. Classification and regression trees [M] . New York: Routledge, 1984.

[8] FRIEDMAN J H. Greedy function approximation: a gradient boosting machine [J]. Annals of statistics, 2001: 1189-1232.

[9] LLOYD S. Least squares quantization in PCM [J]. IEEE transactions on information theory, 1982, 28 (2): 129-137.

[10] ARTHUR D, VASSILVITSKII S. K-Means++: The advantages of careful seeding [C] //Proceedings of the Eighteenth Annual ACM-SIAM Symposium on Discrete Algorithms. USA: Society for Industrial; Applied Mathematics: 1027-1035.

[11] VON LUXBURG U. A tutorial on spectral clustering [J]. Statistics and computing, 2007, 17 (4): 395-416.

[12] DEMPSTER A P, LAIRD N M, RUBIN D B. Maximum likelihood from incomplete data via the EM algorithm [J]. Journal of the Royal Statistical Society. Series B (Methodological), 1977, 39 (1): 1-38.

[13] ROWEIS S T, SAUL L K. Nonlinear dimensionality reduction by locally linear embedding [J]. science, 2000, 290 (5500): 2323-2326.

[14] VAN DER MAATEN L, HINTON G. Visualizing data using t-SNE. [J]. Journal of machine learning research, 2008, 9 (11).

[15] CHANDOLA V, BANERJEE A, KUMAR V. Anomaly detection: A survey [J]. ACM computing surveys

(CSUR), 2009, 41 (3): 1-58.

[16] HE Z, XU X, DENG S. Discovering cluster-based local outliers [J]. Pattern recognition letters, 2003, 24 (9-10): 1641-1650.

[17] KOLLER D, FRIEDMAN N. Probabilistic graphical models: principles and techniques [M]. MIT press.

[18] KRIZHEVSKY A, SUTSKEVER I, HINTON G E. ImageNet classification with deep convolutional neural networks [J]. Communications of the ACM, 2017, 60 (6): 84-90.

[19] VASWANI A, SHAZEER N, PARMAR N, et. al. Attention is all you need [J]. Advances in neural information processing systems, 2017, 30.

[20] KINGMA D P, WELLING M. Auto-encoding variational bayes [J]. arXiv preprint arXiv: 1312.6114, 2013.

[21] GOODFELLOW I, POUGET-ABADIE J, MIRZA M, et. al. Generative adversarial nets [J]. Advances in neural information processing systems, 2014, 27.

[22] RADFORD A, METZ L, CHINTALA S. Unsupervised representation learning with deep convolutional generative adversarial networks [J]. arXiv preprint arXiv: 1511.06434, 2015.

[23] MNIH V, KAVUKCUOGLU K, SILVER D, et. al. Human-level control through deep reinforcement learning [J]. Nature, 2015, 518 (7540): 529-533.

[24] WILLIAMS R J. Simple statistical gradient-following algorithms for connectionist reinforcement learning [J]. Machine learning, 1992, 8 (3): 229-256.